U0930826

国家科学技术学术著作出版基金资助出版

大跨度屋盖结构抗震设计

SEISMIC DESIGN OF LONG－SPAN ROOF STRUCTURES

蓝　天　张毅刚　著

中国建筑工业出版社

图书在版编目（CIP）数据

大跨度屋盖结构抗震设计/蓝天　张毅刚　著．—北京：
中国建筑工业出版社，2000.12
ISBN 978-7-112-04477-1

Ⅰ．大…　Ⅱ．①蓝…　②张…　Ⅲ．屋顶-大跨
度结构：抗震结构-结构设计　Ⅳ．TU231

中国版本图书馆 CIP 数据核字（2000）第 58151 号

本书主要论述大跨屋盖结构抗震原理及设计方法，理论与实用并重。内容分两部分。第一部分总论大跨度屋盖可采用的结构形式及施工安装方法，并介绍大跨度建筑遭受震害的经验。第二部分按结构形式分别论述抗震设计原理与方法，包括平面桁架、格构式三铰拱、网架、立体桁架、网壳、悬索结构等的动力特性、抗震性能，以及地震内力的计算，有些还附有实用的计算方法与实例。本书取材于作者在大跨度结构抗震方面的研究，及国内外有关调查与研究成果。

本书目的是阐述大跨度屋盖结构抗震的基本理论、动力特性与分析方法，并对常用的结构提出了具体的实用抗震计算方法。

本书主要读者对象为结构设计人员，也可作为高等学校高年级学生或研究生的学习用书，此外可供地震工程研究人员参考。

国家科学技术学术著作出版基金资助出版

大跨度屋盖结构抗震设计

SEISMIC DESIGN OF LONG — SPAN ROOF STRUCTURES

蓝　天　张毅刚　著

*

中国建筑工业出版社出版、发行（北京西郊百万庄）

各地新华书店、建筑书店经销

北京中科印刷有限公司印刷

*

开本：787×1092 毫米　1/16　印张：12 3/4　字数：309 千字

2000 年 12 月第一版　　2008 年 6 月第三次印刷

印数：3501—5000 册　　定价：**32.00** 元

ISBN 978-7-112-04477-1

（9947）

前　言

人类进化历史的特征之一，就是不断寻求与完善更大的生存空间。随着物质生产与文化生活的发展，需要越来越大的空间，对结构来说，也就是在建筑物上跨越更大的跨度，例如在一些大型公共建筑中的体育馆、游泳馆、展览馆、会堂；在交通运输中的车站、候机大厅与飞机库；在工业建筑中的大型装配车间、仓库与煤棚，都需要覆盖五六十米跨度以上的空间。回顾20世纪，大跨度结构经历了一个飞跃发展的过程。由于空间结构的出现和应用，世界各国都兴建了不少规模宏大、形式新颖、技术先进的建筑。大跨度结构的建造及其所采用的技术已成为衡量一个国家建筑技术水平的重要标志，从学术研究来说，大跨度结构也是当前建筑结构学科中最重要与最活跃的发展领域之一。

对于位于地震区的大跨度建筑，跨度的增大和结构形式的复杂化必然会带来一些不利因素。特别是大跨度建筑往往是人群集合或配置重要设施的场所，一旦在地震时发生破坏，必然会造成人身伤亡或财产损失。因此，如何抗御地震就成为设计中的关键问题。1976年7月中国唐山大地震，所有建筑物几乎全部倒塌或遭受严重破坏，在成片瓦砾中，人们不禁哀叹大自然是如此的无情。然而，我们也惊奇地发现，个别像食堂这样的空旷建筑却屹立在一片废墟之中。1995年1月的日本阪神地震，在强烈的地面运动与一片火海中，对于所有的建筑都是一次严峻的考验，可喜的是，一些采用空间结构的大跨度体育建筑也安然无恙。这些事例给人们以启发，只要对大跨度结构的抗震性能进行研究，提出合理的设计方法，完全可以保证结构在地震作用下的安全性。

本书作者对大跨度结构抗震问题的研究是从网架结构开始的。唐山地震之后，百废待兴，城市需要重建，人们开始考虑采用网架作为一些工业厂房与公共建筑的屋盖。当时的认识只停留于一般性的概念，认为网架是由杆件组成的空间体系，就具有较好的抗震性能，而在地震作用下究竟表现如何，仍然是有待于探索的问题。至于网架地震内力的计算，规范中所给出的以重力荷载乘以地震内力系数的方法过于粗略，而采用较精确的振型分解反应谱法或时程分析法又是当时设计单位所力不能及的。我们对各种网架结构的典型形式进行了大量计算，进一步研究了它们的动力特性和抗震性能，找出了其中的内在联系并提出一种地震内力的实用计算方法，取得了满意的结果。此后，沿着相同思路，还对大跨度屋盖常用的平面桁架、格构式三铰拱与立体桁架进行了抗震设计的研究。近年来，悬索和网壳结构越来越受到人们的重视，已经被应用到大跨度屋盖上。这类结构的抗震性能更为复杂，地震内力计算的难度也更大，对此也进行了一些探索。值得一提的是：北京工业大学曹资教授和她的同事，多年来在悬索和网壳结构的抗震问题上进行了卓有成效的研究，本书引述了其中部分成果，在此对曹资、薛素铎、张善余各位学者的大力支持，特致以深切的谢意。此外，书中还引用了哈尔滨建筑大学沈世钊、徐崇宝教授等在预应力双层悬索体系的研究成果，中国建筑科学研究院赵基达高级工程师以迦辽金法求解悬索结构动力特性的计算方法，中国航空规划设计院于兆鹏高级工程师对大跨度及长悬臂屋架的抗震计算，在此一并致谢。

在对大跨度结构研究的过程中，我们注意到像这样重要的结构，有关其抗震设计的研究还不够全面、不够系统。仅有少数学者对某种结构的抗震问题作过研究，有关这类结构遭受强烈地震的震害报导也不多见，这些文献散见于国内外的期刊与论文集上。为此，我们认为有必要在多年研究成果的基础上，将国内外有关大跨度屋盖结构抗震问题的文献予以总结提高，写成一本既有基本原理又有实用方法的书籍，贡献给广大的结构设计人员。

由于作者水平所限，书中可能存在着论述不当或错误，衷心希望读者们予以批评指正。但愿在今后可能遇到的地震中，所有的大跨度屋盖结构能免于或减轻地震所造成的灾害，作者当感到欣慰。

作者

2000年10月

目　录

主 要 符 号

a——质点绝对加速度

F——地震作用

a_{max}——质点最大绝对加速度

W——质点重量

g——重力加速度

α——水平地震影响系数

α_v——竖向地震影响系数

$\Delta(T)$——位移影响系数

ν——阻尼系数

u_i、v_i、w_i——第 i 节点的 x、y、z 向位移

n——结点总数

m——杆件总数

E——弹性模量

L——长度

A——截面面积

μ——参与振型组合的振型个数

$\{\ddot{U}\}$——节点相对加速度向量

$\{\dot{U}\}$——节点相对速度向量

$\{U\}$——节点相对位移向量

$\{\ddot{U}_g\}$——地面运动加速度向量

$\ddot{U}_{gv}$——地面运动加速度的竖向分量

$\ddot{U}_{gh}$——地面运动加速度的水平分量

$[K]$——结构刚度矩阵

$[C]$——结构阻尼矩阵

$[M]$——质量矩阵

m_i——第 i 节点的质量

ω——圆频率（1/s）

ω_1——基频

f——工程频率（Hz），网壳矢高

T——周期

T_1——基本周期

c——烈度系数

ζ——杆件地震轴向力系数（与荷载分项系数相联系）

$\{\Phi\}$——振型向量

$[\Phi]$——振型矩阵

$\{q(t)\}$——广义坐标向量

γ_j——第 j 振型的振型参与系数

$\{\delta(t)\}$——振型参与系数为 1 时的广义坐标向量

S_{Ei}——第 i 根杆地震内力

S_{Si}——第 i 根杆静内力

$\{S_E\}$——杆件的地震内力标准值

$\{S_S\}$——杆件的静内力标准值

$\{S\}$——杆件的组合内力设计值

N_{Ei}——第 i 根杆地震轴向力标准值

N_{Gi}——重力荷载代表值作用下第 i 根杆轴向力标准值

ξ_i——第 i 根杆地震内力系数

ξ_{max}——地震内力系数最大值

ξ_{min}——地震内力系数最小值

β——最小 ξ 值系数

R_{ij}——第 i 杆竖向地震内力 S_{Ei} 中第 j 振型的贡献

B——圆柱面网壳宽度

K——支座刚度

h——双层网壳厚度

U_{max}——体系的最大势能

V_{max}——体系的最大动能

Π_e——索元的总势能泛函

ε^0——索元受力前的初始应变

ε——索元受力后所产生的弹性应变

$[k_E]$——索元的弹性刚度矩阵

$[k_G]$——索元的几何刚度矩阵

$\{R_e\}$——不平衡力向量

$\{P_e^0\}$——索元的节点初始力向量

$[K_E]$——悬索结构总弹性刚度矩阵

$[K_G]$——悬索结构总几何刚度矩阵

$\{P^0\}$——悬索结构总节点初始力向量

$\{P\}$——悬索结构总节点荷载向量

$\{R\}$——悬索总不平衡力向量

w_E，w_G——悬索结构的节点竖向地震位移、静位移

ξ_{w_j}——第 j 节点的竖向地震位移系数

第一章　总　　论

远古时代，人类或挖洞穴居、或构木为巢，仅仅是为了争取一个生存的空间。要想有一个较大的庇护场所进行公共活动，只能是个奢想。人们要营造大的空间，取决于两个条件：一是有足够强度的材料，二是有运用这样材料来建造的技术。只有具备了这两个条件，才能以一定跨度的屋盖来覆盖所需的空间。中国古代匠人采用木材构筑的梁柱结构，最大的宫殿或寺庙也只有 20～30m 的跨度，古罗马人用砖石甚至混凝土建造拱顶或穹顶，跨度达到了 40 多 m，这也许是在当时的材料与技术条件下所能建造屋盖的最大跨度了，然而其结构本身则又厚又重。

只有在水泥与钢铁等新型材料出现之后，人类才能建造更大跨度的屋盖结构。随着工业革命的发生与科学技术的发展，人们懂得运用各种材料构成像桁架、拱、刚架之类的屋盖，获得更大的活动空间。20 世纪初，以水泥和钢为基本材料的钢筋混凝土薄壳首先将空间结构用到屋盖上。其后以钢或铝合金杆件组成的网架及网壳结构，以钢索制成的悬索结构使屋盖的跨度发展得越来越大。近年来以合成材料制成建筑织物来受力的膜结构，更将大跨度结构推向新的水平。从古罗马的万神殿到当今英国伦敦的“千年穹顶”，其直径由 42m 扩大到 320m，而屋盖结构的自重却从砖石穹顶的 $6400kg/m^2$ 减少到索膜结构的 $20kg/m^2$，这生动地说明了大跨度结构发展的历程及其在技术上的进步。

跨度的大小，恐怕很难予以定量，这是和时代相关联的。在古代被认为是大跨度的结构，到现代恐怕就不能称之为“大”了。即使到现代，对大跨度也没有统一的衡量标准。参考《网架结构设计与施工规程》(JGJ 7—91)，其中将 60m 以上定为大跨度，因此，本书所论述的“大跨度屋盖”是指五、六十米或更大的跨度，而悬挑结构由于其抗震性能较为特殊，即使跨度小得多，也列入论述的范围。

第一节　大跨度屋盖的结构形式

一、平面杆系结构

1. 桁架

在大跨度屋盖结构中，作为受弯的梁式体系，桁架是一种常见的结构体系。桁架的设计、制作与安装都比较简单，构成桁架的上弦、下弦、腹杆与竖杆只承受拉力或压力，它对支座不会产生推力。

常用的屋架形式有：三角形、矩形、梯形与拱形等。三角形屋架在大跨度屋盖中很少用，因为跨中的高度要做得很高。平行弦的矩形屋架也因为不利于屋面排水而很少采用，最常用的是如图 1-1 所示的梯形与拱形桁架。

我国在 50 年代北京人民大会堂中曾采用 60m 跨度的钢屋架，在一些工业厂房中也曾建造了最大跨度达 72m 的梯形钢屋架。在北京民航港的机修库上，曾采用 60m 跨度的预应力混凝土拱形桁架。施工时桁架在地面拼装，利用设在柱顶的千斤顶提升就位(图 1-2)。

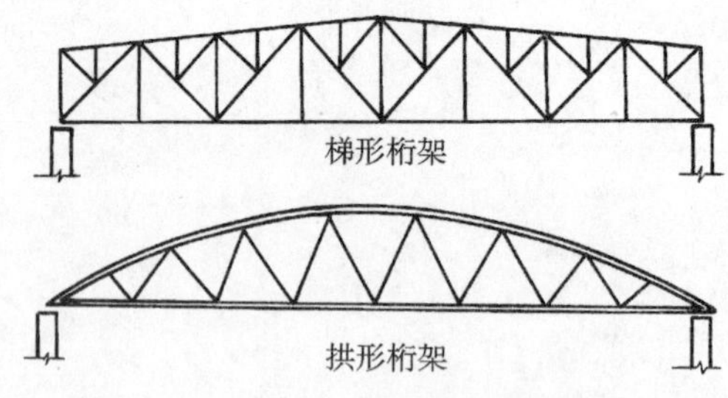

图 1-1 常用桁架形式

图 1-2 预应力混凝土拱形桁架提升

2. 拱

拱在大跨度屋盖中经常采用，特别是当建筑物要求墙体与屋顶连成一体时，落地拱尤为适用。拱在竖向均布荷载作用下，基本上处于受压状态，适合于以钢筋混凝土之类的材料制成。但在大跨度时，往往做成格构式钢拱。

大多数情况下，拱的轴线采用抛物线，其他如圆弧线、椭圆线、悬链线也可采用。按结构组成和支承方式，拱可分为三铰拱、两铰拱和无铰拱三类。三铰拱是静定结构，计算分析简单，当基础有不均匀沉降时，不会引起附加内力。但由于跨中存在着铰，使得拱和屋盖结构的构造都比较复杂，刚度也是三者中较差的。无铰拱的跨中弯矩分布最为有利，但温度应力较大，同时还需要较强的支座。大跨度屋盖中用得较多的是两铰拱，它的优点是安装简单，用料经济，在温度变化时，由于铰可以转动，温度应力也较低，但如有基础不均匀沉降，则应考虑其对结构内力的影响。

拱在拱脚处会产生推力，在设计时必须保证可靠的传递或承受水平推力，这个问题有时会影响拱的选型。对于落地拱来说，最理想的是将推力由基础直接承受（图 1-3*a*），并由基础传给地基，但这一定要有较好的地质条件。如果拱不能落地，而要设置在一定的高度上，则应考虑利用两侧的框架（1-3*b*）或纵向水平边梁（图 1-3*c*）来承受拱的推力，这时框架或边梁必须具有足够的水平刚度。有时也可在拱脚处设置三角形的钢筋混凝土框架（图 1-3*d*），将拱推力通过框架传给地基。此外，也可以在拱脚处设立水平拉杆，这样支承拱的柱子就不承受拱的推力，受力大为简化。落地拱采用拉杆可设在地坪以下（图 1-3*e*），这样可以减少基础的负担，当地质条件不好时，落地拱采用拉杆也比较经济。大跨度拱的拉杆最好施加预应力。

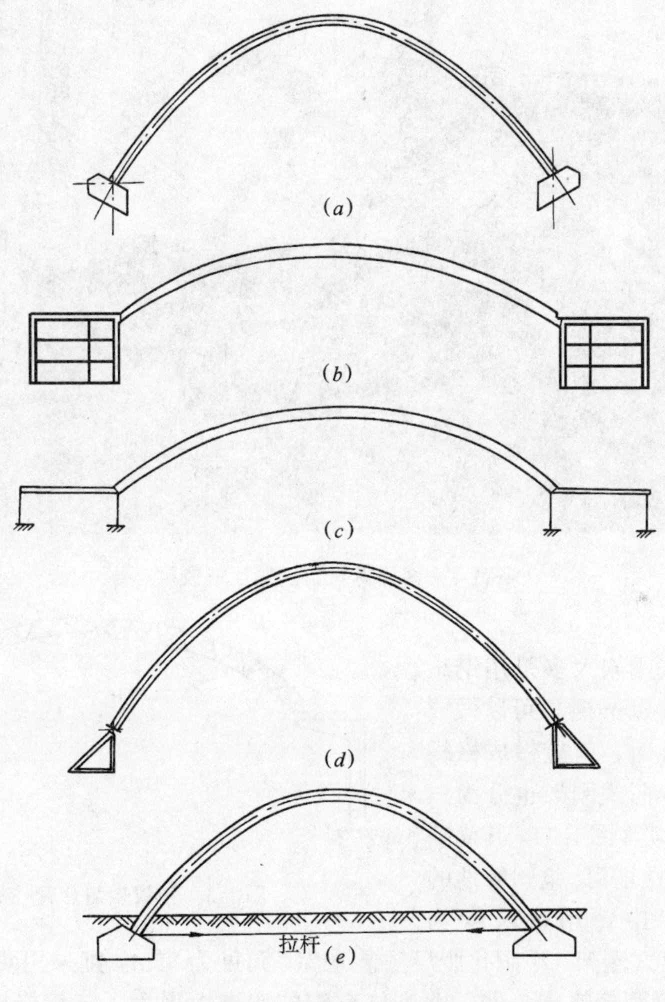

图 1-3　拱推力的处理

我国在大庆化肥厂尿素仓库的屋盖上曾采用了 60m 跨度的三铰落地拱。陕西秦俑博物馆的展览厅也是三铰落地拱，跨度达 67m，采用了格构式箱形组合截面（图 1-4）。有一种将三铰拱和悬臂柱结合起来的结构体系也曾有效地用于大跨度结构中（图 1-5）。由于所采用的钢筋混凝土柱有悬臂挑出，就能减少上部拱的跨度。同时在柱底部，由拱推力和压力产生的弯矩互相平衡，从而减少了柱中弯矩。这种结构体系特别适用于要求中间有上凸空间的建筑物，1958 年在云南体育馆 50m 跨度的屋盖上首先采用，以后又陆续用在一些田径馆中。

图 1-4　秦俑博物馆展览厅三铰拱

3. 门式刚架

大跨度的门式刚架大多采用钢结构，当跨度达 50～60m 时，可以做成实腹式，跨度更大时，就应做成格构式。如同拱一样，门式刚架也分为三铰、两铰和无铰三类（图 1-6），其优缺点和拱相同。我国在辽河、沧州等地的化肥厂散装仓库中曾用过跨度为 54.5m 的三铰实腹式刚架。岳阳化肥厂散装仓库，跨度为 55m，则采用两铰格构门式刚架，耗钢量比三铰实腹刚架略省一些。北京体育馆的比赛馆采用了三铰格构式刚架，跨度为 56m。

图 1-5　三铰拱与悬臂柱的结合

二、空间杆系结构

1. 网架结构

网架结构是由许多杆件按照一定规律布置通过节点连接而成的网格状结构体系。它具有空间受力的性能，是高次超静定的空间结构，由于具有像平板的外形，因此也称为平板型网架。

网架结构由处在两个平面内的杆件组成，形成平行的上弦与下弦，其间以腹杆与竖杆相连。网架的受力特点是杆件均为铰接，不能承受弯矩或扭矩，因此所有杆件只受拉或受压。即使网架的实际节点具有一定的刚度，即不是完全的理想铰，弯矩与扭矩的影响也是很小的。网架结构的整体性能好，能有效地承受非对称荷载、集中荷载和各种动力荷载。由于在工厂成批生产，网架制作完成后运到现场拼装，从而使网架的施工做到进度快、精度高、便于保证质量。网架结构的平面布置灵活，不论是方形、矩形、圆形、多边形，甚至不规则的建筑平面都可以采用。网架结构适用于大跨度建筑的屋盖，在我国和世界各国都得到迅猛的发展，是空间结构中采用量最多的一种。

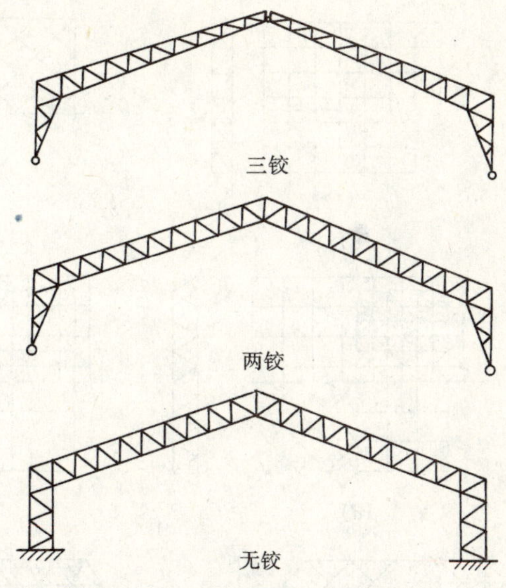

图 1-6　采用不同铰的门式刚架

在设计网架结构时，首先应考虑的是选用合适的网架形式，这就要根据建筑的平面形状、使用要求与受力情况进行选型。同时选型与施工方法也有关系，在开始设计时就应考虑采用网架的安装方案。此外，网架杆件和节点的规格种类也要选择恰当。过多的规格会增加制作与安装的复杂性，过少又会造成材料的浪费。

我国在 1981 年曾颁发了网架结构设计与施工规定，经过多年应用后又进行了修订，1991 年颁发了《网架结构设计与施工规程》(JGJ 7—91)，与之配套还颁发了《网架质量检验与评定标准》(JGJ 78—91)，因此网架结构工程从设计、施工到质量检验评定均有技术文件作为指导。

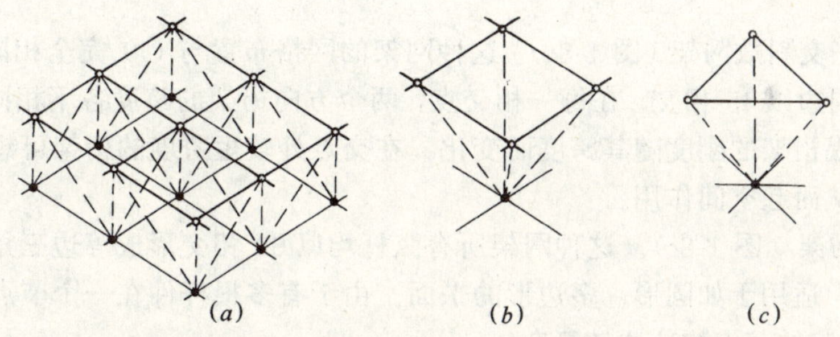

图 1-7　网架结构的基本单元

网架结构一般由三种基本单元组成，即 (*a*) 平面桁架，(*b*) 四角锥体，(*c*) 三角锥体，这些基本单元相应示于图 1-7 中。网架结构像一块平板，形式的变化不在于外形，而是网格的构成有多种不同的方案。图 1-8 显示了几种大跨度结构常用的网架结构形式，图中上弦、下弦、腹杆分别以粗线、细线与虚线表示，上弦节点是空心圆点，下弦节点则为实心圆点。网架结构网格的组成方式可分为三大类：

第一类，由平面桁架系组成

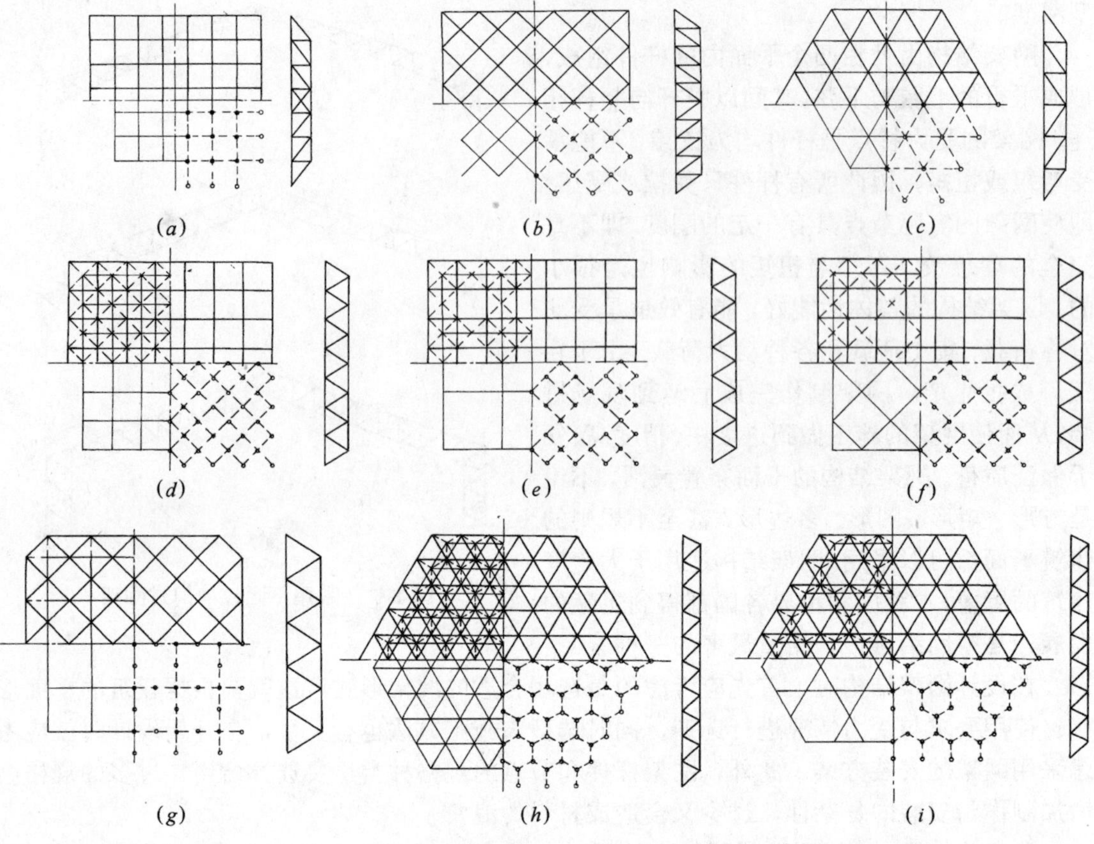

图 1-8　常用网架结构形式

（1）两向正交正放网架（图 1-8*a*）。这种形式的网架具有图形与节点连接简单的优点，且在两个平面内的所有弦杆长度相同并以 90°相交。但由于抗扭强度较差，沿周边宜设置水平支撑。

（2）两向正交斜放网架（图 1-8*b*）。这种网架的网格布置与（1）完全相同，只是在平面上斜放，即与周边以 45°相交。在每一相交点，两个方向桁架的跨度各不相同。由于桁架的高度相等，每榀桁架的刚度随其跨度而变化。在交点处较短跨度的桁架可想像为较长跨度桁架的支点，从而起空间作用。

（3）三向网架（图 1-8*c*）。这种网架所有弦杆均以 60°相交形成等边三角形，是一种刚度较强的形式，适用于如圆形、多边形的平面。由于有多根杆件在一个节点相汇，最多的达 13 根，因此它的节点构造比较复杂。

第二类，由四角锥体组成。

（4）正放四角锥网架（图 1-8*d*）。这是一种最常用的网格布置。它将上弦与下弦的网格错开半格，除上下弦杆长度相等外，如果腹杆与弦杆平面夹角为 45°时，则所有杆件长度都相等。这种形式的基本单元是一个四角锥，一些网架体系都以此作为预制单元，在工厂制成后运到现场拼装。

（5）正放抽空四角锥网架（图 1-8*e*）。网格布置与（4）完全相同，只是交替的抽去了一些内部的四角锥单元，使下弦形成较大的网格。这样就减少了杆件数量，也减轻了重量。

(6) 棋盘形四角锥网架（图 1-8f）。这种网架的上弦杆件正放，下弦杆件斜放，上下两个平面以 45°相交，从而增加了抗扭刚度。这种形式的优点是上弦短，适于受压，而下弦长，适于受拉，虽然减少了不少杆件，但整个体系还是稳定的。

(7) 斜放四角锥网架（图 1-8g）。网格布置与（6）刚好相反，即上弦杆件为斜放、下弦杆件正放。这是斜放的四角锥体在顶点以杆件相连，在节点相汇的杆件数量较少，节点构造也相对比较简单。

第三类，由三角锥体组成

(8) 三角锥网架（图 1-8h）。这种网架以三角锥作为基本单元，在顶点以杆件相连，这样使上弦的三角形网格与下弦网格错开。如果网架高度为弦杆长度的$\sqrt{2/3}$，则所有杆件长度相等。

(9) 抽空三角锥网架（图 1-8i）。如同（5）一样，这种网架也是交替的抽去了一些内部的三角锥单元形成的，这样上弦形成三角形网格，而下弦则形成六角形网格。根据不同的抽空方式，下弦网格的图形还可以有所变化。

网架的形式可参照表 1-1 选用。在满足工程使用要求的条件下，网架的造价和用钢量是进行网架比较选型的重要指标。对平面形状为矩形、周边支承的各类网架，通过结构优化计算表明，跨度大小对网架选型影响不大，而平面边长比则有较大的影响。当平面形状为方形或接近方形时，斜放四角锥网架和棋盘形四角锥网架要比其他型式的网架优越。当平面形状比较狭长（如边长比为 1.5～2.5）时，则正放类型的网架要比斜放类型的网架稍好，其中正放四角锥网架的刚度虽然最好，但用钢量也最大，仅适用于需要吊顶或荷载较大的情况。

网架的支承可以采用以下几种方式：

(1) 周边支承。这是最普遍采用的支承方式。网架的支座既可直接搁置在柱子上，也可搁置在由柱子或外墙支承的圈梁上，这时网架的网格布置应注意与柱间距相匹配。一般说来，柱子与外墙都有一定的高度，其侧向刚度比较差，因此在分析网架时一般都作为法向自由（无约束）的支点来考虑。

网架结构的选型 **表 1-1**

平面形状	支承条件	适用的网架型式（见图 1-8）
矩形，边长比≤1.5	周边支承	(g)、(f)、(e)、(b)、(a)、(d)
矩形，边长比>1.5	周边支承	(a)、(d)、(e)，边长比<2 时也可用（g）
矩形	多点支承	(d)、(e)、(a)，如与周边支承相结合，也可用（b）、（g）
圆形、三角形、六边形	周边支承	(c)、(h)、(i)

注：表中网架形式的顺序基本上是按照造价与用钢量排列的。

(2) 多点支承。对单跨的大跨度建筑物，可采用多根独立的柱子支承网架，柱子的数量一般为 4～8 根。多点支承的网架，周边应有适当的悬挑，以减少跨中杆件的内力和挠度，悬挑长度一般取跨度的 1/4～1/3。当四点支承时不宜将柱子设置在四角。

(3) 三边支承，一边自由。在矩形平面的建筑物中，由于使用要求（如飞机库需设大门）或考虑以后扩建，需要在一边开口，这时可采用这种支承方式。开口边不需要另外加设托架，而可采用以下方法：当跨度较大时或平面比较狭长时，可在开口边附近的几个网格增加网架层数，形成三层网架；跨度较小时则可将整个网架的高度适当加大，通过计算，开口边的网架杆件截面也会增大。

网架结构经过近半世纪的研究、开发与应用，已成为大跨度屋盖中最普遍的一种结构形式。在我国各种大型体育建筑曾采用了不少跨度在 60m 以上的网架，其中最早的首都体育馆建于 1968 年，这是新中国成立以后规模最大的体育馆，首次采用了正交斜放的平面桁架系网架。平面尺寸为 99m×122m。采用 16Mn（Q345）角钢以高强度螺栓连接，整个屋盖耗费钢材 700 多 t，相当于 65kg/m^2。首都体育馆的建成，证明了在大跨度体育馆中采用网架结构在技术上是成熟的，在经济上是合理的。因此，在以后建筑中采用网架的有上海体育中心的万人体育馆与游泳馆。两者都采用了由圆钢管与焊接空心球节点组成的三向网架。体育馆平面为圆形，直径 110m 加上周边悬挑总尺寸为 125m。游泳馆平面为不对称的六边形，外包尺寸为 90m×90m。这两个体育馆网架的施工都采用了在地面拼装，扒杆提升，高空移动就位的先进工艺。采用四柱支承的网架有 1985 年建成的深圳体育馆，如图 1-9 所

图 1-9 深圳体育馆四柱支承网架

示，平面为 90m×90m 的网架仅有四个支柱，间距 63m，网架每边悬挑出 13.5m。整个网架也在地面拼装，连带屋面与通风管道等总重有 1400t，施工时利用设置在柱中的油压千斤顶将屋盖顶升到设计高度就位。作为全国运动会比赛场馆，在北京、上海和广州相继建成了国家级的体育中心，网架结构一直是这些体育建筑的主要选型。1987 年为第六届全国运动会兴建的广州天河体育中心体育馆采用三向网架，其平面呈正六边形，对角线跨度为 107m，支承在六根钢筋混凝土柱上。1990 年在北京举行的第十一届亚洲运动会新建了 13 个体育场馆，屋盖结构采用网架的占一半以上，如大学生体育馆（方形、64m×64m）、月坛体育馆（八边形、57m×66m）、光彩体育馆（矩形、46.8m×67.6m）等。

作为飞机库来说，建筑物的一边需要敞开以便设置机库大门，同时在屋盖下还要求悬挂吊车，因此采用三边支承、一边自由的网架是一种合理的结构选型。广州白云机场维修机库，跨度 80m，进深 92m，采用了高低跨网架，中间以三层网架连接，使整个屋盖连成

整体，受力更为有利。90 年代兴建的飞机库跨度更大，北京首都机场的四机位飞机库，跨度为 153m 双跨，进深 90m，可同时容纳四架波音 747 大型客机进行维修（图 1-10）。网架设计为三层，采用圆钢管与焊接空心球节点。屋盖设置 10t 多支点悬挂吊车，网架采用斜放四角锥形式，并增加了中弦杆和周边桁架以增加侧向和竖向刚度。大门开口处由于机场空域高度的限制，采用了两跨连续的梯形截面空间桁架，其杆件为 H 形焊接钢板，采用高强度螺栓连接。整个网架有 18000 个杆件、6000 多个节点，屋盖钢结构耗用钢材共约 5000t。

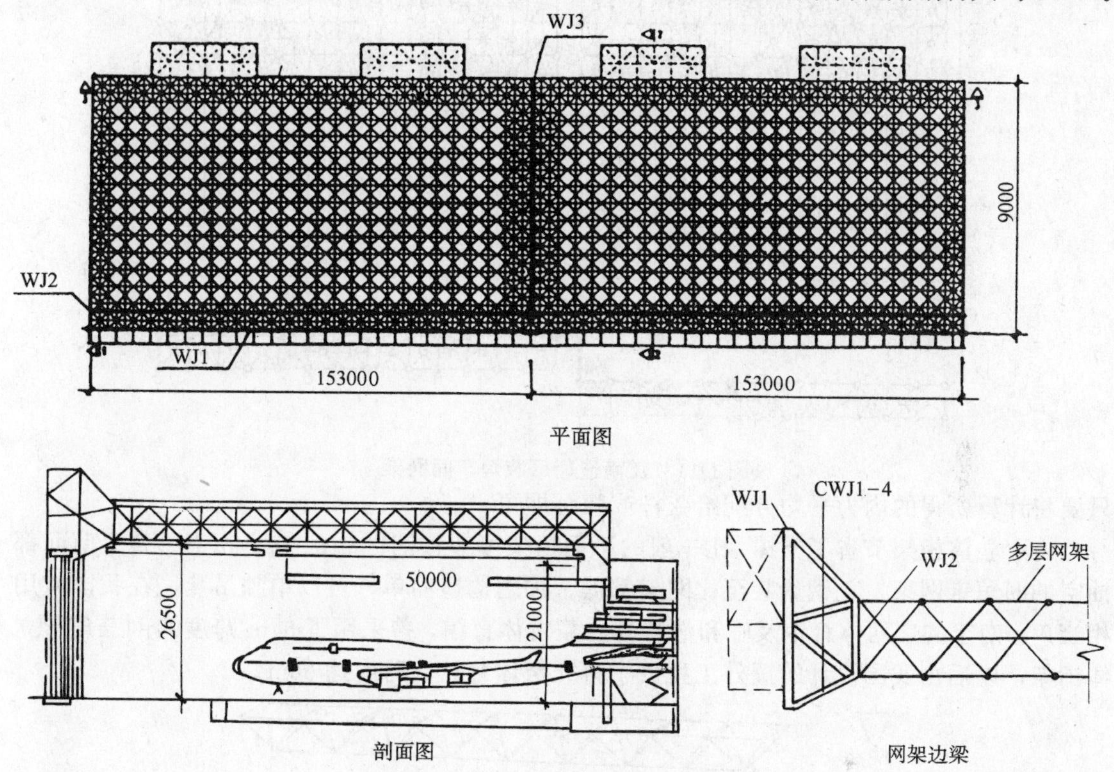

图 1-10　北京首都机场四机位飞机库网架

随着大规模工业的发展，生产厂房也产生了剧烈的变化，以满足不同的生产工艺与使用要求。网架结构以其大柱网、大跨度的特点，有效的取代了过去常用的钢筋混凝土薄腹梁或拱形屋架，使屋盖自重大大减轻。近年来，网架已广泛用于大柱网的单层工业厂房中，面积都在上万平方米。同样，大跨度工业厂房也可采用网架结构，如上海江南造船厂装焊车间要求 60m 跨度、18m 柱距与两层起重量为 100t 和 20t 的吊车。整个车间长 254.5m，其下弦高度分别为 18 及 26.8m。屋盖采用了由正放四角锥组成的三层网架，使结构具有足够的竖向刚度以限制由荷载引起的挠度，同时强大的水平刚度也能够承受重级工作制的吊车水平刹车力。网架的耗钢量为 $54kg/m^2$，比一般钢桁架可节约钢材 26.3%（图 1-11）。

2. 立体桁架

立体桁架是由平面桁架演变而来，常用的做法是把单根的上弦或下弦分成两根，使桁架的横截面成为倒三角形或正三角形（图 1-12）。这种结构的最大优点是：桁架本身是立体的，平面外刚度大，自成一稳定体系，有利于吊装，因而可以简化甚至取消平面桁架需要设置的支撑。立体桁架虽然是由空间立体交叉的杆件构成，但仍能简化为平面桁架来分析，

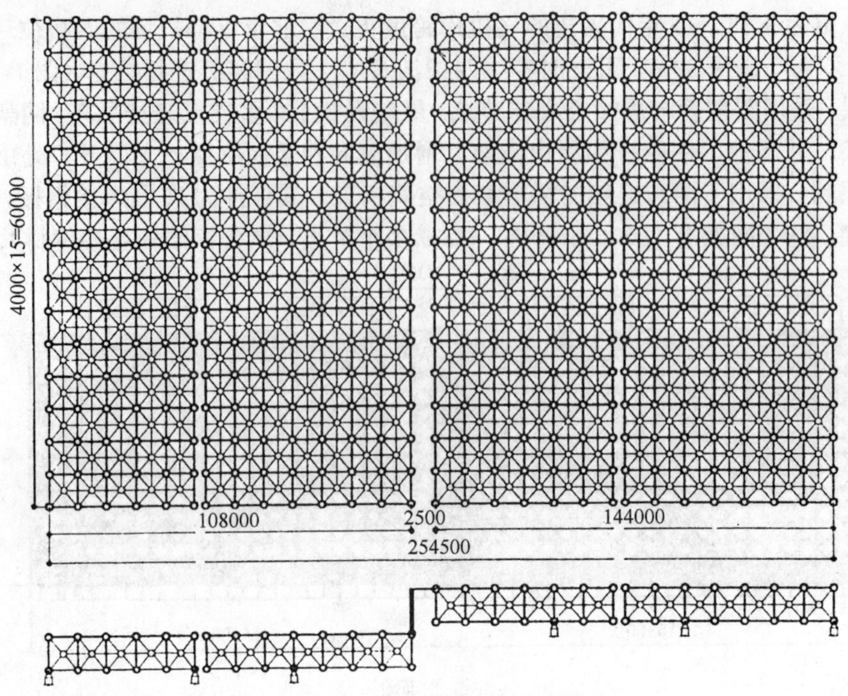

图 1-11　江南造船厂装焊车间网架

只要将计算所得的内力平均分配给弦杆或腹杆即可。

由于立体桁架节省了支撑，比一般的平面桁架可节省钢材 1/3。它也相当于整个节间都抽空的四角锥网架，耗钢量甚至比网架都低。加之构造简单，可以单独吊装，在我国应用相当广。南宁的广西体育馆及呼和浩特的内蒙古体育馆，曾采用了 54m 跨度的倒三角形立体桁架，以后由我国设计的援外工程贝宁科托努体育馆，跨度达 66m。

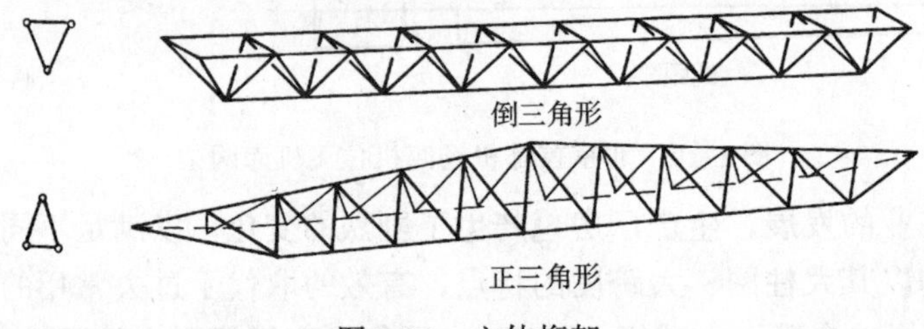

图 1-12　立体桁架

3. 网壳结构

在空间结构发展的初期，曲线形的结构往往以钢筋混凝土做成曲面状的薄壳结构，壳体结构被认为仅是以连续的曲面所形成的空间薄壁体系。钢筋混凝土薄壳具有良好的受力性能，它既能承重，又起围护作用，使两种功能融合为一，从而更节省材料，在防火与便于维护方面也有优点。然而，多年来的实践证明，薄壳结构在应用上还存在着一些问题，最主要的是施工相当复杂。首先，曲面形壳体的模板制作困难，耗费的劳动力大；其次，薄壳结构在高空进行浇筑或拼装也耗工耗时，这些因素成为钢筋混凝土薄壳的致命性弱点，影响了推广使用。

人们发现用离散的金属杆件做成曲线形同样能形成相同曲面的壳体结构，而在很大程度上可以避免钢筋混凝土薄壳的弱点，网壳结构便应运而生。凡是壳体结构的各种曲面，都可以杆件组成，因此网壳结构既具有网架结构的一系列优点，又能提供各种优美的造型，近年来几乎取代了钢筋混凝土薄壳结构。网壳的杆件、节点构造与安装方法都可借鉴网架结构的经验。两者相比，网壳的设计、构造与施工都要比网架复杂一些，钢材消耗量虽然少一些，但总的造价还是大体相等，它主要以外形多样见长。

网壳本身特有的曲面赋于网壳结构较大的刚度，因而有可能做成单层，这是它不同于网架结构的一个特点。从构造上来说，网壳分为单层与双层两大类，其外形虽然相似，但计算分析与节点构造却截然不同。单层网壳是刚接杆件体系，而双层网壳是铰接杆件体系。考虑到网壳的稳定问题，单层网壳的跨度不宜过大，但是单层与双层网壳之间也没有明确的界限，它往往取决于壳体形式、网格布置方式与尺寸以及杆件截面等因素。

网壳结构的常见形式有以下四种：(1) 圆柱面网壳，(2) 球面网壳，(3) 椭圆抛物面网壳，又称双曲扁壳，(4) 双曲抛物面网壳，又称鞍形网壳、扭网壳。

(1) 圆柱面网壳

圆柱面网壳由沿着单曲柱面布置的杆件组成。柱面的曲线主要采用圆弧线，有时也可用抛物线、椭圆或悬链线。图 1-13 表示圆柱面网壳的典型布置。它的结构性能主要取决于支座的形式和布置，并可以 L/R 来区别，L 是支座在纵向的距离，R 是横向曲线的曲率半径。

如果支座间的距离较长并在纵向设置网壳的边梁（图 1-13*a*），则壳体主要起梁的作用；当 $1.67<L/R<5$ 时，网壳称为长壳，可以看作一个具有曲线截面的梁。长壳用作大跨度屋盖时，L 是它的跨度。如果横向支座的距离靠近，或是壳体的纵向长度小于其宽度，即 $0.25<L/R<1.67$，这时壳体主要在横向起拱的作用（图 1-13*b*），称为短壳。用作大跨度屋盖时，B 就成为它的跨度，横向支座往往采用桁架或拱。如果一个圆柱面网壳连续地沿着它的纵向边支承在基础上（图 1-13*c*），或 L/R 变得很小，即 <0.25，这时壳体中的内力直接在横向传到两边的支座上，就可以把它看作一系列平行的拱。这种网壳可以用在墙体与屋盖合而为一的建筑物中，如飞机库或散料库等。

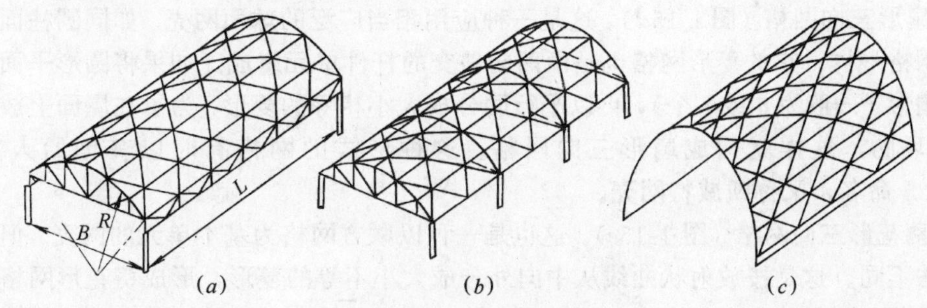

图 1-13　圆柱面网壳的典型布置

单层网壳按其杆件排列方式可采用以下几种网格：(*a*) 单向斜杆正交正放网格，(*b*) 交叉斜杆正交正放网格，(*c*) 联方网格，(*d*) 三向网格（分别见图 1-14*a*、*b*、*c*、*d*）。

前两种圆柱面网壳都是由一系列格构式桁架沿着曲面形成的，这也是最早圆柱面网壳的由来。实际上桁架杆件的排列还有多种方式，这里仅提出两种主要的形式。圆柱面网壳中比较常用的形式是联方网格，它是由一系列两向斜交的杆件单元组成菱形网格，每一个单元是菱形边长的两倍。由于所有杆件单元都是标准化的构件，因此联方网格网壳适宜于用作装配式结构。为了增加结构的稳定性并减少在不对称荷载下的变形，在大跨度联方网壳中往往要设置檩条，这就形成了三向网壳。三角形的网格可以采用等边三角形的标准单元来组成网壳，具有长度相等、连接简单的优点，在均布荷载下，受力也比较均匀，因而常用在大跨度屋盖中。

单层圆柱面网壳支承在两端横隔时，其跨度不宜大于 30m，当沿纵向边缘落地支承时，其跨度（此时为网壳宽度）不宜大于 25m，因此大跨度屋盖很少采用单层圆柱面网壳。

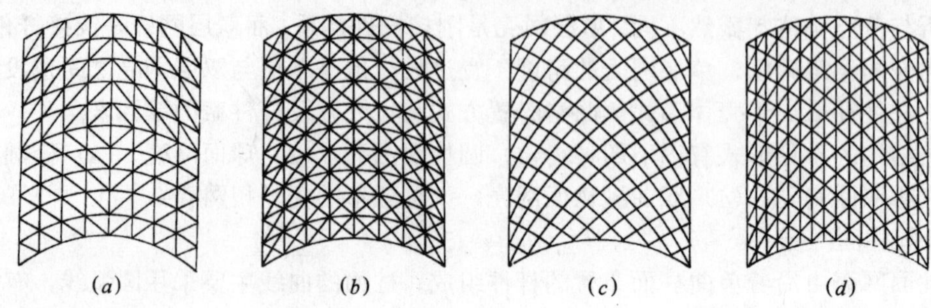

图 1-14　圆柱面网壳的网格

(2) 球面网壳

球面网壳宜于覆盖跨度较大的屋盖。目前常用的网格布置有以下几种形式：

1) 肋环型（图 1-15*a*）。这是最早的一种球面网壳，一直沿用至今。它是由一系列辐射状的弧形梁或桁架汇交于顶部受压环，并以若干同心的环向肋相连，形成梯形网格。底部则为受拉的外环，外环的圈梁可以用钢或钢筋混凝土构成。

2) 肋环斜杆型，也称施威德勒（Schwedler）网壳（图 1-15*b*）。这种网壳一般都是单层，由径向肋和水平环向肋组成梯形网格，并以斜杆划分为二个三角形，这样就使网壳得到加劲，有利于承受不对称荷载。斜杆有时也可做成交叉形。

3) 三向网格（图 1-15*c*）。杆件按三向布置构成三角形网格，适用于单层及双层网壳。

4) 扇形三向网格（图 1-15*d*）。这是一种应用相当广泛的球面网壳。如同圆柱面网壳中的联方网格一样，它的菱形网格也是由两向斜交的杆件单元组成。如果将圆形平面划分为若干个扇形（一般为 6 或 8 个），再以平行肋分成大小相等的菱形，为了在屋面上放置檩条而设置环肋，这样就构成扇形三向网格。这种形式的网格有时以其创始人凯威特（Kiewitt）命名，又称凯威特网壳。

5) 葵花形三向网格（图 1-15*e*）。这也是一种以联方网格为基本单元的网壳，但网格的划分方法不同。这是按放射状曲线从中向外分成大小不等的菱形，形成葵花形网格。菱形的尺寸随着离圆心的距离而增大。同样，设置了环形的檩条就形成了三角形网格。

6) 短程线型（图 1-15*f*）。将圆球面划分为 20 个等边三角形，再将每一个三角形的边平分并画出中线，分成 6 个小三角形。这样就能在圆球面上形成 15 个大圆。从理论上来说，这种球面上划出的弧线是两点间的最短线，因此称为短程线。在实践中，当圆球直径较大时，用上述方法划分的网格还不够，会导致有过长的杆件。因此还要将小三角形进一步划分为更多的网格，这就不能保证划出的三角形都是等边的。在工程中所用到的短程线型网壳，其杆件的长度会有一些差别，只能做到大致相等。

球面网壳做成单层，其跨度（平面直径）不宜大于 60m。

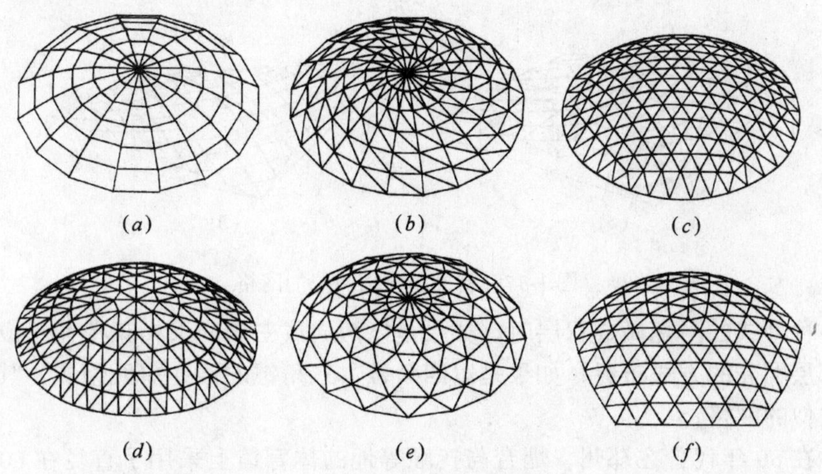

图 1-15　球面网壳的网格

(3) 椭圆抛物面网壳

椭圆抛物面是一种平移曲面，它是以一竖向抛物线作为母线，沿着另一相同上凸的抛物线平行移动而形成。这种曲面与水平面相交截出椭圆曲线，所以称为椭圆抛物面。一般这种曲面都做得比较扁，矢高与底面最小边长之比不大于 1/5，通常称为双曲扁壳。

沿着椭圆抛物面可以布置网格状的杆件。其网格既可采用三向（图 1-16*a*），也可采用有单向斜杆的正交正放形状（图 1-16*b*）。网壳的底边边长比（长边/短边）不宜大于 1.5。单层椭圆抛物面网壳的跨度不宜大于 50m。

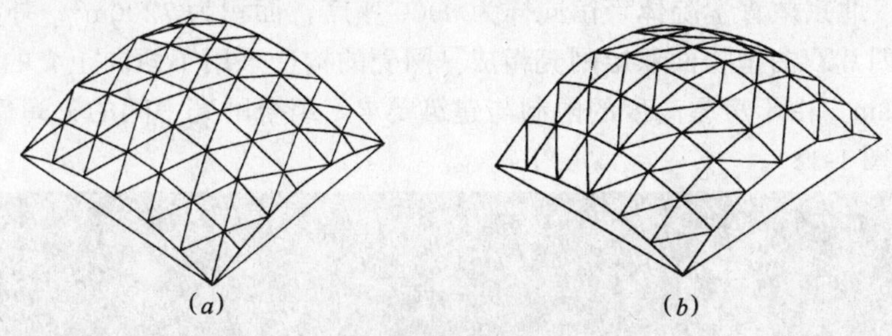

图 1-16　椭圆抛物面网壳的网格

(4) 双曲抛物面网壳

如果将一竖向下凹的抛物线沿着上凸的抛物线平行移动就可得到双曲抛物面。由于其构成的双曲面成为马鞍形，因此也叫鞍形壳。这种曲面与竖直面相交截出抛物线，与水平面相交截出双曲线，所以称为双曲抛物面。它也可以一根直线沿着两根相互倾斜但又不相交的直线平行移动而形成直纹曲面，因此可以两族相交并在平面投影成菱形的直线来定义。双曲抛物面网壳的最大优点是可以直线形杆件来构成互反曲面。因此，单层网壳可以用直梁构成，双层网壳可以直线形桁架构成。双曲抛物面可以用来覆盖方形、矩形、菱形和椭圆形平面的建筑物。如果将其作为单元来进行组合，还可以形成无数形式各异的方案。

双曲抛物面网壳网格的布置也有两种方法：一是采用三向网格，其中两个方向沿着直纹正交设置，杆件可为直线形（图 1-17*a*）；另一是沿主曲率方向设置的两向正交网格（图 1-17*b*），必要时可加设斜杆。网壳底面对角线之比不宜大于 2，单层双曲抛物面网壳的跨度不宜大于 50m。

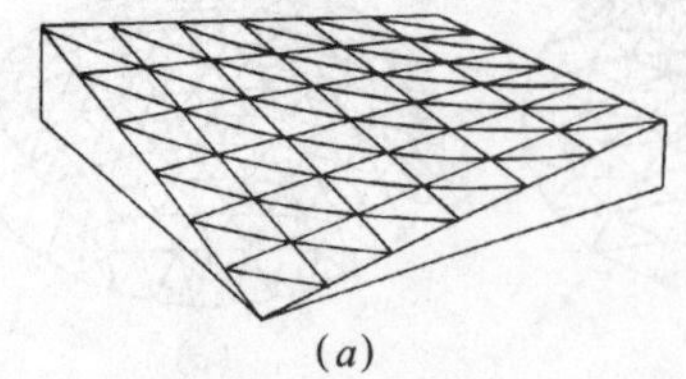
(a)

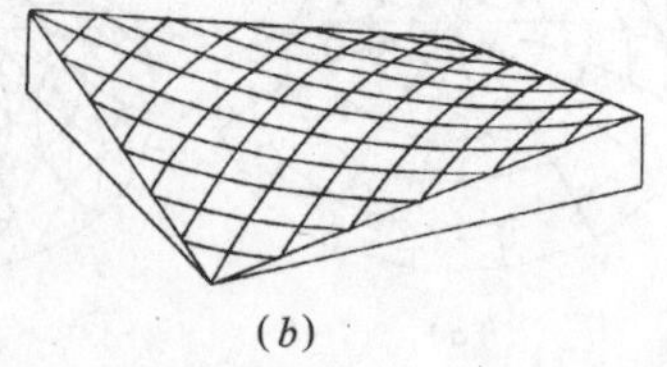
(b)

图 1-17　双曲抛物面网壳的网格

以上各种型式的网壳做成双层时，如果是以两向或三向交叉桁架单元组成，其网格可参照采用单层网壳的方式布置；如果是以四角锥、三角锥的锥体单元组成，其上弦或下弦也可采用类似的网格。

我国早在 60 年代曾在郑州、烟台与抚顺等地的体育馆上采用了直径在 60m 左右的肋环斜杆型（斯威德勒）穹顶，其构造方式沿用了钢桁架中角钢以节点板连接。近年来，网壳呈现了急剧发展的趋势，是在网架结构大量发展的形势下产生的，其构造采用了与网架相同的圆钢管与球节点。

网壳结构用在大跨度建筑中，绝大部分是体育建筑。1990 年为第十一届亚洲运动会兴建的体育馆中就有两个造型各异的网壳结构。拥有 3000 座的石景山体育馆，其屋盖平面为正三角形，边长 99.7m，总面积为 8400m^2。屋盖由三片四边形的双曲抛物面双层网壳组成。每片网壳支承在中央的三叉形格构式钢刚架和外缘的钢筋混凝土边梁上。网壳由两组直线形的平行弦桁架加上沿网格对角线的桁架组成，厚度为 1.5m。所有杆件采用圆钢管并以焊接空心球连接。北京体育学院体育馆同样为 3000 座席，面积为 7200m^2，外围尺寸 59m×59m 的屋盖由四片双曲抛物面双层网壳组成。网壳的构造采用了两向正交的桁架，其网格与高度均为 2.9m。由于房屋高度的限制与建筑要求，组合网壳中间的矢高仅为 3.5m，即跨度的 1/17（图 1-18）。

图 1-18　北京体育学院体育馆双曲抛物面网壳

天津体育中心比赛馆是为承办 1995 年第 43 届世界乒乓球比赛而兴建的，采用了大跨度的圆球网壳，体育馆的直径为108m，加上周围的悬挑，整个网壳的直径达135m，覆盖面积14000m²，矢高35m。双层网壳厚3m，其网格由经向、纬向和斜向杆件组成梯形，四角锥从中心向外扩展，随着网格尺寸的扩大，在适当位置均匀插入分割点，填补三角形网格，使杆长做到均匀。整个网壳耗用了7441根圆钢管、1906个焊接空心球，耗钢量为42kg/m²。

为了召开1996年冬季亚洲运动会，在哈尔滨建造了一些大型的体育场馆。其中黑龙江速滑馆用以覆盖400m的速滑跑道的主体结构，采用由中央圆柱面壳和两端半球壳组成的双层网壳，其轮廓尺寸为86m×195m。网壳的中央部分采用正放四角锥体系，两端采用三角锥体系，网格的尺寸在3m左右，双层网壳的厚度取为2.1m（图1-19）。网壳支承在由环梁和一系列三角形框架组成的下部结构上。网壳采用螺栓球节点连接，共有16000多根杆件和近4000个球节点，总用钢量为745t，折合单位水平面积的耗钢量为50kg/m²。

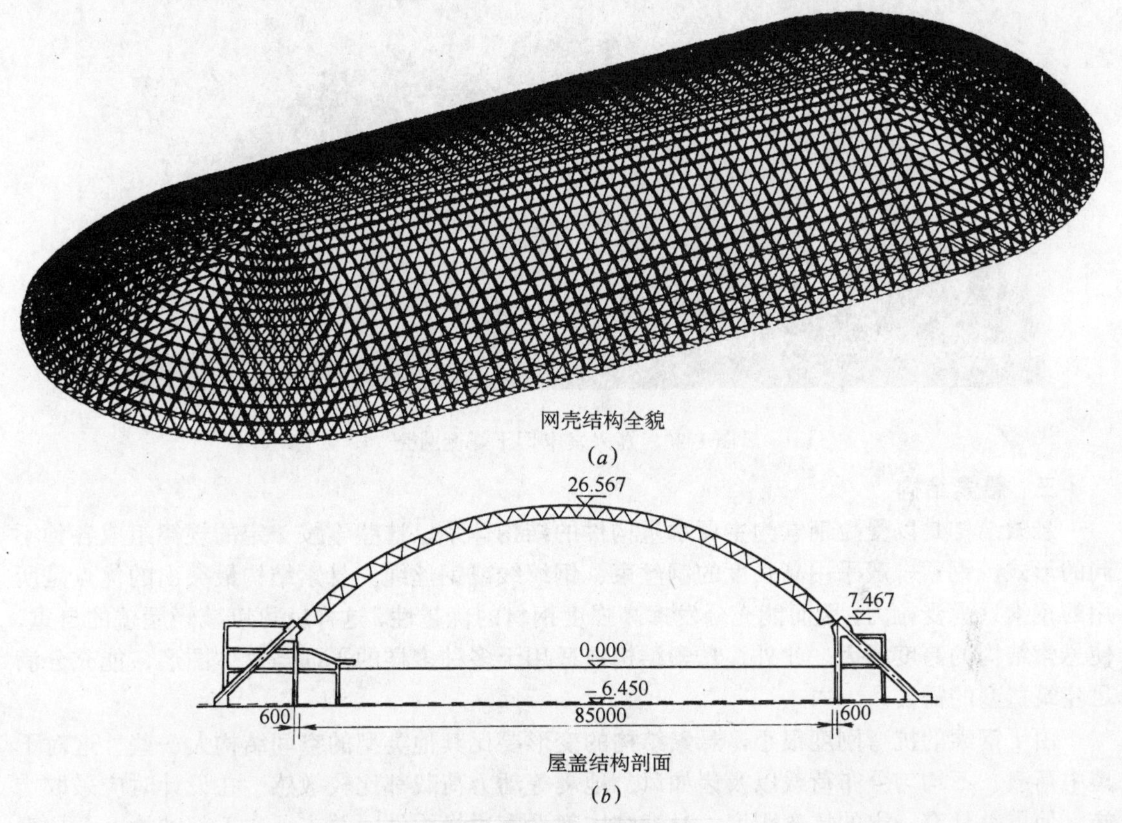

网壳结构全貌

(*a*)

屋盖结构剖面

(*b*)

图1-19　黑龙江速滑馆网壳

近年来，网壳在工业建筑的散料仓库中也得到了广泛应用，比起传统的刚架或拱在材料消耗与造价上都有明显的优势。对于贮存松散材料，落地的筒状壳体的外形最符合散料堆放的要求。早在1989年，河南中原化肥厂的尿素仓库就采用了跨度为58m的双层圆柱面网壳，其长度为138m，净高22.5m。原设计为三铰刚架，改用网壳节省了一半钢材。其后这种网壳曾用在不少发电厂的干煤棚中，如金陵石油化工厂（跨度×长度，73.8m×60m，1992）、耒阳电厂（72m×120m，1993）、石门电厂（75m×104m，1995）、台州电厂（80m×82m，1996）。最新建成而且跨度最大的则是嘉兴发电厂干煤棚（103.5m×88m），经过方案对比，网壳的外形曲线采用了接近于椭圆的三心圆柱面，即曲面分为三段，由半径为63m

的大圆与两段半径为37.4m的小圆组成，矢高为37.2m（图1-20）。网壳的布置为斜置正放四角锥，具有受力均匀及较强侧向刚度的优点，网格尺寸4m×4.8m，厚3.5m，耗钢量62kg/m^2。

图1-20 嘉兴发电厂干煤棚网壳

三、悬索结构

悬索结构是以受拉钢索为主要承重构件的结构体系。这些索按一定的规律组成各种不同的形式，钢索一般采用高强度的钢丝束、钢绞线或钢丝绳。悬索结构最突出的优点是所用的钢索只承受拉力，因而能充分发挥高强度钢材的优越性，这样就可以减轻屋盖的自重，使悬索结构的跨度增大。此外，悬索结构还适用于多种多样的平面与立体图形，能充分满足建筑造型的需要。

由于钢索的抗弯刚度很小，悬索结构的变形要比其他类型的空间结构大一些。这对于集中荷载、不均匀分布荷载以及诸如风、地震等动力荷载都比较敏感。在设计时应采取措施，使屋盖具有一定的抗弯刚度。悬索结构都设有边缘构件，并支承在下部结构上，拉索支点的细微变化都会引起拉索内力的变化。支承结构除了承受竖向力外，还有拉索传来的横向力，因此要求它具有较强的侧向刚度。一般说来，拉索本身的用钢量很小，而边缘构件与支承结构却要耗费较多的材料。

在屋盖上常用的悬索结构可分为四大类：单层索系、双层索系、横向加劲索系和索网。

（1）单层索系。当平面为矩形时，单层索系由许多平行的单层拉索构成，形成一个单曲下凹屋面（图1-21*a*）。拉索端部悬挂在水平刚度大的横梁上，也可直接由柱子支承。当平面为圆形时，拉索按辐射状布置，形成一碟形屋面。拉索的周边支承在受压圈梁上，在中心或者设置受拉环（图1-21*b*），或者设置支柱（图1-21*c*），后者称为伞形悬索结构。拉索中的拉力与跨中的垂度大小成反比。垂度小则曲面扁平，索中拉力增大；垂度大则拉力减小，但支承结构的高度随之增大。

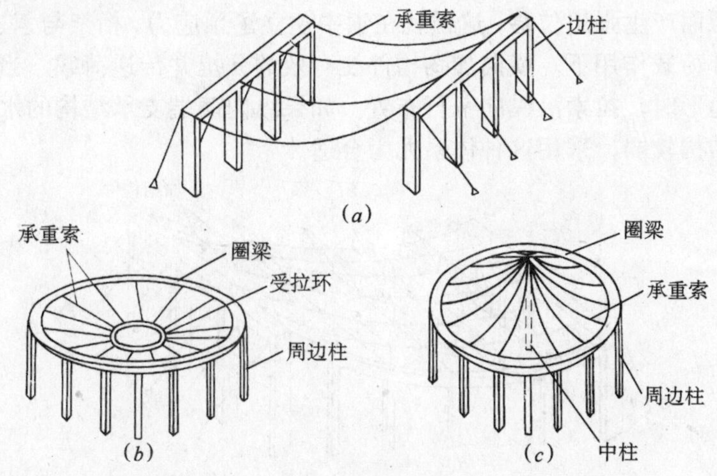

图 1-21　单层索系

(2) 双层索系。其特点是除了如单层索系所具有的承重索外，还有曲率与之相反的稳定索。它同样可用于矩形和圆形平面。当平面为矩形时，双层索系由许多平行的承重索与稳定索构成，两索之间用拉索或受压撑杆相联系（图 1-22*a*），由于双层索系往往做成斜腹杆型式，因此也称为索桁架。对于圆形平面，承重索与稳定索按辐射状布置。在中心设置受拉环，在周边则视拉索的布置方式设一道或二道受压圈梁（图 1-22*b*）。这种双层索系的屋面可做成上凸、下凹或凹凸形，其主要优点是可以对上、下索施加预应力，从而提高整个屋盖的刚度，上凸与凹凸形的屋面对排水有利。

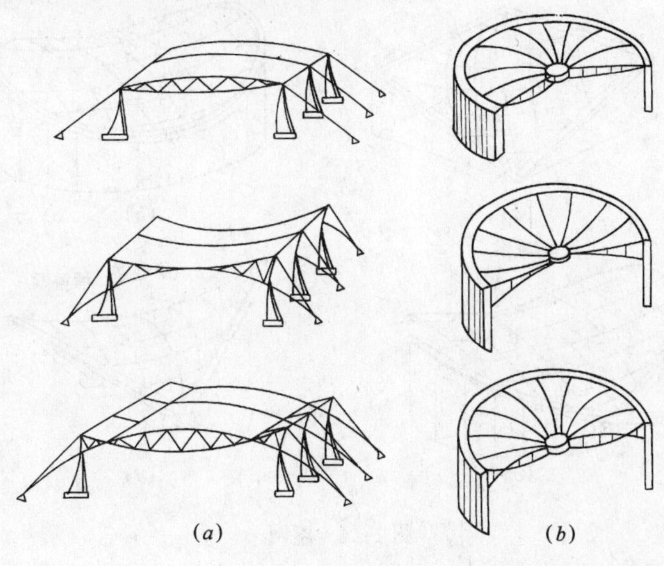

图 1-22　双层索系

(*a*) 矩形平面；(*b*) 圆形平面

(3) 横向加劲索系。对于采用轻型屋面的单层索系，为了加强其刚度来承受不对称荷载或动荷载，可在单曲悬索上设置横向加劲构件（桁架或梁），如图 1-23 所示，作为横向加劲构件的桁架与索垂直相交，在开始时浮搁在索上，两端支座与下面的支承柱空开一些距离。然而将支座下压而产生强迫位移，这样就在索中建立了预应力，桁架与索连接后形成整体，共同受力。在外荷载作用下，横向加劲构件能有效的分担并传递荷载。当建筑物平面为方形、矩形或多边形时，拉索沿纵向平行布置。如果纵向两端支承结构的水平刚度较大，而横向两端支承结构较弱，采用这种体系尤为合适。

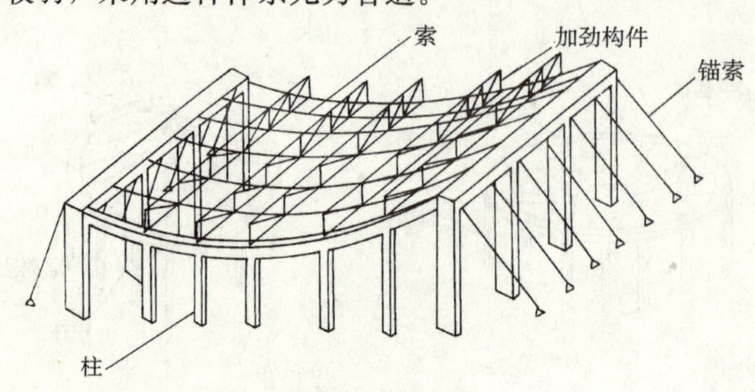

图 1-23　横向加劲索系

（4）索网。由两组正交的、曲率相反的拉索直接叠交组成，其中下凹的一组是承重索，上凸的一组是稳定索（图 1-24），通常对稳定索施加预应力，从而使承重索张紧，提高屋面刚度。索网也称为鞍形悬索，其曲面大都采用双曲抛物面，适用于各种形状的建筑平面，如矩形、圆形、椭圆形、菱形等。为了锚固索网，沿屋盖周边应设置强大的边缘构件，如圈梁、拱、斜梁、桁架等，以承受由于拉索而引起的应力和弯矩。

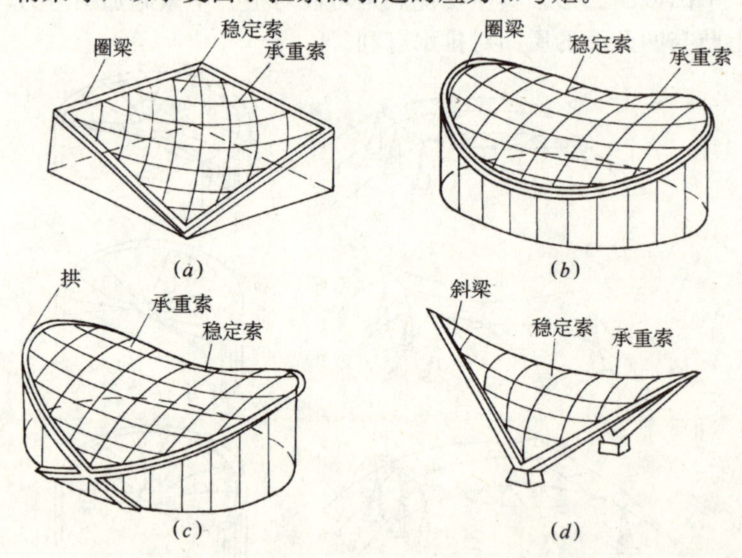

图 1-24　索网

我国早在 60 年代即开始对悬索结构的研究并应用于工程实践中，著名的如北京工人体育馆的辐射式圆形双层悬索结构，其直径为 94m；以及浙江人民体育馆的椭圆形鞍形索网，其长短轴分别为 80m 与 60m。此后，中国在悬索结构的研究与应用又不断迈进。例如，一种经过改进的圆形双层悬索曾用于直径 57.4m 的成都城北公园体育馆上，由于改变了钢索的锚固，可使中心内环不受拉。一种覆盖钢筋混凝土板的单层单曲悬索在山东淄博用于 54m

的体育馆，施工时采用在屋面上超加荷的方法对钢索预加应力，经过灌缝后的屋面板与钢索形成整体，具有很好的刚度。这种悬索施工简便，不需要复杂的技术与设备，以后又在两个体育馆上采用。此外伞形悬索在柳州水泥厂原料库与淄博长途汽车站得到应用，圆形建筑的直径分别为 80m 与 50m。

在中国还研究与开发了一些具有特点的新型悬索体系。对这些体系都作了理论计算与模型试验，弄清其静力与动力特性，然后应用于工程中。一种预应力双层悬索体系曾用于吉林滑冰馆，其平面为矩形，悬索屋盖的尺寸为 59m×76.8m。这种悬索体系下垂的承重索与相反曲率的稳定索沿建筑物的纵向布置，但不在同一竖向平面内，而是相互错开半个柱距。在跨度中央的2/3部分，稳定索高出承重索，形成筒形屋面，其间设置纵向桁架式檩条。在两端的 1/6 部分，稳定索低于承重索，用折线形檩条将两索拉紧并形成波形屋面（图 1-25）。通过施加预应力，使两组相反曲率的索始终保持足够大的张紧力。同时檩条不仅传递荷载给索，也是两索之间的连系杆并共同受力，这样就保证了悬索体系具有必要的形状稳定性。

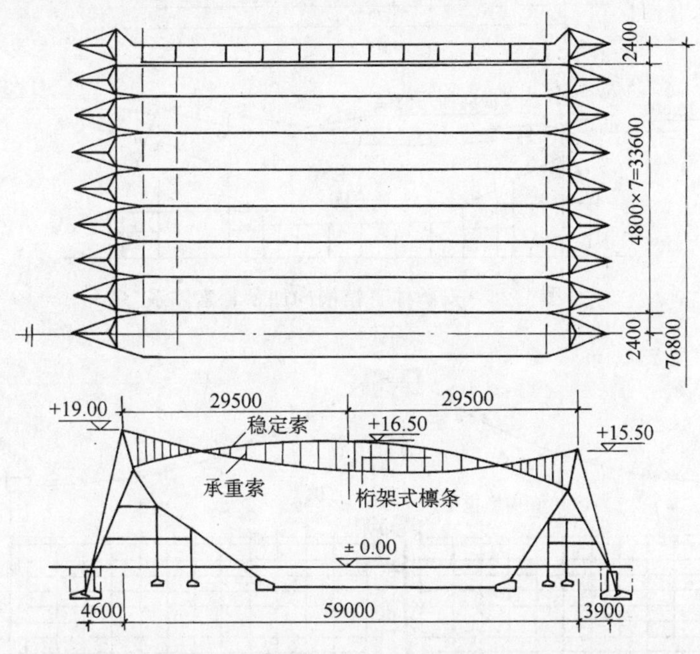

图 1-25　吉林滑冰馆预应力双层悬索

另一种增强单曲悬索稳定性的方法是采用以梁或桁架构成的横向加劲构件，因而研究与开发了一种新型的横向加劲悬索体系。这种悬索体系曾分别应用在三个工程上。安徽体育馆平面为不对称的六边形，纵向主索的跨度为 72m，采用六股 7ϕ4 钢铰线，间距 1.5m，横向加劲构件是跨度 54m 的钢桁架，间距 6m，高度自中间的 3.2m 变化到两端的 1.6m，杆件采用角钢（图 1-26）。上海杨浦区体育馆为 54m×45m 矩形平面，与安徽馆不同的是主索设在短跨，钢桁架的跨度为 54m 并以圆钢管制成。潮州体育馆进一步将横向加劲悬索体系由单曲面推向双曲面。在边长为 56m 的方形建筑物中，索沿着对角线方向布置，其长度自 32.3m 变化到 51.4m，这样就获得了一个双曲抛物面，使建筑外形更富于变化。

我国建造的索网往往与某种中间支承结构相结合，如四川省体育馆，六角形平面尺寸为 72.4×79.4m，采用了一对相互倾斜的钢筋混凝土抛物线拱作为中间支承。落地拱的跨度达102.5m，矢高39m。两块梯形的索网，一边支于拱上，另外三边支于周围的圈梁上(图1-27)。青岛体育馆的平面近似卵形，两向的轴线分别为87m及72m，中间支承是一

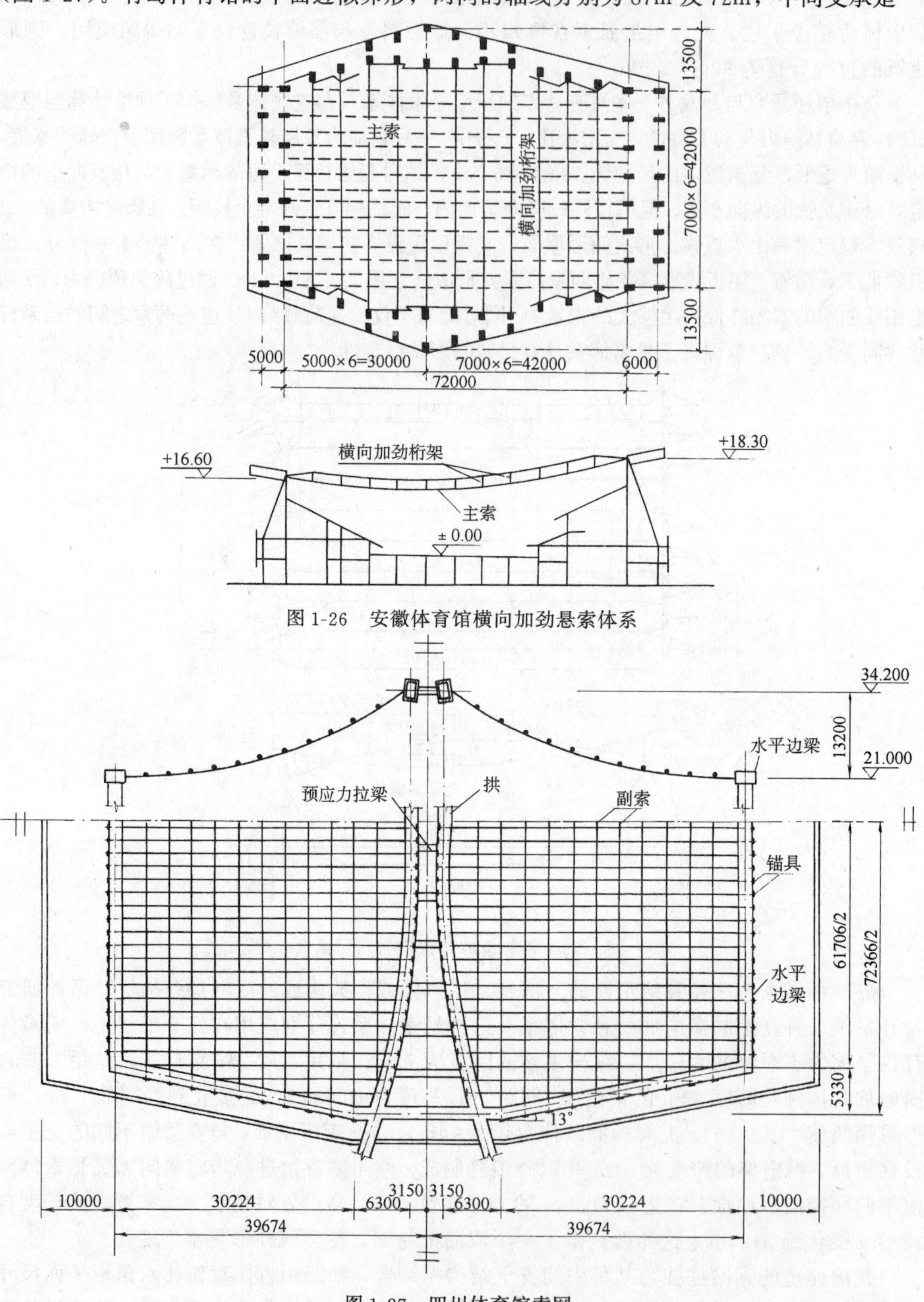

图1-26　安徽体育馆横向加劲悬索体系

图1-27　四川体育馆索网

对交叉的钢筋混凝土箱形拱。值得注意的是：这些屋盖中索网本身的耗钢量很低，而中间支承结构的材料消耗量以及造价都相当高，在整个结构中占了很大的比重。

四、膜结构

膜结构是空间结构中最新发展起来的一种类型，它以性能优良的织物为材料，或是向膜内充气，由空气压力支撑膜面，或是利用柔性钢索或刚性骨架将膜面绷紧，从而形成具有一定刚度并能覆盖大跨度结构体系。膜结构既能承重又能起围护作用，与传统结构相比，其重量却大大减轻，仅为一般屋盖重量的1/10～1/30。

早在远古时代，人们利用兽皮建造的帐篷可看作是最原始的膜结构。以后在一些临时性的建筑中，如野营帐篷、马戏大棚、仓库等也曾采用像帆布一类的材料建造膜结构。然而，现代的新型膜结构却与此有着本质的差别。首先是材料不同，它是专门为覆盖建筑物而开发的"建筑织物"，虽然厚度很薄，但却具有相当高的强度与耐久性，而且还有满足建筑使用功能的一系列优点；其次是受力情况不同，当今膜结构的膜材在施工完毕后或承受外荷载时都是张紧的，要承受一定的拉力，在这方面，膜与悬索一样都是以受拉为主的结构，因此也统称为"张拉结构"。

膜结构按其支承方式的不同，一般可分为空气膜结构、悬挂膜结构、骨架膜结构和复合膜结构（索穹顶）等。

（1）空气膜结构。这是向气密性好的膜材所覆盖的空间输送空气，利用内外空气的压力差，使膜材处于受拉状态，结构就具有一定的刚度来承受外荷载，因此也称充气结构。空气膜结构又可分为气承式与气胀式两种。跨度较大时可用气承式，这是在建筑物内部空间注以空气，平面多为方形、矩形、圆形或椭圆形。如图1-28（*a*）所示，屋面的拱度一般都较低，以减小风压，大跨度时往往在建筑物的对角线方向布置交叉的钢索，对膜面起加劲作用。为了将外墙和屋顶连成一体，也可做成如图1-28（*b*）所示的半圆筒形建筑，这是气承式空气膜结构常用的一种形式。为了保证空气膜的外形，需配备专用的充气设备以维持气压，内外气压差在100～300Pa。气胀式空气膜结构则是将膜材本身做成一个封闭体，对内注入空气后形成承重结构，其压力要比气承式大得多。常见的做法有：将膜材做成周围密封的圆形双层，充气后形成飞碟状；或将膜材做成半圆形圆筒，充气后如同半个轮胎，以此为单元组合成各种屋盖（图1-28*c*）。气胀式空气膜结构主要用在跨度较小的临时性建筑上。

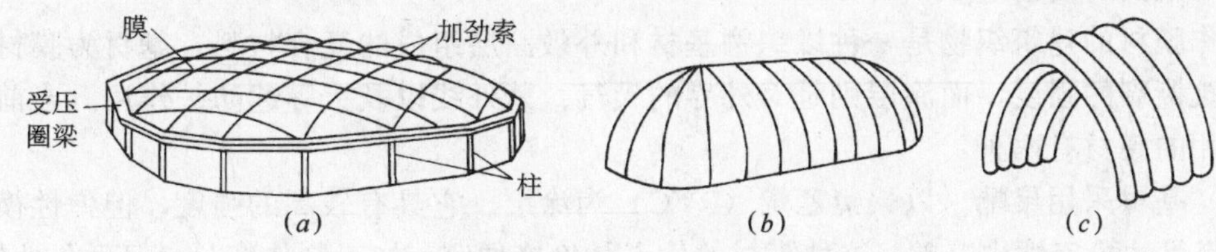

图1-28　空气膜结构

（2）悬挂膜结构。一般采用独立的桅杆或拱作为支承结构将钢索与膜材悬挂起来，然后利用钢索向膜面施加张力将其绷紧，这样就形成了具有一定刚度的屋盖（图1-29）。

（3）骨架支承膜结构。这是以钢骨架代替了空气膜结构中的空气作为膜的支承结构，骨架可按建筑要求选用拱、网壳之类的结构，然后在骨架上敷设膜材并绷紧（图1-30），适用于平面为方形、圆形或矩形的建筑物。

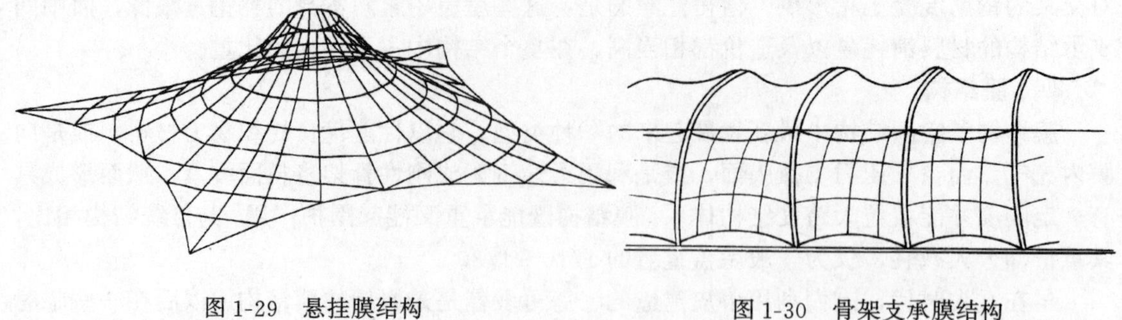

图 1-29　悬挂膜结构　　　　　　　　　　　图 1-30　骨架支承膜结构

（4）复合膜结构。这是膜结构中最新发展的一种结构体系，由钢索、膜材及少量的受压杆件组成，由于主要用于圆形平面，称“索穹顶”。这个体系包括连续的拉索和单独的压杆，在荷载作用下，力从中心受拉环或桁架通过放射状的径向脊索、谷索、环向拉索、斜拉索传向周围的受压环梁。扇形的膜面从中心环向外环方向展开。通过对钢索施加拉力而绷紧，

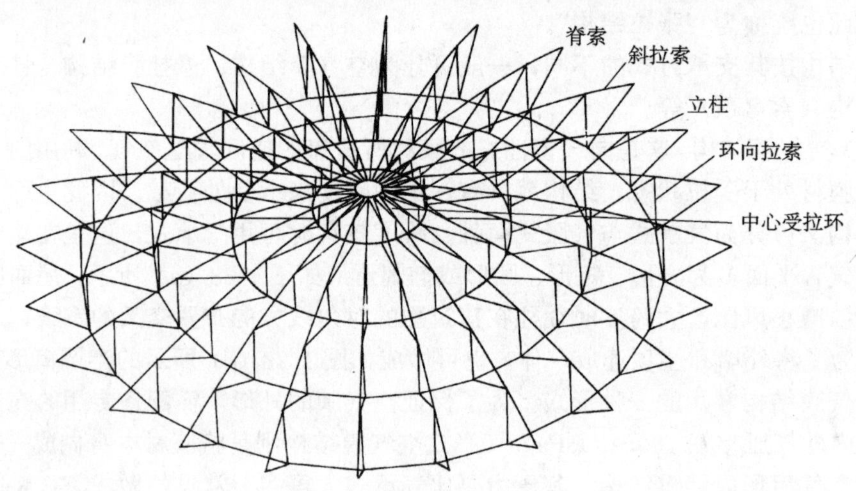

图 1-31　复合膜结构

固定在压杆与接合处的节点上（图 1-31）。复合膜结构适用于大跨度的圆形或椭圆形建筑，目前它的最大跨度已达 210m。

用作膜材的建筑织物是一种以织物基材和外敷涂层组成的复合材料。基材为膜材提供抗拉与抗撕裂的强度，而涂层则是对外界的天气、紫外线以及火等起防护作用。当前国际上最常用的膜材有两种：

（1）基材采用聚酯，以聚氯乙烯（PVC）为涂层。它具有较高的强度，但弹性模量较低，材料尺寸稳定性也略差。这种膜材的优点是价格便宜，加工制作容易，但耐久性较差，使用年限一般为 5～10 年，可用于中小跨度的临时性或半临时性建筑。为了改进聚氯乙烯涂层的性能，可再加一层面层，常用的有聚氟乙烯（PVF）与聚偏氟乙烯（PVDF）。这样可将其使用年限提高到 15 年，在永久性建筑中也可采用。

（2）基材采用玻璃纤维，以聚四氟乙烯（PTFE，商品名 Teflon）为涂层。玻璃纤维织物的强度高，在高应力和温度变化条件下不易伸长或松弛，具有良好的材料尺寸稳定性，属于不燃材料，对防火有利，经过测试和实践经验证明，耐久性也很好，使用年限可在 25 年

以上。此外，它的良好的自洁性能使膜材始终保持亮白的色彩和较高的透光率。这种膜材适用于大跨度永久性建筑，不足之处是价格昂贵，对加工制作有较高的要求。

1970 年在日本大阪万国博览会的美国馆采用了气承式空气膜结构，其平面为 140m×83.5m 的拟椭圆形，它标志着膜结构时代的开始。此后，膜结构的材料与设计、制造技术得到不断的发展与提高，在国外，膜结构已应用于体育竞赛、会议展览、商场和交通枢纽等建筑中，并且已从最初的临时性建筑发展为永久性建筑。我国的膜结构正处于起步阶段，1995 年在北京顺义和鞍山相继建造了两个气承式空气膜游泳馆，平面为 30m×30m，建筑面积 1075m^2，顶点高 12m，膜材选用国产高强度涤纶织物涂敷 PVC。以后建成的膜结构更多地采用了以钢柱或骨架支承的张拉膜结构，如长沙世界之窗剧场，覆盖面积为 3500m^2，深圳欢乐谷中心表演场，面积 5800m^2，新近完成的重要工程还有杭州游泳馆、杭州网球馆、深圳中国高新科技成果交易会等，面积都有上千平方米。近年来，各大城市纷纷兴建新的体育中心，其体育场的看台往往采用膜结构覆盖，使单个工程的面积就达到上万平方米。1997 年在上海召开的第八届全国运动会，其主体育场的挑篷采用了膜结构，覆盖面积为 36100m^2，屋盖呈马鞍形，平面投影尺寸为 288m×274m，由 64 榀径向悬挑桁架和环向次桁架组成大跨度的空间结构，最大悬挑长度达 73.5m。屋盖总共有 57 个伞状索膜单元，每个单元由 8 根拉索和一根立柱覆以膜材组成。这是中国首次将膜结构应用到大面积和永久性建筑上，影响至为深远。继上海体育场之后，上海虹口体育场采用马鞍形大悬挑空间索桁架膜结构面积达 26000m^2，青岛颐中体育场面积有 30000m^2，由 70 个索膜张拉的锥形单元组成。可以预计，膜结构在我国将会得到更大的发展。

第二节 施工安装方法

大跨度屋盖结构的选型在设计的方案阶段就应该和施工安装方法紧密地结合起来。对于平面结构来说，由于构件有主次之分，只要将构件逐步顺序安装，相对说来问题比较简单。对于悬索与膜结构来说，其主要问题是钢索的架设，其他的构件都比较轻，可以利用已架设的钢索进行吊装。而像网架和网壳这样的空间网格结构，其组成的构件或杆件没有主次之分，如何把一个空间结构架设到设计位置上就成为施工的关键问题，对于大跨度屋盖，这个问题显得更为突出。

空间结构的施工安装基本上分为两大类，即高空拼装和地面拼装后起吊。前一类方法的主要问题是如何在高空进行有效的施工，而后一类方法是应该采用什么样的机具与工艺的问题。下面结合大跨度空间网格结构的施工进行讨论，其中有不少原理也可以用在其他类型的大跨度结构上。

一、高空散装

将网架的全部杆件和节点拿到高空一次拼装完成，这是最直截了当的办法，也不需要大型的起重设备。另一方面，它需要搭设大量的支架，有时甚至是满堂脚手架，这对于大跨度结构来说是相当费力的。另外，它在现场与高空作业的工作适用于螺栓球节点以及用高强度螺栓连接的各类网架，对于焊接连接的网架，如果下面是竹、木的脚手架，要特别注意防火。

作为一种改进，可以将网架在地面上预先制作成锥体或平面桁架形式的小拼单元，将小拼单元吊到高空拼装，就可以减少高空作业量。另外小拼单元吊装后成为一个几何不变的稳定体系，即可利用它来承受自重和施工荷载而不设或少设支架。将小拼单元按规定的顺序逐步延伸，最后就能拼装成整体，如圆球网壳采用悬挑法施工是很理想的，它可以采用小拼单元由外圈逐步向圆心拼装。在拼装过程中，可作为一个开口的圆球壳承受荷载，拼装完成后就是一个闭口的圆球壳了。

二、分条或分块安装

为了进一步减少高空作业的工作量，可以把网架从平面分割成几个条状或块状单元。每个单元先在地面上拼装好，再用起重机吊装到高空就位后连成整体。这样就大大减少了拼装支架，只需在单元连接处设置一些。不过这种施工方法要求更大的起重设备，条块的大小取决于起重设备的能力，它比较适合于在分割后网架的刚度和受力情况改变较小的网架，跨度也不宜过大。

条块单元是沿网架的长向跨度分割，其宽度为1～3个网格，长度一般是网架的短向跨度。块状单元是沿网架纵横方向分割成几个矩形或正方形单元。分条和分块后的网架单元，本身应该具有足够的刚度，否则要采取临时加固措施。这对于正放类网架问题不大，因为它们分割后还是一个几何不变体系，可以承受自重和施工荷载。斜放类网架在分割后，其上（下）弦形成了菱形的几何可变体系，这时就应在网格的对角线方向加设临时的加固杆件。因此，分条或分块安装法还是用在正放类的网架比较合适。

三、高空滑移

网架在高空滑移进行拼装，既可在高空施工，又免除了搭设支架，比高空散装要方便得多。这种方法是将网架分成条状单元，使其支承在建筑物两边钢筋混凝土梁上的滑轨上，通过牵引使条状单元逐条从建筑物的一端滑移到另一端，就位后拼成整体。高空滑移法要求在建筑物端部设立一个拼装台，这最好是利用已建的端部建筑物，像剧院的舞台屋顶等。如果没有，则可在一端设置宽度约大于两个节间的拼装平台。有了这样的平台，条状单元可以在地面拼成后用起重机吊到平台上来进行滑移，也可以用散件或小拼单元在拼装平台上拼成条状单元后滑移。

滑移可以采用两种方法：(1) 单条滑移法，将条状单元逐条地从一端滑移就位，各条单元之间分别在高空再进行连接，也就是逐条滑移，逐条连成整体；这种方法磨擦阻力小，不需要很大的牵引设备，但每条单元就位拼接时需要活动脚手架支撑；(2) 逐条积累滑移法，将条状单元滑移一段距离后，连接上第二条单元，两条单元一起滑移一段距离后再接上第三条单元；这三条单元作为一个整体再进行滑移，如此进行下去直到拼装好为止。这种方法随着单元的积累，牵引力也逐渐增大，需要采用卷扬机或手扳葫芦的牵引工具。

网架在拼装过程中的条状单元相当于两端支承的空间桁架。由于网架的高度一般要比平面桁架小，滑移时虽然只承受自重，但其挠度值仍会超过形成整体后的网架自重的挠度，因此在大跨度时，可在建筑物中部增设一道支承平台，以调整滑移过程中网架的中点挠度。中间支承平台可设置滑轨或千斤顶。

如同上面所讨论的分条安装一样，高空滑移法也比较适用于正放类的网架。这种施工方法的最大优点是网架的安装可以和下面的土建工程平行作业，使总工期缩短。此外，它不需要大型的起重设备，特别是在场地狭小，起重机无法进入时更为合适。

四、地面拼装整体吊装

网架如能在地面拼装最为方便，它比在高空拼装有很多好处，但问题是如何将几百吨或上千吨的网架吊装到设计位置。大跨度网架的整体吊装可采用单根或多根拔杆起吊。由于在吊装前，网架的支柱已经立好并且要让出拔杆底座的位置，因此网架在拼装时要错位。这种施工方法不受网架形式的限制，正放、斜放都可以。对连接来说更适用于采用焊接的网架，因为在地面上操作能更好地保证焊接质量和几何尺寸的准确性。另一方面由于需要较大的起重能力，就要专门制造拔杆，并准备大量的钢丝绳、卷扬机等设备。

由于网架是错位拼装，网架的支座和柱顶没有对正，当网架起吊到柱顶以上后，要在空中移位再放下就位。当采用多根拔杆时可利用每根拔杆两侧起重机滑轮组产生水平分力不等而推动网架移位。

五、地面拼装整体提升

网架在地面拼好后，另一种就位的方法是整体提升，即将起重设备设在网架的上面，通过吊杆与网架的支座相连，然后逐步提升到设计标高。这时可以利用建筑物的柱子作为提升网架的临时支承结构。提升设备可以采用通用的千斤顶，提升点最好设在网架支座处或者附近。这种施工方法同样可用于各种形式的周边支承及多点支承网架，它可以充分利用现有的结构作为施工用，不需要制作像拔杆之类的支承结构，所采用的设备也是一般常规的，因此可以节省安装设施的费用。

由于支承网架的柱子大多是钢筋混凝土的，而许多施工单位都掌握了滑模施工的技术，在我国首先创造了利用滑模浇制柱子的同时提升网架。这时网架可作为滑模的操作平台，而滑模用的穿心式液压千斤顶也是提升网架的设备。当柱子用滑模施工到设计标高时，网架也随着提升到位。

六、地面拼装整体顶升

与整体提升不同，顶升是将起重设备直接设在网架支座的下面。起重设备一般都用大吨位的千斤顶，并尽量利用网架的支承柱作为顶升时的支承结构。根据结构类型和施工条件，支承柱可选用四肢钢柱或劲性钢筋混凝土柱。

这种施工方法适用于四点或六点支承网架，因而每个柱子在顶升过程中都集中了很大的荷载，千斤顶也承担了很大的负荷。为安全起见，施工时应将额定负荷能力乘以折减系数。它的优点是可以把屋面板、檩条、吊顶以及通风、电气设备等在网架顶升前全部安好，然后随着网架一起顶升到设计标高，从而节省了施工费用。

第三节 屋盖结构的震害与经验

根据历史资料，还没有见到大跨度屋盖在地震中破坏的记载，因此我们只有从近代大地震中有关较小跨度空旷房屋的屋盖结构来汲取经验。

一、1976唐山地震

震级达九度的唐山大地震差不多使全市夷为平地，但其中也有个别建筑物屹立在废墟中，河北煤矿医学院食堂就是一例。这个建筑物的屋盖采用30m梯形钢屋架，上为钢檩条及预制波纹瓦，在东西两端的节间布置了钢支撑（图1-32)。下部承重为单层排架结构，钢

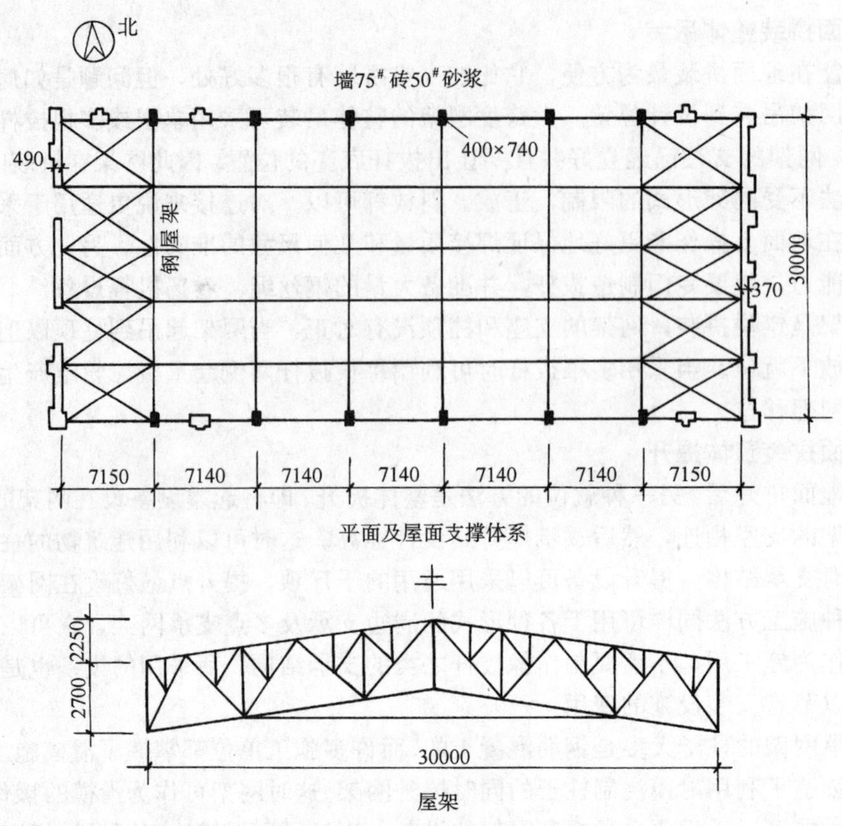

图 1-32　食堂屋盖平面及屋架

筋混凝土柱的截面为400mm×740mm，东西两端由砖砌山墙承重。柱基利用原有的旧基础，在基础上有一道圈梁。柱为现浇，与砖墙以两道圈梁相连结，设计时没有考虑抗震。

这是唐山震后存在建筑物中较完整的，破坏比较轻微。在所有窗台处出现水平裂缝，在窗间墙平面内两端砖墙压酥，以中部窗间墙较为严重，窗间墙上部也有水平裂缝。西山墙顶部向外推出约100mm，支撑系杆与山墙连接处被拉脱，东山墙也向外推出。整个说来，西山墙裂缝较多，东山墙裂缝较少。

经分析，其震害较轻的原因为：

(1) 平面简单规则，刚度均匀而且属于柔性，圈梁较多，提高了整体性；

(2) 窗间墙内有钢筋混凝土柱，提高了结构的抗弯承载力及延伸性；

(3) 屋面结构轻，支撑体系完整，柱与屋架的连接整体性好。

作为经验教训来说，两端用山墙承重造成结构抗震的薄弱部位，尤其是西山墙门窗洞减弱更为不利，对于高大空旷的结构，端部宜用柱承重，仍做屋架，并增设抗侧力柱。此外，沿纵向的地震力使较高的窗间墙在平面内受弯，引起墙两端压酥，建议可用局部配筋加强。

二、1985 新疆乌恰地震

1985 年 8 月 23 日和 9 月 12 日，在我国新疆克孜勒苏自治州乌恰县境内连续发生 7.4 级和 6.8 级地震。乌恰县城处于 9 度区内。地震发生时，乌恰县影剧院正在施工中。在强烈的地震波冲击下，影剧院的主体结构及屋盖并未倒塌，但其下部的钢筋混凝土结构及网架屋盖局部发生了一定程度的损害。

乌恰县影剧院是由门厅、观众厅及舞台三部分组成的一个中小型影剧院。图 1-33、图

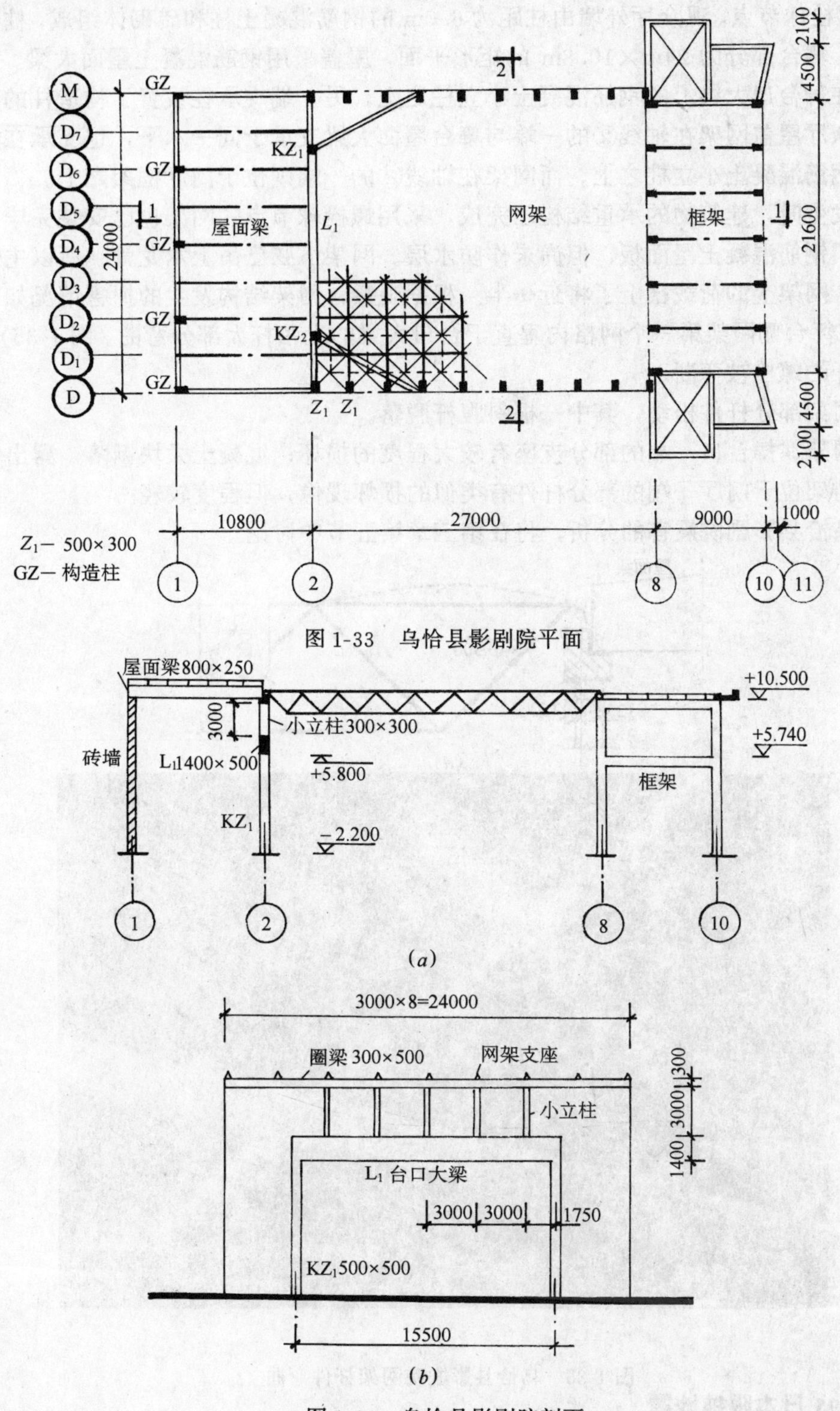

图 1-33 乌恰县影剧院平面

图 1-34 乌恰县影剧院剖面

1-34分别为该建筑的平面图和剖面图。门厅的平面尺寸为21.6m×9m，采用单跨二层钢筋混凝土框架。观众厅为27m×24m的矩形平面，其屋盖是高度为2.667m的正放四角锥网架，采用螺栓球节点。观众厅外墙由柱距为6.0m的钢筋混凝土柱和砖砌体组成，柱顶标高为10.5m。舞台部分为24m×10.8m的矩形平面，屋盖采用钢筋混凝土屋面大梁。大梁的一端支承在舞台口大梁上的钢筋混凝土小立柱之上，另一端支承在设置了构造柱的砖砌山墙上。观众厅屋盖网架在轴线②的一端与舞台屋面大梁支承于同一水平，也支承在舞台口大梁上的钢筋混凝土小立柱之上。而网架在轴线⑧的一端则位于门厅框架之上。

地震发生时，建筑物的承重结构已完成，采用螺栓球节点的网架也已安装完毕，并已全部铺上了钢筋混凝土屋面板，但尚未作防水层。网架下弦已吊上木龙骨。所以主体结构已经完成，网架上的荷载已上了将近一半。根据观察，网架结构发生的损害情况如下：

(1) 靠舞台侧网架第一个网格内垂直于台口大梁的上弦杆大部分弯曲（图1-35），中间一根上弦杆的螺栓被弯断。

(2) 网架部分杆件松动，其中一根斜腹杆脱落。

(3) 网架靠舞台口一端的部分支座有较大程度的损坏；混凝土大块剥落，露出钢筋。

(4) 网架位于门厅一端的部分杆件有类似的损坏现像，但程度较轻。

有关乌恰县影剧院震害的分析，将在第三章第五节中讨论。

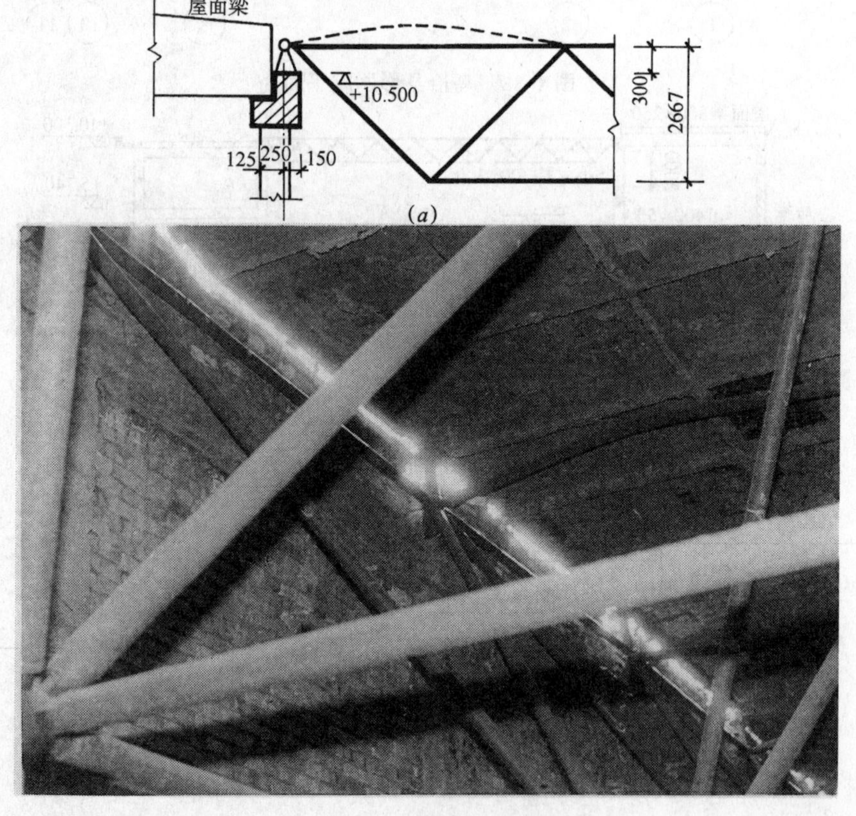

图1-35　乌恰县影剧院网架杆件弯曲

三、1995日本阪神地震

1. 健身房预制壳板屋盖

健身房平面为矩形 29.5m×38m，在中部设有箱形钢梁。一系列平行排列的预制圆柱形微弯壳板支承在钢梁及周边的混凝土墙上。地震时，大部分壳板都倒塌（图 1-36），只有四根纵向沿墙连接的壳板还保持在原位。所有壳板的锚栓均被拉断（图 1-37），钢梁产生了很大的弯曲，其下的柱子也由于弯曲反力而产生裂缝。另外，在支承预制壳板南北方向的墙壁上也发现许多裂缝。在南北墙壁的内侧，可以看到柱子下部也出现水平裂缝。从以上破坏情况看，是由于受南北方向很大的水平和竖向地震作用的结果。

图 1-36　健身房壳板倒塌

图 1-37　壳板支座及锚栓破坏

2. 竞马场看台钢结构屋盖

阪神竞马场大跨度屋盖采用了东西对称的双层圆锥形网壳，覆盖三角形平面的空间（图 1-38）。屋盖以龙骨梁为主体结构，在中部南北方向长约 100m 的二根龙骨梁主拱分别锚固在大型支座上。北面部分的边长约 230m，其支座放在看台的上部，东西方向通过底板由螺栓固定。其他两边分段固定在五个支座上。支座部分是由钢制的半圆球和从其上伸出的五根管材来支承。在地震中，破坏集中在管材接合处和周边的杆件。屋面材料采用了聚四氟乙烯涂覆的膜材和顶部采光玻璃，另外还有部分金属板。此外，在中部龙骨梁的中间 V 字形支柱出现了弯折，可以看到支撑的管材从支座处脱落，而杆件自身由于失稳产生了很大的弯曲变形（图 1-39），管材也有脱落的。东侧主拱的锚固支座发生了上浮，上面的螺栓被剪断（图 1-40）。另外，北侧屋顶支座的螺栓也全部被剪断。从南面看过去，屋顶整体向反时针方向转，向西约移动了200mm。造成网壳屋盖多处破坏的主要原因是由于地基下沉（图1-41）。

图1-38 竞马场看台屋盖

图1-39 杆件失稳和节点剪断

图1-40 锚固支座上浮

3. 剧院钢网壳屋盖

从北面看到的剧院钢结构屋盖的情况如图1-42所示，这是在一栋超高层建筑物的北侧，利用阶梯状的空间建成剧院。建筑物的平面为长方形，屋盖是将部分圆柱面壳呈阶梯状连续连接起来而形成，最上部是半圆筒状。结构采用螺栓球节点双层网壳结构。如从图1-43上看到的那样，破坏集中在最下段和倒数第二段的圆柱面壳上，网壳的破坏表现为支座处的杆件失稳、杆件中间部位剪断，以及杆件和节点连接部位的剪断等。在靠近支座的一排连接板上，也发现有杆件失稳。

4. 大跨度体育建筑网壳及网架屋盖

神户人工岛上的两座大跨度体育建筑都没有结构破坏。一是平面110m×70m的世界馆。采用了中间为圆柱形、两端为半圆球的双层网壳；另一是平面100m×74m的游泳馆，屋盖由两块折板形的网架组成。虽然在人工岛上发生了严重的地面下沉，由于采用桩基，因此结构未受影响。在世界馆中，由于悬吊钢索断裂，一个巨大的扬声器框架坠落在地上。在人工岛上有一座充气建筑以及作为神户港标志的双曲抛物面塔架均安然无恙。

空间结构由于其自重轻、刚度好，所受的震害要小于其他类型的结构，经受了考验。通过阪神地震，有两点经验教训是值得汲取的：(1) 注意支承部分的设计与施工，许多震害是由于支座螺栓或地基失效而造成的；(2) 保持屋盖吊顶或悬吊物的抗震性，许多公共建筑的屋盖结构本身无问题，但往往由于吊顶等塌落而影响使用。

图 1-41　竞马场地基下沉

图 1-42　剧院钢网壳外貌

图 1-43　网壳杆件破坏

第二章　平面杆系结构

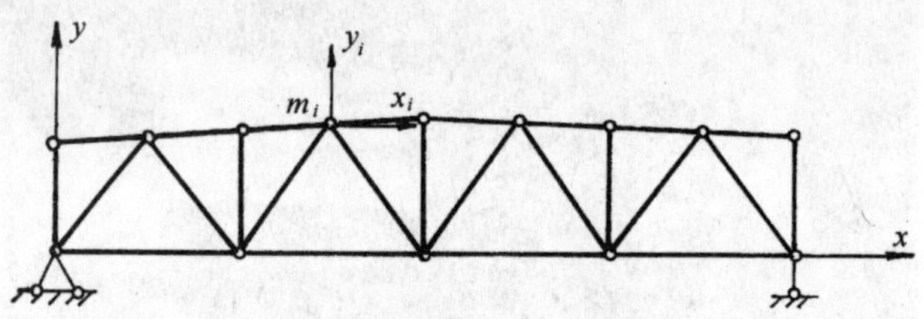

图 2-1　平面多自由度铰接体系

大跨度平面杆系屋盖结构（如平面桁架、格构式拱等）是平面多自由度铰接体系，每个铰接点上有两个自由度（见图 2-1）。地震时，结构体系上受到的水平地震作用主要由屋盖的支承系统（如柱、墙等）承受。所以，大跨度平面杆系屋盖结构的抗震设计中，主要问题是确定地震时结构上受到的竖向地震作用。一旦求出地震作用后，即可将其视为等效静荷载作用于结构来计算地震效应（内力、变形等），进行结构的承载力和刚度验算。

地震时地面的运动过程是很复杂的。地震的强度、频谱和持续时间等受震源机理和地基条件影响而极为不同。同时，结构上的反应由于结构动力特征的复杂性以及地基与结构相互作用等因素也是很复杂的。因此，抗震计算是一种相当复杂的动力问题。过去对水平地震作用下多层及高层结构的抗震已经研究得比较多，也比较深入了。近年来，随着人们对地震机理的了解，对竖向地震作用下各种结构的抗震研究也受到了重视。大跨度屋盖结构的广泛应用，促使对结构竖向振动特性的研究逐步深入。我国《建筑抗震设计规范》GBJ11—89（以下简称“抗震规范”）中首次列入了竖向地震作用的计算。本章介绍计算竖向地震作用的基本方法及一些大跨度平面杆系结构的自振特性及其在竖向地震作用下的抗震计算。

第一节　地震作用的计算方法

地震作用是指地震时地面运动引起结构体系质量的运动，从而产生的惯性力。由结构动力学可知，运动质点的惯性力在数值上等于质点的质量与质点绝对加速度的乘积。也就是说，为确定竖向地震作用必须首先在地面运动竖向分量作用下进行结构动力分析，计算出体系上各质点的绝对加速度。分析过程中通常采用以下三点基本假定：

1. 结构的地基为一刚性盘体，基础各点的运动完全一致而没有相位差。事实上，地基是变形体，地震时结构基础上各点的运动是不会完全一致的。但对于建筑物来讲，其长度远小于地震波的波长，特别是对于地震波的竖向分量，这一近似假定是合理的。

2. 结构是弹性体系。本章只针对弹性结构体系进行讨论，关于非弹性地震反应分析将在悬索结构一章中介绍，本章不予赘述。因为除悬索结构外大跨度屋盖结构通常是按弹性阶段进行设计的。

3. 地震记录可以代表地震时地面运动的过程。尽管一条地震记录仅代表着某次地震某场地的运动情况，且地震仪有使其产生失真的可能，但目前地震记录还是最为可靠的资料。

基于以上假定，通常采用下述两种理论计算地震作用：反应谱理论和直接动力分析理论。

一、反应谱理论

反应谱理论是以单质点体系在实际地震作用下的反应为基础来分析结构反应的方法。目前很多国家采用这种理论计算地震作用，我国“抗震规范”也采用这一理论。

1. 地震影响系数

设质量为 m 的单质点体系（图 2-2），在水平方向地面运动分量作用下质点绝对加速度为 $a(t)$，则质点所受的水平地震作用可表为：

$$F(t) = -ma(t) \tag{2-1}$$

图 2-2 单质点体系

式中 $F(t)$——地震作用。

式（2-1）表示在地震过程中，质点水平地震作用的大小与方向随时间 t 变化。抗震设计中通常只需要地震作用的最大值，其值可表为：

$$F = ma_{\max} \tag{2-2}$$

式中 $a_{\max}$—— 为质点最大绝对加速度。

将上式改写为

$$F = \alpha W \tag{2-3}$$

式中 $W=mg$ 为质点重量，g 为重力加速度。

$\alpha=a_{\max}/g$ 称为水平地震影响系数。

我国学者根据国内外数百条地震记录的反应谱进行统计分析，建立了地震影响系数 α 与结构体系自振周期 T 的关系曲线 $\alpha(T)$。“抗震规范”给出了水平地震影响系数 α，示于图 2-3。由于建筑物场地的地基条件对 $\alpha(T)$ 的形状有显著影响，“抗震规范”针对四类不同场地条件给出四条曲线。这四类场地是这样划分的：

首先将场地土划分为如下四类：

其中 v_s 为土层剪切波速，v_{sm} 为土层平均剪切波速，单位 m/s。f_k 为地基土静承载力标准值，单位 kPa。

坚硬场地土——$v_s>500$ 或稳定岩石、密实的碎石土。

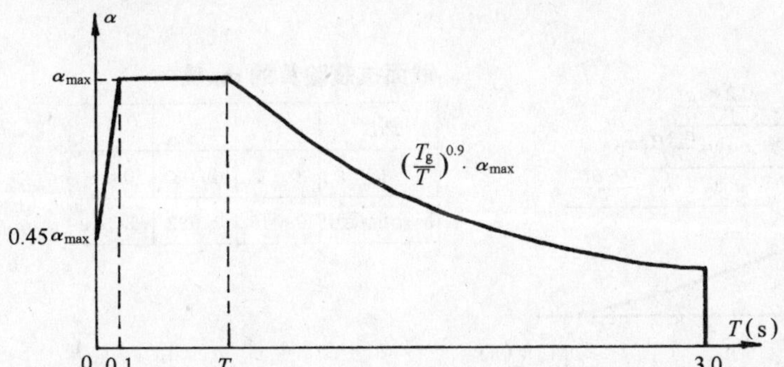

T_g (s)

场地	Ⅰ	Ⅱ	Ⅲ	Ⅳ
近震	0.2	0.3	0.4	0.65
远震	0.25	0.45	0.55	0.85

截面抗震验算的 $\alpha_{\max}$ 值

烈度	7	8	9
$\alpha_{\max}$	0.08	0.16	0.32

图 2-3 水平地震影响系数

中硬场地土——$500 \geqslant v_{sm} > 250$ 或中密、稍密的碎石土，密实、中密的砾、粗、中砂，$f_k > 200$ 的粘性土和粉土，坚硬黄土。

中软场地土——$250 \geqslant v_{sm} > 140$ 或稍密的砾、粗、中砂，除松散外的细、粉砂，$f_k \leqslant 200$ 的粘性土和粉土，$f_k \geqslant 130$ 的填土，可塑黄土。

软弱场地土——$v_{sm} \leqslant 140$ 或淤泥和淤泥质填土，松散的砂，新近沉积的粘性土和粉土，$f_k < 130$ 的填土，新近堆积黄土和流塑黄土。

然后，依据地面至剪切波速大于 500m/s 的土层或坚硬土顶面的距离确定场地覆盖层厚度。最后，依表 2-1 确定建筑物场地类别。

建筑物场地类别划分 **表 2-1**

场地土类型	场地覆盖层厚度 d_{ov} (m)				
	0	$0<d_{ov}<3$	$3<d_{ov}<9$	$9<d_{ov}<80$	>80
坚硬	Ⅰ				
中硬		Ⅰ		Ⅱ	
中软		Ⅰ	Ⅱ		Ⅲ
软弱		Ⅰ	Ⅱ	Ⅲ	Ⅳ

建立了地震影响系数 $\alpha(T)$ 曲线后，只需先求出结构体系的自振周期 T，根据场地类别由图 2-3 确定相应的 α 值，再代入式（2-3）即可方便地求得水平地震作用。

对于地震影响系数应该说明的是：

（1）“抗震规范”中截面抗震验算的 α_{max} 值是针对常遇地震烈度（亦称众值烈度）给出的。在众值烈度下，结构应该保持在弹性阶段工作，即进行第一阶段小震不坏的抗震设计。它比基本烈度平均降低约 1.55 度的烈度值，相当于加速度折减 0.34，该值亦称常遇地震折减系数。

（2）“抗震规范”给出的 $\alpha(T)$ 曲线采用了各类建筑物的平均阻尼，即阻尼系数 $\nu=0.1$，相当于平均临界阻尼比等于 5%。大跨度结构的阻尼一般要略小于这个值，在本书以后的章节中，结合具体结构还要讨论这个问题。

一般认为，竖向地震影响系数 $\alpha_v(T)$ 的曲线形状与水平地震影响系数大体上相近，可直接使用 $\alpha(T)$ 曲线，数值上一般取 $\alpha_v=(1/2 \sim 3/2)\alpha$。因而竖向地震作用可由下式计算：

$$F = \alpha_v W \tag{2-4}$$

值得予以介绍的是，我国学者对于竖向地震记录的专门研究给出了如图 2-4 所示的竖向地震影响系数 $\alpha_v(T)$。其中截面抗震验算时的 α_{vm} 值是考虑了 $\alpha_v=\alpha/2$，及对钢结构乘 1，对钢筋混凝土结构乘 1.15 后给出的，相当于考虑了结构的延性系数 0.35 和 0.40。最后与“抗震规范”大体相当。

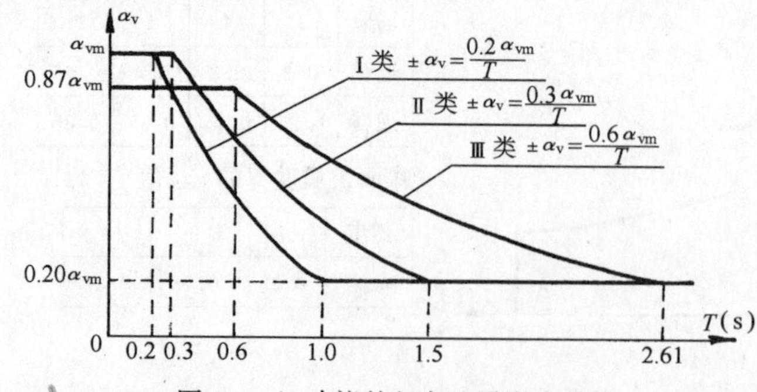

图 2-4 ▶建议的竖向地震影响系数

截面抗震验算的 α_{vm} 值

烈度	7	8	9
钢	0.04	0.08	0.16
钢筋混凝土	0.046	0.092	0.184

图 2-4 中场地土类别划分如下：

$\underline{\text{I}}$类场地土——稳定岩石。

$\underline{\text{II}}$类场地土——除$\underline{\text{I}}$、$\underline{\text{III}}$类场地土外的一般稳定土。

$\underline{\text{III}}$类场地土——饱含松砂、软塑至流塑的粉土、淤泥和淤泥质粘土、冲填土以及其它松软的人工填土等。

$\underline{\text{III}}$类场地土大体上相当于“抗震规范”的Ⅳ类土，$\underline{\text{II}}$类场地土大体包括了“抗震规范”的Ⅱ、Ⅲ类土，为避免混淆，这里用罗马数字下加‘—’以示区别。本书中对某些结构的讨论就是基于这一竖向地震影响系数进行的，请读者注意比较。本书还在附录中摘编了我国“抗震规范”中有关竖向地震作用的规定供读者参考。

2. 平面杆系结构的竖向地震作用

平面杆系结构是多自由度体系。振动时，它将产生多个振型，每个振型对应一个自振周期。因此计算平面杆系结构的竖向地震作用比单自由度体系复杂一些，要通过动力分析来讨论。

多自由度体系无阻尼自由振动方程为：

$$[M]\{\ddot{U}\}+[K]\{U\}=0 \tag{2-5}$$

式中 $\{U\}$ ——节点相对位移向量；由于每个节点有两个自由度，所以有

$$\{U\}=[u_1 \quad v_1 \quad u_2 \quad v_2 \quad \cdots \quad u_i \quad v_i \quad \cdots \quad u_n \quad v_n]$$

其中 u_i、v_i 分别为第 i 节点的水平和竖向位移，n 为节点总数；

$\{\ddot{U}\}$——节点相对加速度向量；

$[K]$——结构刚度矩阵；

$[M]$——质量矩阵；

通常将质量集中于节点，于是有对角矩阵

$$[M]=\begin{bmatrix}[M_1] & & \\ & [M_i] & \\ & & [M_n]\end{bmatrix}$$

其中

$$[M_i]=\begin{bmatrix}m_i & \\ & m_i\end{bmatrix} \qquad (i=1,\ 2,\ \cdots n)$$

m_i—作用于第 i 节点的集中质量，在各自由度方向具有相同的惯性作用。它应该使用集中于节点的重力荷载代表值，包括结构和构配件自重标准值以及各类外荷载按静力等效原则作用于节点的集中力。“抗震规范”规定计算地震作用时，雪荷载、屋面积灰荷载可考虑 0.5 的组合系数，并不考虑屋面活荷载。

方程（2-5）的特解为

$$\{U\}=\{\Phi\}\sin\omega t \tag{2-6}$$

式中 ω——圆频率（$1/s$）；

$\{\Phi\}$——振型向量。

将式（2-6）代入方程（2-5），消去 $\sin\omega t$ 得

$$[K]\{\Phi\}=\omega^2[M]\{\Phi\} \tag{2-7}$$

式（2-7）通常称为广义特征值问题。求解该式即可得到结构体系的 $2n$ 个自振频率和 $2n$ 个振型。解式（2-7）的方法很多，读者可参阅有关结构动力学的书籍，这里不一一赘述，以后将结合具体结构做一些介绍。

地面运动下多自由度体系的运动方程为：

$$[M]\{\ddot{U}\}+[C]\{\dot{U}\}+[K]\{U\}=-[M]\{\ddot{U}_g\} \tag{2-8}$$

式中 $\{\dot{U}\}$ ——节点相对速度向量；

$[C]$——结构阻尼矩阵，通常假定为正交阻尼矩阵，即 $[C]=r[M]+s[K]$；

$\{\ddot{U}_g\}$——地面运动加速度向量；只考虑地面运动竖向分量时 $\{\ddot{U}_g\}$ 可表为

$$\begin{aligned}\{\ddot{U}_g\} &= \{H\}\ddot{U}_{gv}\\ &= [\{H_1\}^T\{H_2\}^T\cdots\{H_i\}^T\cdots\{H_n\}^T]^T\ddot{U}_{gv}\end{aligned}$$

其中 $\ddot{U}_{gv}$——地面运动加速度的竖向分量；

$\{H_i\}^T=[0\quad 1]$（$i=1$，$2\cdots n$），两个分量分别对应第 i 节点的水平和竖向位移。

对方程（2-8）进行振型分解，令

$$\{U(t)\}=[\Phi]\{q(t)\} \tag{2-9}$$

式中 $\{q(t)\}$ ——广义坐标向量；

$[\Phi]$——振型矩阵，含 $2n$ 个 $\{\Phi\}$。

将式（2-9）及结构阻尼矩阵、地面运动加速度向量的表达式代入方程（2-8），得

$$[M][\Phi]\{\ddot{q}\}+(r[M]+s[K])[\Phi]\{\dot{q}\}+[K][\Phi]\{q\}=-[M]\{H\}\ddot{U}_{gv} \tag{2-10}$$

两边前乘第 j 振型 $\{\Phi\}_j^T$，考虑振型正交性

$$\{\Phi\}_j^T[M]\{\Phi\}_p=0 \qquad (j,p=1,2\cdots 2n \quad j\neq p) \tag{2-11}$$

并注意到式（2-7）的关系，得

$$\ddot{q}_j+(r+s\omega_j^2)\dot{q}_j+\omega_j^2 q_j=-\gamma_j\ddot{U}_{gv} \qquad (j=1,2\cdots 2n) \tag{2-12}$$

式中 γ_j——第 j 振型的振型参与系数。

$$\gamma_j=\frac{\{\Phi\}_j^T[M]\{H\}}{\{\Phi\}_j^T[M]\{\Phi\}_j} \qquad (j=1,2\cdots 2n) \tag{2-13}$$

r 和 s 值一般可由某两个自振频率 ω_j、ω_p 与阻尼系数 v 表为：

$$r=\frac{\omega_j\omega_p v}{\omega_j+\omega_p} \qquad s=\frac{v}{\omega_j+\omega_p} \tag{2-14}$$

方程（2-12）代表着 $2n$ 个单自由度体系的运动方程。解这 $2n$ 个方程得广义坐标向量 $\{q(t)\}$，它是时间 t 的函数。代入式（2-9）即可得相对位移 $\{U(t)\}$。如果令 $\{\gamma\}=\{1\}$ 时的广义坐标为 $\{\delta(t)\}$，即

$$\{q(t)\}=[\gamma]\{\delta(t)\} \tag{2-15}$$

式中 $[\gamma]$ 为对角矩阵。于是相对位移可表为

$$\begin{aligned}\{U(t)\} &= [\Phi][\gamma]\{\delta(t)\}\\ &= \sum\{\Phi\}_j\gamma_j\delta_j(t)\end{aligned} \tag{2-16}$$

这样，相对位移按振型分解开来，对于第 j 个振型，其相对位移为：

$$\{U(t)\}_j = \{\Phi\}_j \gamma_j \delta_j(t) \tag{2-17}$$

现在来讨论竖向地震作用。结构体系上各质点的绝对加速度为 $\{\ddot{U}_g(t)\} + \{\ddot{U}(t)\}$，因此 t 时刻的竖向地震作用为：

$$\begin{aligned}\{F(t)\} &= [M](\{\ddot{U}_g(t)\} + \{\ddot{U}(t)\}) \\ &= [M](\{H\}\ddot{U}_{gv}(t) + [\Phi][\gamma]\{\ddot{\delta}(t)\})\end{aligned} \tag{2-18}$$

将 $\{H\}$ 也按振型分解，令

$$\{H\} = [\Phi]\{b\} \tag{2-19}$$

式中 $\{b\}$ 待定。对上式两边前乘 $\{\Phi\}_j^{\mathrm{T}}[M]$ 并整理，得：

$$\{\Phi\}_j^{\mathrm{T}}[M]\{H\} = \{\Phi\}_j^{\mathrm{T}}[M]\{\Phi\}_j b_j \qquad (j = 1, 2\cdots 2n) \tag{2-20}$$

注意到式（2-13）的关系，有

$$b_j = \gamma_j \qquad (j = 1, 2\cdots 2n)$$

亦即

$$\{b\} = \{\gamma\} \tag{2-21}$$

与式（2-19）一起代入式（2-18），同时改写 $\ddot{U}_{gv}(t)$ 为向量形式，得

$$\begin{aligned}\{F(t)\} &= [M][\Phi][\gamma](\{\ddot{U}_{gv}(t)\} + \{\ddot{U}(t)\}) \\ &= [M][\Phi][\gamma]\{a_v(t)\} \\ &= [W][\Phi][\gamma]\{\alpha_v(t)\} \\ &= \sum [W]\{\Phi\}_j \gamma_j \alpha_{vj}(t)\end{aligned} \tag{2-22}$$

式中 $[W] = [M]g$

$\{\alpha_v(t)\} = \{a_v(t)\}/g$

$\{a_v(t)\} = (\{\ddot{U}_{gv}(t)\} + \{\ddot{\delta}(t)\})$

从而第 j 振型竖向地震作用为：

$$\{F(t)\}_j = [W]\{\Phi\}_j \gamma_j \alpha_{vj}(t) \qquad (j = 1, 2\cdots 2n) \tag{2-23}$$

进一步，由于代入对应第 j 振型的自振周期 T_j（$T_j = 2\pi/\omega_j$）可以得到 α_{vj} 的最大值，即 $\alpha_{vj\max} = \alpha_v(T_j)$，则第 j 振型最大竖向地震作用为

$$\{F\}_j = \gamma_j \alpha_v(T_j)[W]\{\Phi\}_j \qquad (j = 1, 2\cdots 2n) \tag{2-24}$$

第 j 振型第 p 个自由度方向的竖向地震作用的计算公式可表为

$$F_{pj} = \gamma_j \alpha_v(T_j) W_p \Phi_j(p) \qquad (j, p = 1, 2\cdots 2n) \tag{2-25}$$

必须指出，式（2-25）表示的是第 p 个自由度方向上的竖向地震作用，它可以是水平或竖直方向。即在平面杆系的每个节点上均可能有水平和竖直两个方向的地震作用产生。也就是说，尽管只考虑竖向地震分量的影响，由于结构体系的整体作用，各节点均可能产生水平和竖直两个方向的振动，从而产生两个方向的地震作用。这里称作“竖向地震作用”是指它是在地震时由竖向地面运动分量引起的。

将式（2-24）给出的第 j 振型竖向地震作用作为静力荷载作用于结构，容易求得各杆件第 j 振型最大竖向地震内力 $\{S_E\}_{j\max}$。再将各杆件各振型最大竖向地震内力组合起来即得各杆件竖向地震内力标准值。但是这个组合不能是简单的相加，因为各振型最大竖向地震内

力 $\{S_E\}_{j\max}$ 不是在同一时刻出现的，仅当 $t=T_j$ 时才达到最大。精确计算时应该逐一杆件计算各时刻各振型竖向地震内力之和，从而确定各杆件竖向地震内力标准值。显然，这样做在工程实际中是很困难的。"抗震规范"中采用了各振型地震内力"平方和开方"的组合方法，即第 i 根杆竖向地震内力标准值为：

$$S_{Ei} = \sqrt{\Sigma S_{Eij}^2} \qquad (i = 1,2\cdots m) \tag{2-26}$$

式中 m——总杆件数；

S_{Ei}——第 i 根杆竖向地震内力标准值；

S_{Eij}——第 j 振型内力中第 i 杆地震内力。

上式的意义为将各振型内力中第 i 杆的内力平方后求和，然后再开平方即为第 i 杆竖向地震内力标准值。式（2-26）是根据地震时地面运动假定为随机过程而得到的，它与精确计算相比忽略了振型的耦联项，但使用方便，且误差不大。求得各杆件竖向地震内力标准值后，即可按"抗震规范"要求与静内力组合，进行结构的强度和刚度的计算。

归纳起来，按反应谱理论计算平面杆系结构的竖向地震作用和竖向地震内力，可按如下步骤进行：

（1）解式（2-7），计算自振频率和振型。

（2）按式（2-13）计算各振型的振型参与系数 γ_j。

（3）按式（2-24）计算各振型竖向地震作用 $\{F\}_j$。

（4）将 $\{F\}_j$ 作用于结构计算各振型最大竖向地震内力 $\{S_E\}_{j\max}$。

（5）按式（2-26）计算各杆件竖向地震内力标准值 S_{Ei}。

以上计算过程中，引用了振型分解过程，故这一方法通常称为振型分解反应谱法。

3. 讨论

（1）如果将各振型竖向地震作用也按"平方和开方"的组合方法进行组合，即：

$$F_p = \sqrt{\sum F_{pj}^2} \qquad (p = 1,2...2n) \tag{2-27}$$

然后将 F_p（$p=1$，$2...2n$）作为地震作用标准值作用于结构各节点来计算各杆件竖向地震内力，这样做是否可行？

肯定地说，这样做是错误的，与按式（2-26）的计算结果也是不同的。原因在于，这里的计算过程是一个非线性组合，两种算法的荷载与内力不能相对应。与式（2-26）的竖向地震内力相对应的竖向地震作用需要通过内力分布反算出来。"抗震规范"中就是基于反算得到的地震作用分布提供了某些结构的简化算法。

（2）在地面运动竖向分量作用下，平面杆系结构的每个节点上将受到水平和竖直两个方向的地震作用。对式（2-13）进行分析可知，由于 $\{H\}$ 的存在，γ_j 的大小取决于振型 $\{\Phi\}_j$ 中各节点竖向分量的大小。对于那些竖向分量大而水平分量较小的振型（以下称竖向振型），γ_j 值较大；对于那些水平分量很大而竖向分量较小的振型（以下称水平振型），γ_j 值就很小。因此，按式（2-23）计算振型最大竖向地震作用 $\{F\}_j$ 时，与水平振型对应的 $\{F\}_j$ 就小，与竖向振型对应的 $\{F\}_j$ 就大。而一个竖向振型中，$\{F\}_j$ 各分量的大小又取决于振型 $\{\Phi\}_j$ 的分量，即与竖向分量对应的 F_{pj} 大。也就是说，结构各节点上，水平方向的地震作用将很小，这正好说明，竖向地震分量作用下，结构以竖向振动为主。因此在实用中，通常只考虑节点上竖直方向的地震作用，而略去水平方向地震作用，以简化计算。

(3) 对于平面杆系结构，如果已知各节点位移，很容易直接求得各杆件内力。因此可不必去求竖向地震作用，而直接求杆件竖向地震内力。具体做法如下：

首先将竖向地震影响系数 $\alpha_v(T)$（加速度影响系数）换算成位移影响系数 $\Delta_v(T)$，即：

$$\Delta_v(T) = \alpha_v(T)/\omega^2 \tag{2-28}$$

然后代入 $T=T_j$，按式（2-17）计算第 j 振型最大位移，即：

$$\{U\}_j = \{\Phi\}_j \gamma_j \Delta_v(T_j) \qquad (j = 1,2\cdots 2n) \tag{2-29}$$

求得振型位移后，即可求第 j 振型竖向地震内力了。电算程序中经常采用这一方法。

(4) 对于对称的平面杆系结构，仍可利用对称性取一半结构进行动力分析。当只考虑地面运动的竖向分量时，由于已假定基础上各点的运动完全一致，则竖向地震作用对于对称结构来讲也是对称的。由静力学可知，对称荷载作用于对称结构上时，结构的反对称变形和内力均为零。因此，在进行平面对称的大跨度平面杆系结构抗震计算时，可只考虑正对称的振型，其反对称振型的反应必为零。这点由振型参与系数表达式（2-13）亦可看出。式（2-13）的展开式为：

$$\gamma_j = \frac{\Sigma m_i Y_j(i)}{\Sigma m_i [X_j^2(i) + Y_j^2(i)]} \qquad (j = 1,2\cdots 2n)$$

式中 $X_j(i)$、$Y_j(i)$ 分别表示第 j 振型向量 $\{\Phi\}_j$ 中第 i 节点水平与竖直两个坐标方向的分量。显然，对于反对称振型，上式的分子为零，从而 $\gamma_j=0$，相应地式（2-17）中的 $\{U\}_j$ 和式（2-24）中的 $\{F\}_j$ 也为零。

二、直接动力分析理论

随着电子计算机在建筑工程中的广泛应用，将实际地震的加速度时程记录输入结构计算模型，直接分析结构的地震反应已成为可能。可直接获得地震过程中结构节点各时刻的位移 $\{U(t)\}$、速度 $\{\dot{U}(t)\}$ 和加速度 $\{\ddot{U}(t)\}$，从而计算各时刻竖向地震作用 $\{F(t)\}$ 和杆件竖向地震内力 $\{S_E(t)\}$，设计者可择其最不利值进行结构抗震设计。这种作法直接反映了地震过程中各时刻的结构反应，亦称时程分析法。

1. 威尔森—θ 法

直接动力分析的方法很多，这里介绍一种普遍应用的有效方法：改进的线性加速度法，又称威尔森—θ（*Wilson-θ*）法。

地面运动下多自由度体系的运动方程（2-8）是二阶微分方程。设 t 时刻的 $\{U(t)\}$、$\{\dot{U}(t)\}$、$\{\ddot{U}(t)\}$ 已知，需求 $t+\Delta t$ 时刻的 $\{U(t+\Delta t)\}$、$\{\dot{U}(t+\Delta t)\}$、$\{\ddot{U}(t+\Delta t)\}$。现取时间步长为 $\Delta t=\theta\tau$，将方程（2-8）写成增量形式：

$$[M]\overline{\Delta}\{\ddot{U}\} + [C]\overline{\Delta}\{\dot{U}\} + [K]\overline{\Delta}\{U\} = -[M]\overline{\Delta}\{\ddot{U}_g\} \tag{2-30}$$

式中 $\overline{\Delta}\{\ddot{U}\} = \{\ddot{U}(t+\theta\tau)\} - \{\ddot{U}(t)\}$

$\overline{\Delta}\{\dot{U}\} = \{\dot{U}(t+\theta\tau)\} - \{\dot{U}(t)\}$

$\overline{\Delta}\{U\} = \{U(t+\theta\tau)\} - \{U(t)\}$

$\overline{\Delta}\{\ddot{U}_g\} = \{\ddot{U}_g(t+\theta\tau)\} - \{\ddot{U}_g(t)\}$

假定在延长的时间步长 $\theta\tau$（$\theta>1$）内加速度按直线变化，则位移的三阶导数为常数，三阶以上的导数均为零，并令：

$$\{\ddot{U}(t)\}=\frac{\{\ddot{U}(t+\theta\tau)\}-\{\ddot{U}(t)\}}{\theta\tau} \tag{2-31}$$

根据这一假定将$\overline{\Delta}\{U\}$及$\overline{\Delta}\{\dot{U}\}$按泰勒（Tayl0r）级数展开，得：

$$\overline{\Delta}\{\dot{U}\}=\{\ddot{U}(t)\}\theta\tau+\overline{\Delta}\{\ddot{U}(t)\}\frac{\theta\tau}{2}$$

$$\overline{\Delta}\{\dot{U}\}=\{\dot{U}(t)\}\theta\tau+\{\ddot{U}(t)\}\frac{\theta^2\tau^2}{2}+\overline{\Delta}\{\ddot{U}(t)\}\frac{\theta^2\tau^2}{6} \tag{2-32}$$

由上式导得：

$$\overline{\Delta}\{\ddot{U}\}=\frac{6}{\theta^2\tau^2}\Delta\{U\}-\frac{6}{\theta\tau}\{\dot{U}(t)\}-3\{\ddot{U}(t)\}$$

$$\overline{\Delta}\{\dot{U}\}=\frac{3}{\theta\tau}\Delta\{U\}-3\{\dot{U}(t)\}-\frac{\theta\tau}{2}\{\ddot{U}(t)\} \tag{2-33}$$

将式（2-32）、(2-33）代入式（2-30），并整理得：

$$[\overline{K}(t)]\overline{\Delta}\{U\}=\overline{\Delta}\{P\} \tag{2-34}$$

式中 $[\overline{K}(t)]=[K]+\frac{6}{\theta^2\tau^2}[M]+\frac{3}{\theta\tau}[C]$

$$\overline{\Delta}\{P\}=-[M]\overline{\Delta}\{\ddot{U}_g\}+[M]\left(\frac{6}{\theta\tau}\{\dot{U}(t)\}+3\{\ddot{U}(t)\}\right)+[C]\left(3\{\dot{U}(t)\}+\frac{\theta\tau}{2}\{\ddot{U}(t)\}\right)$$

式（2-34）称拟静力方程。从中解出$\overline{\Delta}\{U\}$后，代入式（2-33）第一式可求得$\overline{\Delta}\{\ddot{U}\}$。时间步长$\Delta\tau=\tau$时刻的加速度增量可用线性内插法求得：

$$\Delta\{\ddot{U}\}=\frac{1}{\theta}\overline{\Delta}\{\ddot{U}\} \tag{2-35}$$

为求$t+\tau$时刻的位移和速度增量，令式（2-32）中$\theta=1$，有：

$$\Delta\{\dot{U}\}=\{\ddot{U}(t)\}\tau+\Delta\{\ddot{U}(t)\}\frac{\tau}{2}$$

$$\Delta\{U\}=\{\dot{U}(t)\}\tau+\{\dot{U}(t)\}\frac{\tau^2}{2}+\Delta\{\ddot{U}(t)\}\frac{\tau^2}{6} \tag{2-36}$$

再代入式（2-35），于是，

$$\{\ddot{U}(t+\tau)\}=\{\ddot{U}(t)\}+\Delta\{\ddot{U}\}$$

$$\{\dot{U}(t+\tau)\}=\{\dot{U}(t)\}+\Delta\{\dot{V}\}$$

$$\{U(t+\tau)\}=\{U(t)\}+\Delta\{U\} \tag{2-37}$$

为保证结构体系的平衡，可将所得$\{U(t+\tau)\}$、$\{\dot{U}(t+\tau)\}$代入原始运动方程式（2-8），求出$\{\ddot{U}(t+\tau)\}$作为新的初值，继续迭代，直至完成针对某一时间段地震记录的全部时程分析。

具体步骤为：

(1) 取初值$\{U(t)\}$，$\{\dot{U}(t)\}$，$\{\ddot{U}(t)\}$。

(2) 代入式 (2-34) 解出 $\overline{\Delta}\ \{U\}$。

(3) 代入式 (2-33)，计算 $\overline{\Delta}\ \{\ddot{U}\}$。

(4) 按式 (2-35) 计算 $\Delta\ \{\ddot{U}\}$。

(5) 按式 (2-36) 计算 $\Delta\ \{\dot{U}\}$、$\Delta\ \{U\}$。

(6) 使用式 (2-37) 计算 $\{\dot{U}\ (t+\tau)\}$ 以及 $\{U\ (t+\tau)\}$。

(7) 代入式 (2-8)，求出 $\{\ddot{U}\ (t+\tau)\}$。

(8) 再进行第 (2) 步。

上述逐步迭代过程应用计算机程序是不难完成的，而且可以用于进行结构的非弹性地震反应分析。

采用威尔森—θ 法求解时，必须注意其收敛性和稳定性。研究表明取 $\theta \geqslant 1.37$ 即可保证稳定，而且时间步长 τ 应小于 $T/10$ (T 为结构体系的最短的自振周期)。

2. 讨论

(1) 目前直接动力分析方法多用于一些大型重要结构的抗震设计。因为它能够反映出地震过程中结构振动的时间历程，使设计人员更为准确地掌握结构的地震反应，发现结构的薄弱部分。因此，时程分析法已逐渐成为又一种规范方法，特别是在罕遇地震下进行第二阶段抗震设计时采用。许多国家的规范都规定复杂的、超过一定高度或面积大于一定尺寸的建筑物要采用时程分析法进行抗震设计。"抗震规范"中也有具体规定，对于平面复杂、体型特殊或重要的大跨度结构必要时应采用时程分析法作专门分析和验算。

(2) 计算中所输入的地面运动加速度通常采用实际的强震记录。选用地震记录时要注意使其加速度峰值与"抗震规范"中基本烈度的相应值协调，同时波形特征参数宜接近建筑场地的特点。根据国家地震局批准的烈度表，基本烈度为 7、8、9 度时，地面运动的最大水平加速度分别为 $a=0.125g$、$0.25g$、$0.5g$。而实际地震的记录，例如 1940 年美国 El Centro 地震记录的最大竖向加速度为 $a_{\mathrm{vmax}}=206.3\mathrm{cm/s^2}$，1976 年我国天津地震记录 $a_{\mathrm{vmax}}=75.56\mathrm{cm/s^2}$。因此，计算中必须将实际地震记录的峰值折算成所需的基本烈度。以 8 度为例，若取 $a_{\mathrm{v}}=a/2$，对 El Centro 地震记录有：

$$\frac{a_{\mathrm{v}}}{a_{\mathrm{vmax}}}=\frac{0.25g/2}{206.3}=0.5944$$

即应将该记录乘以 0.5944 后使用。同样对于天津记录：

$$\frac{a_{\mathrm{v}}}{a_{\mathrm{vmax}}}=\frac{0.25g/2}{75.56}=1.6229$$

该记录应乘以 1.6229 后使用。附录 A 中给出了这两条地震记录的数值化结果，计算时也可以根据需要采用人工模拟的地震波，以便更好地模仿实际建筑场地。

(3) 式 (2-34) 中结构阻尼矩阵 $[C]$ 可采用各种假定的表达式，但阻尼系数 ν 要针对具体结构选用。有关大跨度屋盖结构阻尼系数的资料不多，表 2-2 列出了所搜集到的一部分，供读者参考。

结构阻尼系数 ν 的参考值 表 2-2

结构类型	ν 经验值	ν 实测值
钢桥	0.006～0.025	
钢筋混凝土桥	0.010～0.127	
钢筋混凝土楼板	0.051～0.124	
钢筋混凝土梁	0.056～0.124	
木楼板	0.037～0.075	
钢屋架		0.038
钢筋混凝土屋架		0.052～0.079

(4) 如果采用的结构阻尼矩阵 $[C]$ 亦具有振型正交性，例如式 (2-8) 中的正交阻尼矩阵，则直接动力分析也可以引入振型分解。先将原方程 (2-8) 分解成形如式 (2-12) 的一组关于广义坐标 $q(t)$ 的单自由度运动方程，并假定各振型的阻尼比均相同；然后用威尔森—θ 法解这些方程，求出广义坐标 $\{q(t)\}$；再代入式 (2-9) 即得 t 时刻位移 $\{U(t)\}$，从而求得 t 时刻竖向地震内力 $\{S_E(t)\}$；最后可获得各杆件最大（最小）内力值包络，即：

$$\begin{aligned}\{S_E\}_{max} &= \max\{S_E(t)\} \\ \{S_E\}_{min} &= \min\{S_E(t)\}\end{aligned} \tag{2-38}$$

引入振型分解进行直接动力分析可减少计算机工作时间，特别是结构较大，自由度较多，只需要研究部分振型的贡献时尤为有意义。

最后，要强调指出以下两点：

(1) 上述两种方法求得的 $\{S_E\}$ 是结构中各杆件竖向地震内力的标准值，杆件截面设计时还须考虑荷载组合分项系数。以 $\{S_S\}$ 表示静荷载作用下的杆件内力标准值，根据"抗震规范"规定，仅考虑竖向地震作用时应按下式计算杆件的组合内力的设计值 $\{S\}$：

$$\{S\} = 1.2\{S_S\} \pm 1.3\{S_E\} \tag{2-39}$$

式中正负号表示组合要按最不利原则进行，原因在于要考虑地震作用往复发生的可能性。

(2) 计算竖向地震作用时，仅取用式 (2-3) 中近震值。由于地面运动竖向分量的衰减较水平分量要快得多，计算竖向地震作用时没有必要再区分近远震了。

第二节 平面桁架结构的自振特性与抗震计算

跨度在 24m 以上的平面桁架结构多用于工业厂房和公共建筑，一般采用钢屋架（梯形）和预应力混凝土屋架（拱形）。本节介绍它们的自振特性与竖向地震作用。

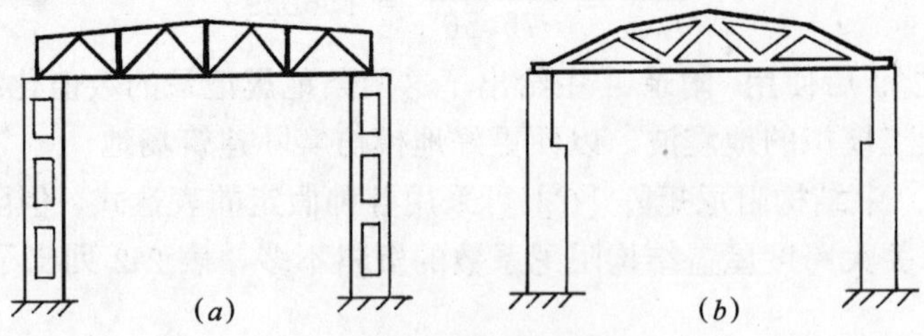

图 2-5 平面桁架结构
(a) 钢桁架；(b) 预应力混凝土桁架

一、自振特性

图 2-5 所示为常用大跨度平面桁架。计算中通常采用如下假定：

(1) 所有节点均为理想铰接，杆件汇交于节点，计算模型为平面铰接体系。

(2) 荷载全部集中到上下弦节点上，简化为图 2-6 所示多质点振动体系，杆件只受轴向力。本书以下用"—"号表示压力。

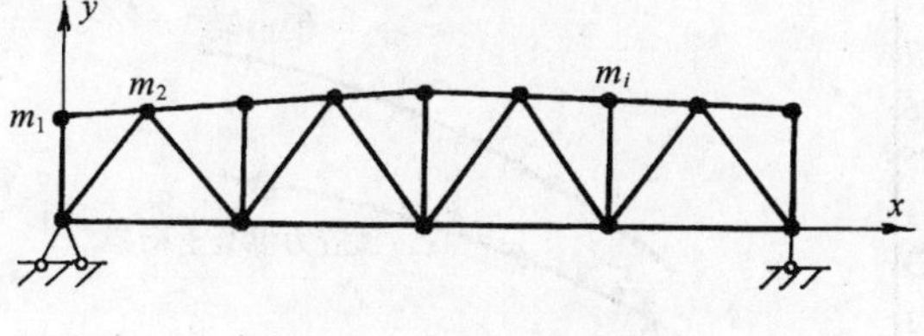

图 2-6 多质点振动体系

(3) 在竖向地震作用下结构始终处于弹性工作阶段。

(4) 支座简化为简支，即不考虑柱变形对地震作用及地震作用效应的影响，也不考虑两柱之间的相位差。

表 2-3 列出了一些大跨度桁架的基本周期。这些屋架跨度由 24m 到 72 m，部分取自我国标准图，部分是实际工程设计，屋面均为大型屋面板体系。由表 2-3 可以看到，大跨度桁架的基本周期在 0.2～0.7s 之间，而且基本周期随跨度的增加而增长，表明桁架跨度越小刚度越大。基本周期 T_1 与跨度 L 的关系示于图 2-7。显然，相同跨度的桁架中预应力混凝土桁架的基本周期较小，即相同跨度时预应力混凝土桁架的刚度比钢桁架的大。另外，72m 和 42m 钢桁架原设计有较大悬挂吊车荷载，故采用的杆件截面尺寸较大，桁架具有较大刚度。而计算自振周期时，未考虑该项荷载。由于越是质量小、刚度大的结构其对应的基本周期越短，因此图 2-7 中，这两个桁架的基本周期显得略小一点。

桁架的基本周期 T_1 (s) **表 2-3**

桁架跨度（m）及形式			屋面均布荷载（kN/m）	T_1
钢桁架	72	梯　形	22.1	0.557
	62	梯　形	25.2	0.679
	42	梯　形	18.3	0.411
	36	梯　形	21.0	0.494
	33	梯　形	21.0	0.463
	30	梯　形	21.0	0.425
	27	梯　形	21.0	0.389
	24	梯　形	21.0	0.355
预应力混凝土桁架	61	抛物线拱形	21.9	0.469
	60	抛物线拱形	14.4	0.454
	36	多边形	19.0	0.328
	36	多腹杆拱形	14.7	0.305
	30	折线形	21.0	0.281
	27	折线形	21.0	0.255
	24	折线形	21.0	0.225
	24	多边形	11.3	0.185

平面桁架结构类似梁式结构，它的竖向振型与简支梁一样依次为一个半波、两个半波、三个半波，如图 2-8 所示。其中第二振型为反对称振型，如前节所讨论的，它的反应必为零。

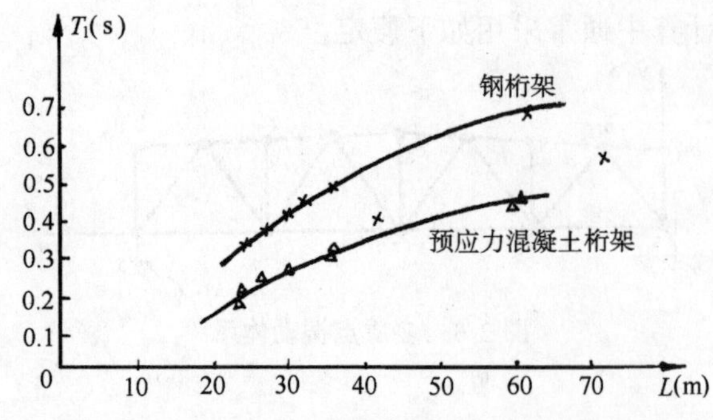

图 2-7　桁架基本周期随跨度的变化关系

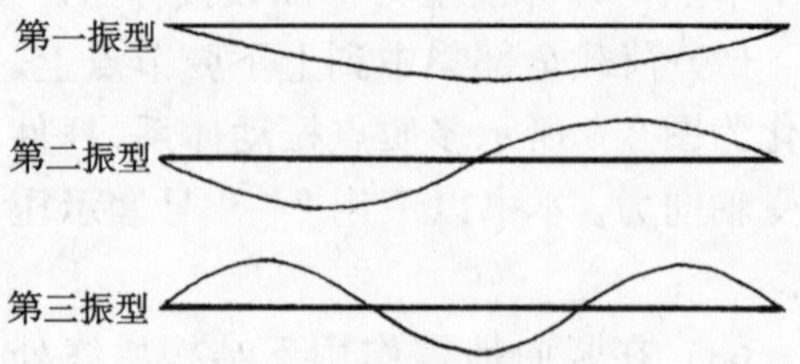

第一振型
第二振型
第三振型

图 2-8　桁架的振型

表 2-4 给出了用冲击法测得的基本周期 T'_1，并根据测得的衰减曲线 y，按照对数衰减率计算阻尼系数

$$v=\frac{1}{\pi}L_n\frac{y_k}{y_{k+1}} \tag{2-40}$$

桁架的实测基本周期和阻尼比　　表 2-4

桁　　架	实测值 T'_1（s）	计算值 T_1（s）	阻尼比
62m 钢桁架	0.526	0.679	0.038
36m 预应力混凝土桁架	0.290	0.305	0.052
24m 预应力混凝土桁架	0.150	0.185	0.079

计算值约比实测值大 20%，这是因为计算时未考虑屋盖等非结构构件的影响，实际上这些构件连在一起加强了整个屋盖的刚度。算得的阻尼比的平均值为 0.056，与“抗震规范”采用的值接近。

二、竖向地震内力

现在讨论大跨度桁架结构的竖向地震内力。采用振型分解反应谱法进行分析，计算中使用图 2-4 的竖向地震影响系数，并且对Ⅲ类土忽略系数 0.87，试图与规范给出的水平地震影响系数图 2-3 接近。

1．振型内力的影响

表 2-5 列出了 72m 跨钢桁架在设防烈度为 8 度、场地为Ⅱ类时的计算结果。其中列出了第一、三两个振型内力 $S_i^{(1)}$、$S_i^{(3)}$，该桁架杆件编号见图 2-9。对比这两组振型内力和组合后的竖向地震内力可知：

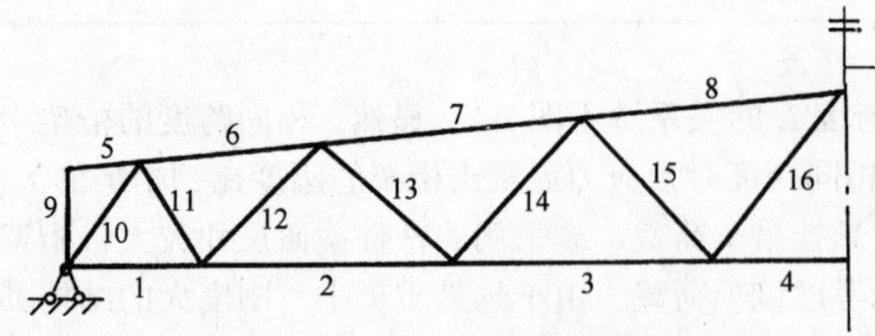

图 2-9　72m 钢桁架杆件编号

（1）绝大部分杆件的竖向地震内力由第一振型贡献。

（2）上下弦杆中第三振型贡献极小。

(3) 部分腹杆中第三振型的贡献起了重要作用，如13、14号杆。注意到这两根杆正好处于第三振型的节点上，因此，可以认为较高振型的影响在于腹杆。

72*m* 钢桁架竖向地震内力（kN） **表 2-5**

杆号	S_{Si}	$S_i^{(1)}$	$S_i^{(3)}$	S_{Ei}	ξ_i (%)
1	788.6	28.6	−4.27	29.0	3.67
2	1886.9	77.0	−8.22	77.4	4.10
3	2090.2	92.3	4.52	92.4	4.42
4	1760.9	78.8	6.54	79.1	4.49
5	0	0	0	0	0
6	−1279.8	−49.7	6.31	50.1	3.92
7	−2052.4	−87.8	1.13	87.8	4.28
8	−1947.0	−86.7	−6.05	86.9	4.46
9	0	0	0	0	0
10	−1211.7	−44.0	6.56	44.5	3.67
11	728.2	31.4	−2.99	31.5	4.32
12	−813.0	−36.3	2.61	36.4	4.48
13	179.1	12.5	9.26	15.6	8.68
14	−101.0	−8.69	−8.66	12.3	12.15
15	−260.7	−10.4	2.23	10.6	4.08
16	287.8	12.1	−1.02	12.1	4.21

2. 竖向地震内力系数

为便于讨论竖向地震作用下杆件内力的增长及其与静内力的关系，引入竖向地震内力系数 ξ_i

$$\xi_i = \left|\frac{S_{Ei}}{S_{Si}}\right| \tag{2-41}$$

式中 ξ_i——为第 i 杆竖向地震内力系数；

S_{Si}——为第 i 杆静内力；

S_{Ei}——为第 i 杆竖向地震内力。

表 2-5 中同时给出了 72m 钢桁架的竖地震内力系数 ξ_i。从表中可见：

(1) 竖向地震内力系数分布较均匀。对于此例，一般在 3.7%～4.5%之间。

(2) 个别腹杆的 ξ 值很大，如13、14 号杆。但注意到它们的静内力相当小及 ξ 值的表达式 (2-41)，即可知竖向地震内力亦不大。这类腹杆在工程设计中通常是按构造要求设置的，它们的应力远远达不到容许值。因此尽管它们的 ξ 值很大，也不必过多地去注意。

(3) ξ 值从支座向跨中逐渐略有增加，但增长率不大，一般不超过 1.1。考虑到实际工程中上下弦杆往往采用同一截面的杆件制作。因此为简化设计，往往可忽略这一变化，而取最大 ξ 值。

桁架的材料不同，对 ξ 值也有影响，现以两个跨度同样为 36m 的钢桁架和预应力混凝土桁架为例加以说明，桁架杆件的编号相应如图 2-10、图 2-11 所示。表 2-6 中列出了这两个桁架的竖向地震内力系数 ξ 值，对比表明，预应力钢筋混凝土桁架的 ξ 比钢桁架明显要大些。但 ξ 值从支座向跨中的增长率更小，即杆件内力更趋于均匀。这与静力计算时抛物线型桁架的内力分布规律是一致的。

为进一步探讨ξ值随跨度及场地条件变化的关系，表 2-7 中分别列出这些桁架弦杆和腹杆的最大ξ值。其中排除了明显由构造决定截面的那些静内力很小而ξ值很大的杆。显然：

（1）ξ_{max}值随场地变化，Ⅲ类场地上最大，Ⅰ类场地上最小；

（2）Ⅰ、Ⅱ类场地上ξ_{max}值随跨度略有变化，跨度越大ξ_{max}值越小；Ⅲ类场地上ξ_{max}值基本不随跨度变化。这一点在第三章中还将详细讨论。

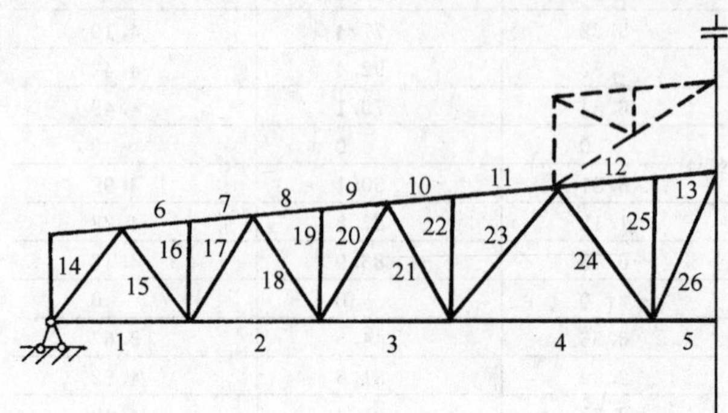

图 2-10　36m 钢桁架杆件编号

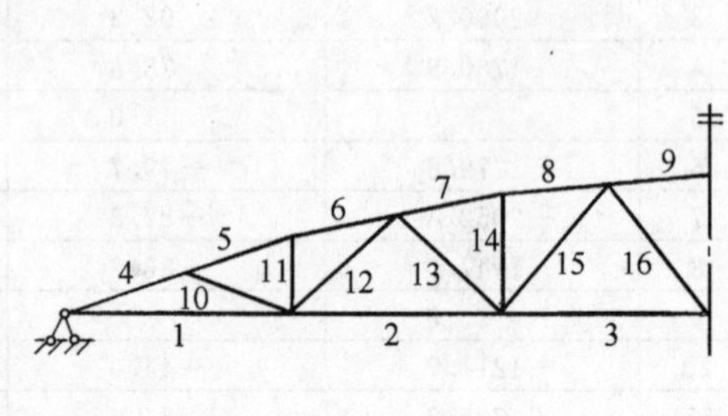

图 2-11　36m 预应力混凝土桁架杆件编号

不同材料桁架的竖向地震内力系数　　表 2-6

36m 钢桁架				36m 预应力混凝土桁架			
杆	号	S_{Si}（kN）	ξ_i（%）	杆	号	S_{Ei}（kN）	ξ_i（%）
弦杆	1	250.0	4.16	弦杆	1	959.6	7.87
	2	643.1	4.45		2	911.4	8.48
	3	874.5	4.68		3	905.3	8.79
	4	1018.7	4.93		4	−1037.9	7.87
	5	966.6	5.06		5	−950.3	8.20
	6，7	−473.1	4.32		6	−905.3	8.19
	8，9	−775.0	4.61		7	−907.5	8.67
	10，11	−950.3	4.78		8	−883.8	8.67
	12，13	−1025.1	5.03		9	−884.9	8.84
腹杆	14	−468.7	4.16	腹杆	10	−87.0	5.05
	15	384.5	4.49		11	79.0	9.94
	16	−329.1	4.83		12	−47.5	7.86
	17	252.9	5.19		13	−44.5	6.07
	18	−206.3	5.59		14	79.8	8.34
	19	147.6	6.12		15	−42.0	14.32
	20	−106.8	7.82		16	−40.1	7.50
	21	1.9	184.50		17	80.3	7.90
	22	86.1	4.66				
	23	−34.5	2.35				
	24	−34.5	4.32				
	25	−51.7	5.14				
	26	−68.9	6.51				

（3）腹杆的ξ_{max}比弦杆的大，约为 1.1～1.2 倍。

综上所述，在实用计算时，可不考虑跨度变化的影响，而偏于安全对ξ采用较大值并取整，如表 2-8 所列。

注意到式（2-41）的关系。有：

$$S_{Ei}=\xi_{max}|S_{Si}| \tag{2-42}$$

从而实用计算中可直接通过静内力求得竖向地震内力。由于上述讨论是基于设防烈度

桁架的 ξ_{max} 值随跨度与场地变化的关系（%） **表 2-7**

桁架		Ⅰ类场地		Ⅱ类场地		Ⅲ类场地	
		弦杆	腹杆	弦杆	腹杆	弦杆	腹杆
钢桁架	72m	3.01	3.00	4.49	4.48	8.31	8.30
	62m	2.50	5.34	3.72	5.53	8.40	9.85
	42m	4.06	6.61	6.08	7.37	8.31	10.05
	36m	3.38	4.18	5.06	6.12	8.32	9.98
	33m	3.69	4.21	5.52	6.26	8.52	9.63
	30m	3.92	4.67	5.86	6.90	8.31	9.74
	27m	4.29	5.91	6.43	8.54	8.32	10.88
	24m	4.66	5.84	6.97	8.73	8.29	10.38
预应力混凝土桁架	61m	4.15	5.44	6.19	7.60	9.64	11.32
	60m	4.30	5.89	6.42	8.16	9.70	11.77
	36m	5.88	6.75	8.84	9.94	9.63	10.80
	36m	5.50	—	8.24	9.85	8.36	9.85
	30m	6.82	7.81	9.57	10.94	9.57	10.94
	27m	8.44	9.10	10.77	11.62	10.77	11.62
	24m	8.48	10.65	9.52	11.94	9.52	11.94
	24m	9.59	—	9.59	—	9.59	—

平面桁架的 ξ_{max} 值（8 度） **表 2-8**

桁　架	杆　件	场　地　类　别		
		Ⅰ	Ⅱ	Ⅲ
钢桁架	弦杆	0.05	0.07	0.09
	腹杆	0.06	0.08	0.10
预应力混凝土桁架	弦杆	0.09	0.11	0.11
	腹杆	0.10	0.12	0.12

为 8 度时进行的，因此实用计算公式可表为：

$$S_{Ei}=c\xi_{max}|S_{Si}| \tag{2-43}$$

式中　c——烈度系数，对 7、8、9 度的情况分别取 $c=0.5$，1，2；

ξ_{max} 按表 2-8 采用。

为应用简便，“抗震规范”综合上述情况直接规定：大跨度屋架的竖向地震作用标准值，可取其重力荷载代表值与竖向地震作用系数的乘积，竖向地震作用系数可按表 2-9 采用。

竖向地震作用系数 **表 2-9**

结构类别	烈　度	场　地　类　别		
		Ⅰ	Ⅱ	Ⅲ、Ⅳ
钢屋架	8	不考虑	0.08	0.10
	9	0.15	0.15	0.20
钢筋混凝土屋架	8	0.10	0.13	0.13
	9	0.20	0.25	0.25

3. 荷载改变的影响

（1）屋面均布荷载

以图 2-10 所示的 36m 钢桁架为例，表 2-10 所列屋面荷载为 3.5kN/m² 和 4.0kN/m² 两种。显然，屋面均布荷载的改变对 ξ 值几乎没有影响。这是可以理解的：一方面由于荷载的增加，节点质量相应增加，从而竖向地震内力将有所增加。另一方面同时增加的还有静内力。因此竖向地震内力系数 ξ 对荷载的改变不是那么敏感。式（2-43）中 ξ_{max} 值可以不考虑均布荷载改变的影响。

（2）半跨雪荷载

以图 2-12 的 36m 钢桁架为例，研究半跨雪荷载的影响，荷载分布及杆件编号如图所示。表 2-11 所列为该桁架在全跨荷载（3.5kN/m²含 0.5kN/m²雪荷载）和半跨雪荷载作用下竖向地震内力和竖向地震内力系数的对比。由表中可见，半跨雪荷载时，绝大多数杆件静内力减小，而 ξ_i 值增大约 3%。但各杆件按式（2-27）计算的组合值显然仍是全跨均布荷载作用的情况要大些。个别腹杆静内力增大很多，如 39、44 号杆。但其绝对值很小属于由构造决定的杆件，况且其地震内力基本不变。因此实用抗震设计时，对于常用桁架可以不必单独考虑半跨雪荷载的情况，直接按全跨荷载情况设计即足够安全。对于雪荷载特别大时或采用特殊的轻钢桁架时，还需结合上述研究具体分析。

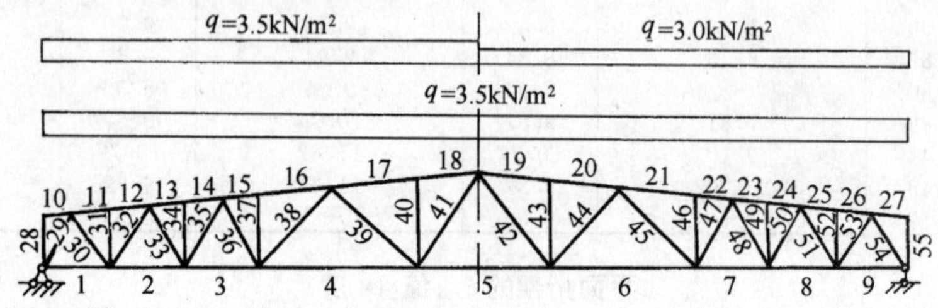

图 2-12　雪荷载作用下的 36m 钢桁架

（3）有天窗的情况

以图 2-10 的 36m 钢桁架为例，研究有天窗的影响。表 2-12 所列为该桁架在有天窗（屋面均布荷载 3kN/m²）和无天窗（屋面均布荷载 3.5kN/m²）两种情况下竖向地震内力和竖向地震内力系数的对比，杆件编号见图 2-10。显然，有无天窗对大多数杆件 ξ 值影响不大，在±3%范围内。部分无天窗时内力很小的腹杆由于天窗架传来的集中荷载影响，静内力增加很多，如 24 号杆。但其 S_{Si} 绝对值很小，S_{Ei} 也不大，因此实用设计时，ξ_{max} 仍可按无天窗全跨均布荷载的情况采用。

36m 钢桁架在不同均布荷载下内力对比（8 度，Ⅱ类）　　**表 2-10**

杆号	$q_1=4.0kN/m^2$			$q_2=3.5kN/m^2$			$\frac{\xi_{4.0}}{\xi_{3.5}}$
	S_{Si}（kN）	S_{Ei}（kN）	$\xi_{4.0}$（%）	S_{Si}（kN）	S_{Ei}（kN）	$\xi_{3.5}$（%）	
1	284.7	11.76	4.13	250.1	10.40	4.16	0.993
2	732.1	32.42	4.43	643.1	28.65	4.46	0.996
3	995.7	46.37	4.66	874.7	40.97	4.68	0.996
4	1159.7	56.86	4.90	1018.7	50.23	4.93	0.994
5	1100.3	55.34	5.03	966.6	48.89	5.06	0.994
6，7	−538.6	23.10	4.29	−473.1	20.44	4.32	0.993
8，9	−887.3	40.37	4.55	−775.0	35.69	4.61	0.987
10，11	−1081.8	51.38	4.75	−950.3	45.40	4.78	0.994
12，13	−1197.0	58.35	5.00	−1025.1	51.55	5.03	0.994
14	−553.6	22.03	4.13	−468.7	19.50	4.16	0.993
15	437.7	19.56	4.47	384.5	17.29	4.46	0.996
16	−374.7	18.01	4.81	−329.1	15.91	4.83	0.996
17	287.9	14.87	5.17	252.9	13.12	5.19	0.996
18	−234.9	13.06	5.56	−206.3	11.53	5.59	0.995
19	168.1	10.24	6.09	147.6	9.05	6.12	0.995
20	−121.6	9.47	7.79	−106.8	8.35	7.82	0.996
21	2.2	4.08	185.5	1.9	3.56	184.4	1.005
22	98.1	4.55	4.64	86.1	4.01	4.66	0.996
23	−39.2	0.91	2.32	−34.5	0.81	2.35	0.987
24	−39.2	1.68	4.28	−34.5	1.49	4.32	0.991
25	−58.7	3.03	5.15	−51.7	2.66	5.14	1.002
26	−78.5	5.11	6.51	−68.9	4.49	6.51	1.000

36m 钢桁架在半跨与全跨雪荷载作用下内力对比　　表 2-11

杆号	半跨 $q=3.5kN/m^2$（左），3.0kN/m²（右）			全跨 $q=3.5kN/m^2$			$\frac{\xi_半}{\xi_全}$
	S_{Si}（kN）	S_{Ei}（kN）	$\xi_半$（%）	S_{Si}（kN）	S_{Ei}（kN）	$\xi_全$（%）	
1	241.6	10.38	4.30	250.1	10.40	4.16	1.034
9	225.9	9.74	4.30	250.1	10.40	4.16	1.034
2	619.3	28.58	4.62	643.1	28.66	4.46	1.036
8	583.1	26.90	4.61	643.1	28.66	4.46	1.034
3	838.7	40.76	4.86	874.7	40.97	4.68	1.038
7	796.4	38.60	4.85	874.7	40.97	4.68	1.036
4	968.9	49.60	5.12	1018.7	50.23	4.93	1.039
6	935.5	47.71	5.10	1018.7	50.23	4.93	1.034
5	903.5	47.34	5.24	966.6	48.89	5.06	1.036
11，12	−456.4	20.40	4.47	−473.1	20.44	4.32	1.035
25，26	−428.1	19.15	4.47	−473.1	20.44	4.32	1.035
13，14	−749.0	35.55	4.75	−774.9	35.69	4.61	1.030
23，24	−708.1	33.55	4.74	−774.9	35.69	4.61	1.028
15，16	−909.0	45.08	4.96	−950.3	45.40	4.78	1.038
21，22	−867.4	42.88	4.94	−950.3	45.40	4.78	1.033
17，18	−967.8	50.51	5.22	−1025.1	51.55	5.03	1.038
19，20	−945.6	49.34	5.20	−1025.1	51.55	5.03	1.034
29	−452.9	19.14	4.30	−468.7	19.50	4.16	1.034
54	−423.4	18.26	4.31	−468.7	19.50	4.16	1.036
30	371.1	17.26	4.65	384.5	17.29	4.49	1.036
53	348.6	16.23	4.66	384.5	17.29	4.49	1.038
31	−34.5	0.86	2.49	−34.5	0.81	2.35	1.060
52	−30.0	0.69	2.30	−34.5	0.81	2.35	0.979
32	−315.4	15.84	5.02	−329.1	15.91	4.83	1.039
51	−299.9	14.98	4.99	−329.1	15.91	4.83	1.033
33	−240.7	13.01	5.40	252.9	13.12	5.19	1.040
50	232.1	12.42	5.35	252.9	13.12	5.19	1.031
34	−34.5	1.56	4.53	−34.5	1.49	4.32	1.049
49	−30.0	1.28	4.27	−34.5	1.49	4.32	0.988
35	−194.5	11.37	5.85	−206.3	11.53	5.59	1.047
48	−191.2	10.97	5.74	−206.3	11.53	5.59	1.027
36	137.1	8.83	6.44	147.6	9.05	6.13	1.051
47	138.9	8.66	6.23	147.6	9.05	6.13	1.016
37	−51.7	2.75	5.32	−51.7	2.66	5.14	1.035
46	−45.0	2.35	5.23	−51.7	2.66	5.14	1.018
38	−94.0	7.99	8.50	−106.8	8.35	7.82	1.087
45	−105.6	8.07	7.64	−106.8	8.35	7.82	0.977
39	−8.6	3.20	37.0	1.93	3.56	184.0	0.201
44	12.2	3.53	28.8	1.93	3.56	184.0	0.156
40	−68.9	4.79	6.95	−68.9	4.49	6.51	1.068
43	−59.9	3.89	6.49	−68.9	4.49	6.51	0.997
41	95.9	4.73	4.93	86.1	4.01	4.66	1.058
42	65.1	3.14	4.83	86.1	4.01	4.66	1.036

36m 钢桁架在有天窗和无天窗情况下内力对比 **表 2-12**

杆号	有天窗			无天窗			$\frac{\xi_1}{\xi_2}$
	S_{Si} (kN)	S_{Ei} (kN)	ξ_1 (%)	S_{Si} (kN)	S_{Ei} (kN)	ξ_2 (%)	
1	244.0	10.27	4.21	250.1	10.40	4.16	1.012
2	634.3	28.41	4.48	643.1	28.66	4.46	1.004
3	873.6	40.96	4.69	874.7	40.97	4.68	1.002
4	1031.0	50.70	4.92	1018.7	50.23	4.93	0.998
5	981.1	49.47	5.04	966.6	48.89	5.06	0.996
6，7	−464.1	20.21	4.35	−473.1	20.44	4.32	1.007
8，9	−773.4	35.51	4.59	−774.9	35.67	4.61	0.996
10，11	−951.8	45.46	4.78	−950.3	45.40	4.78	1.000
12，13	−1021.9	51.03	4.99	−1025.1	51.55	5.03	0.992
14	−457.5	19.25	4.21	−468.7	19.50	4.16	1.012
15	379.4	17.13	4.52	384.5	17.29	4.49	1.007
17	−329.5	15.88	4.82	−329.1	15.91	4.83	0.998
18	258.2	13.23	5.12	252.9	13.12	5.19	0.987
20	216.6	11.79	5.44	−206.3	11.53	5.59	0.973
21	153.1	9.10	5.95	147.6	9.05	6.12	0.972
23	−122.6	8.60	7.02	−106.8	8.35	7.82	0.898
24	−20.7	2.81	13.60	1.9	3.56	184.50	0.073
26	57.5	2.93	5.10	86.1	4.01	4.66	1.094
16	−29.9	0.64	2.14	−34.5	0.81	2.35	0.911
19	−29.9	1.21	4.03	−34.5	1.49	4.32	0.933
22	−44.9	2.24	4.98	−51.7	2.66	5.14	0.969
25	−29.9	1.84	6.14	−68.9	4.49	6.51	0.943

三、长悬臂桁架的竖向地震内力

悬臂桁架也是平面桁架结构的一种重要形式。下面通过一个工程实例来讨论它的抗震特性。

【工程实例】 太原民航机库建于 8 度区的Ⅲ类场地上，主桁架为悬挑长达 35m 的钢屋架，采用轻屋面有檩体系。桁架简图见图 2-13。

1. 基本周期

计算可知，35m 长悬臂钢桁架的基本周期为 $T_1=0.750$s。由表 2-13 所示的比较表明，长悬臂钢桁架的基本周期明显长于跨度相近或大于 35m 的简支钢桁架的基本周期。显然，长悬臂钢桁架比简支钢桁架更柔。

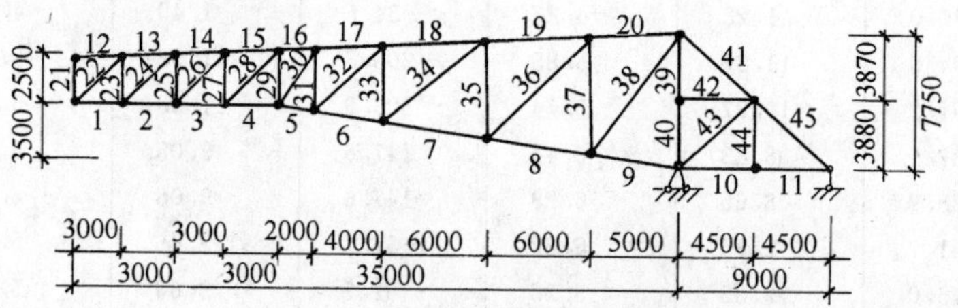

图 2-13　35m 长悬臂桁架简图

简支与悬臂钢桁架基本周期的比较（s） **表 2-13**

跨　度 (m)	简支钢桁架（大型屋面板）	长悬臂钢桁架（轻屋面有檩）
62	0.679	
36	0.494	
35		0.750
33	0.463	

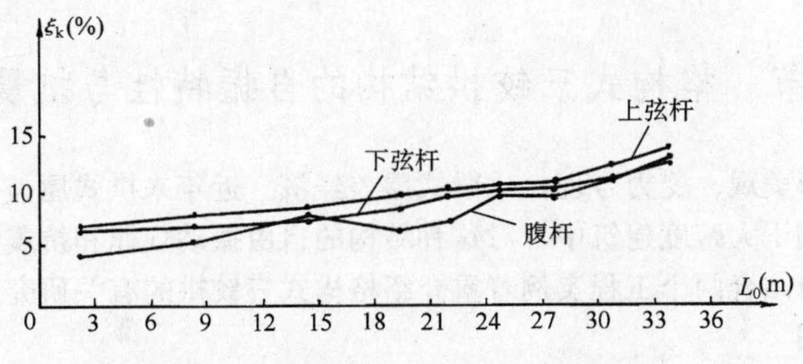

图 2-14 悬臂桁架杆件 ξ-L_0 关系曲线

2. 竖向地震内力系数

采用前述平面桁架同样的竖向地震反应谱，用振型分解反应谱法取前三个振型组合的计算结果示于表 2-14。由表可见上下弦杆及腹杆的 ξ_i 值均由桁架左支座到悬臂端逐渐增大。以桁架各节间中点到桁架左支座的距离 L_0 为横坐标，以各杆的 ξ_i 值为纵坐标画出 ξ—L_0 曲线，如图 2-14。从图中可以看出，ξ_i 值随 L_0 逐渐增大的关系。ξ_{max} 值约为 ξ_{min} 值的 2 倍多。特别是在悬臂端附近，有类似高层建筑"鞭梢效应"的现象，竖向地震内力增长较快。简支钢桁架在 8 度Ⅲ类场地上的 ξ_{max} 一般在 8%～10%，而长悬臂钢桁架的 ξ_{max} 为 13.1%。

因此，对长悬臂桁架抗震性能的特殊性应给以重视，不能简单地采用简支桁架的 ξ_{max} 进行设计。

35m 长悬臂钢桁架的竖向地震内力系数 **表 2-14**

杆号	S_{Si} (kN)	ξ_i (%)	杆号	S_{Si} (kN)	ξ_i (%)
1	−83.8	13.0	24	210.8	11.7
2	−237.9	12.1	25	−241.1	10.2
3	−498.3	11.1	26	365.3	10.2
4	−744.2	10.7	27	−254.1	10.0
5	−890.1	10.1	28	353.6	10.0
6	−1203.7	9.0	29	334.8	8.6
7	−1635.8	8.1	30	256.8	7.7
8	−2047.3	7.3	31	−285.0	7.2
9	−2396.9	6.8	32	421.9	6.9
10	−2313.9	6.9	33	394.5	6.3
11	−2313.9	6.9	34	538.4	8.3
12	0	0	35	−454.7	5.4
13	83.9	13.0	36	567.7	5.4
14	238.2	12.2	37	−510.3	4.4
15	498.9	11.1	38	594.0	4.3
16	745.1	10.7	39	−272.9	6.0
17	881.4	10.1	40	−272.9	6.0
18	1191.5	9.0	41	3125.5	6.8
19	1619.0	8.1	42	0	0
20	2026.7	7.3	43	73.7	—
21	−74.0	13.1	44	0	0
22	111.8	13.1	45	3055.5	6.9
23	143.8	11.8			

第三节 格构式三铰拱结构的自振特性与抗震计算

拱式屋盖外形美观、受力合理，比梁式屋盖经济。近年来拱式屋盖，特别是格构式三铰拱，较多地应用于大跨度建筑中。对这种结构的自由振动规律和抗震特性的研究是近几年才开始的。本节结合两个工程实例着重介绍格构式三铰拱的有关研究成果。

一、计算简图

【工程实例 1】陕西省秦俑博物馆一号展览厅。三铰拱跨度为67m，屋面荷载 1.2kN/m²，无吊顶，无保温。拱轴曲线为二次抛物线，矢高 12.84m，详见图 2-15。拱架间隔 12m。以下简记为 G1。

【工程实例 2】哈尔滨市冰球场加盖工程。三铰拱跨度为 63m，屋面荷载 2.0kN/m²，无吊顶。拱轴曲线是二次抛物线，矢高 13.3m，详见图 2-16。拱架间距为 9m。以下简记为 G2。

计算中采用如下假定：

(1) 所有节点为理想铰接，杆件汇交于节点，计算模型为平面铰接体系。

(2) 荷载全部集中到上下弦节点上，杆件只受轴力。

(3) 平面外的稳定都由横向支撑体系来保证。动力分析中不再考虑。因为此类结构体系一般都有截面较大的桁架式檩条及相应的水平支撑系统。

(4) 利用对称性，计算取二分之一结构进行，且由于竖向的地震作用对结构的对称性，计算中可只考虑正对称情况。见图 2-15、2-16 中的计算简图。

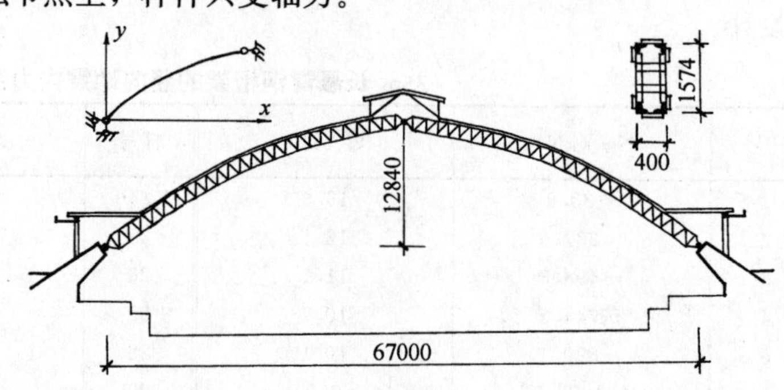

图 2-15 秦俑博物馆一号展览厅（G1）

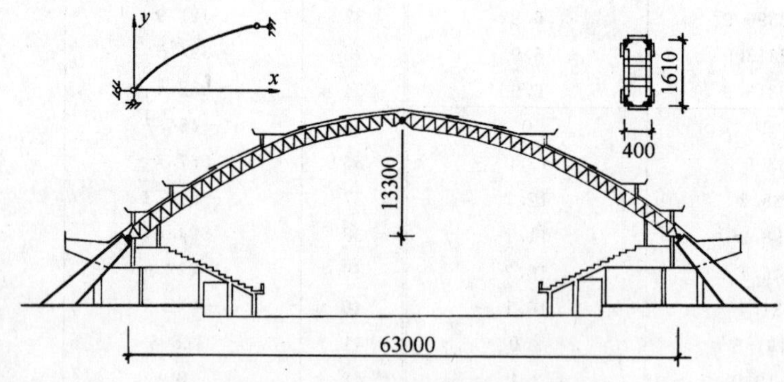

图 2-16 哈尔滨市冰球场（G2）

二、自振特性

研究表明格构式三铰拱的频率与振型有如下特点：

1. 频谱密集

表 2-15 中列出了两个工程实例的前十个正对称振型的频率。这些频率均对应竖向振型。显然此类结构有较密的频谱。

格构式三铰拱前十个正对称振型的频率与周期 **表 2-15**

振型序号	G1		G2	
	频率 ω (Hz)	周期 (s)	频率 ω (Hz)	周期 (s)
1	10.135	0.620	9.836	0.639
2	23.375	0.269	20.429	0.308
3	31.077	0.202	31.414	0.200
4	58.185	0.108	54.655	0.115
5	79.431	0.079	78.394	0.080
6	101.686	0.062	101.606	0.062
7	124.020	0.051	119.013	0.053
8	139.253	0.045	137.694	0.046
9	148.810	0.042	150.502	0.042
10	165.757	0.038	164.529	0.038

注意到基频约为 10 左右，比相同跨度钢桁架的基频略高。表明格构式三铰拱的刚度大于钢桁架。

2. 竖向振型有特点

如前节所述，梁式结构的正对称竖向振型是按一个、三个、五个半波的次序出现的。图 2-17 给出了格构式三铰拱的前六个正对称振型。显然它不同于梁式结构。第一振型即是 3 个半波，第二振型为 2 个半波，以后的振型才依次按 5、7、9、11 个波的次序排列。即它没有一个半波的振型，而出现了较为特殊的 2 个半波的振型。可以认为，这正体现了三铰拱结构的特点。因为在竖向荷载作用下，拱结构的弦杆以受压为主，相应在设计时上下弦杆的刚度一般较大，所以半个波的振型不易出现。又由于顶铰的存在，而转成两半拱各半个波的形式，以较高频率出现的第二振型。

3. 第二振型是竖向振动的主振型

研究表明，格构式三铰拱结构的各竖向振型中，节点以竖向位移为主，但同时都伴随有一定的节点水平位移。例外的是第二振型中，各节点上几乎没有水平位移。

再分析各振型的对应的周期。两个实例拱的跨度，矢高及截面尺寸等均有差异。但由表 2-15 可见，除第二振型外，各振型对应的周期基本相同，表明两个拱动力特性的差异主要反应在第二振型上。以后还会看到在格构式三铰拱的竖向地震内力中第二振型作出了主要贡献。

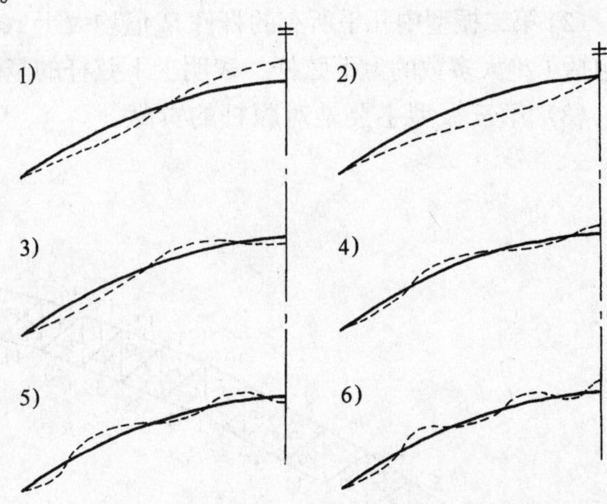

图 2-17　格构式三铰拱的前六个对称振型

三、竖向地震内力

现以 G2 为例来研究格构式三铰拱的竖向地震内力分布规律。表 2-16 列出了反应谱法（用图 2-3 的地震影响系数）和时程法计算的结果，同时还求出了各杆件的竖向地震内力系数 ξ_i。计算中取 $\alpha_v=\alpha/2$，并取前十个振型组合。时程法用天津波记录 $t=5s$，取 $\tau=0.01s$，

$\theta=1.4$，$\nu=0.1$。在式（2-14）中取 $\omega_j=\omega_1$，$\omega_p=3\omega_1\approx\omega_3$。表中 2-16 各杆件序号见图 2-18。对表 2-16 的分析表明，格构式三铰拱的竖向地震内力有如下特点：

1. 竖向地震内力变号

由于振动荷载的特点，竖向地震内力发生变号是必然的。值得注意的是：如果在时程分析过程中，分别取出

$$\{S_E\}^+=\max\{S(t)\} \qquad \{S_E\}^-=\min\{S(t)\}$$

可得如下的关系：

$$|\{S_E\}^+|\approx|\{S_E\}^-|$$

即各杆件最大压力与最大拉力绝对值基本相同。证明了规定式（2-39）的必要性，即抗震设计中应考虑竖向地震内力与静内力的最不利组合：

$$S_i=1.2S_{Si}\pm1.3S_{Ei} \qquad (i=1,2,\cdots m) \tag{2-44}$$

2. 主要贡献的振型

由于高振型对竖向地震内力的贡献一般较小，在抗震设计中通常可以只取前几个振型组合，到底取几个振型合适，通常被称为振型截断问题。为探讨这一问题，可以取

$$R_{ij}=\left(\frac{S_{Eij}}{S_{Ei}}\right)^2 \qquad (i=1,2,\cdots m,\ j=1,2,\cdots 2n) \tag{2-45}$$

来表示第 i 杆竖向地震内力 S_{Ei} 中第 j 振型的贡献。注意到式（2-26）的关系，有

$$\Sigma R_{ij}=1 \tag{2-46}$$

表 2-17 列出了两个实例拱前十个振型中 $R_{ij}>10\%$ 的杆件数，显然第二、三两个振型的贡献占主要地位。

此外，还可以看出：

（1）第一振型中只有一根位于振型节线上的腹杆（87 号杆）的 R 值为 20%左右，其余杆贡献都很小。

（2）第二振型中几乎所有的杆件 R 值均大于 10%，其中半数以上的杆件 R 值超过 80%，这里包括了绝大多数的上下弦杆。表明上下弦杆的竖向地震内力主要取决于第二振型。

（3）第三振型主要是对腹杆的贡献。

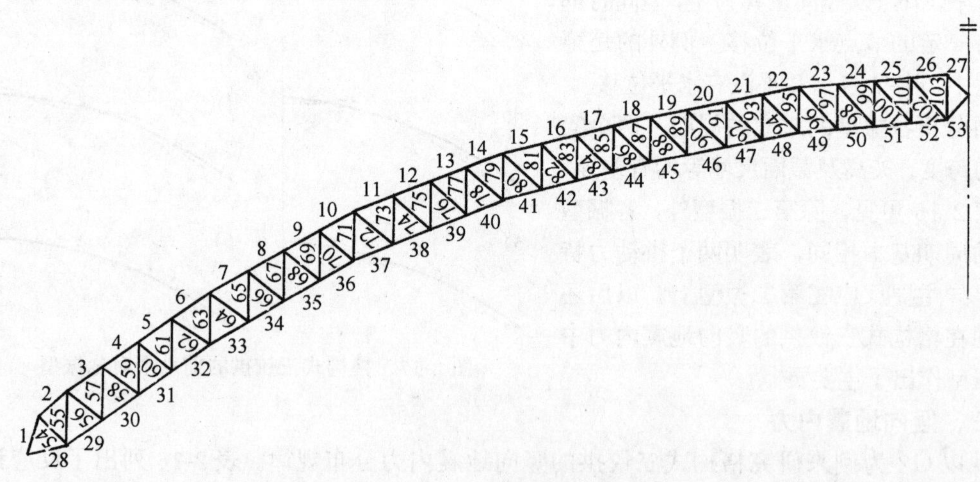

图 2-18 格构式三铰拱 G2 杆件编号

格构式三铰拱G2的竖向地震内力与地震内力系数　　表 2-16

	杆号	静内力 S_{Si}（kN）	反应谱法						时程法	
			Ⅰ类		Ⅱ类		Ⅲ、Ⅳ类		天津	
			S_{Ei}（kN）	ξ_i（%）	S_{Ei}（kN）	ξ_i（%）	S_{Ei}（kN）	ξ_i（%）	S_{Ei}（kN）	ξ_i（%）
上弦	1	−569.6	26.3	4.6	36.8	6.5	37.5	6.6	53.8	9.4
	2	−447.3	20.9	4.7	29.3	6.5	29.9	6.7	42.8	9.6
	3	−472.8	21.7	4.6	29.9	6.3	30.5	6.5	45.2	9.6
	4	−500.9	22.6	4.5	30.8	6.1	31.4	6.3	47.7	9.5
	5	−481.8	22.4	4.6	30.0	6.2	30.6	6.3	46.6	9.7
	6	−461.6	22.1	4.8	29.2	6.3	29.8	6.5	45.3	9.8
	7	−456.2	22.8	5.0	30.4	6.7	31.1	6.8	46.3	10.2
	8	−477.0	24.8	5.2	33.4	7.0	34.1	7.1	49.9	10.5
	9	−460.7	25.1	5.4	34.2	7.4	34.9	7.6	50.3	10.9
	10	−443.3	25.4	5.7	34.9	7.9	35.7	8.1	50.7	11.4
	11	−441.1	26.3	6.0	36.8	8.3	37.6	8.5	52.8	12.0
	12	−461.5	28.9	6.3	40.6	8.8	41.5	9.0	57.6	12.5
	13	−442.8	29.3	6.6	41.3	9.3	42.3	9.5	57.3	12.9
	14	−422.9	29.9	7.1	42.1	10.0	43.1	10.2	56.8	13.4
	15	−423.3	30.7	7.2	43.0	10.2	44.0	10.4	55.8	13.2
	16	−443.0	32.9	7.4	45.9	10.4	46.9	10.6	60.0	13.6
	17	−421.1	32.1	7.6	44.6	10.6	45.5	10.8	60.3	14.3
	18	−399.4	31.3	7.8	43.2	10.8	44.1	11.0	60.4	15.1
	19	−404.1	30.2	7.5	41.8	10.4	42.7	10.6	57.4	14.2
	20	−423.0	30.3	7.2	42.0	9.9	42.9	10.1	66.5	13.4
	21	−399.3	27.5	6.9	38.2	9.6	39.0	9.8	50.1	12.5
	22	−374.3	24.6	6.6	34.3	9.2	35.1	9.4	43.5	11.6
	23	−385.1	23.3	6.1	32.8	8.5	33.5	8.7	42.0	10.9
	24	−403.0	22.7	5.6	32.0	7.9	32.7	8.1	42.5	10.6
	25	−377.5	20.5	5.4	28.9	7.6	29.5	7.8	39.2	10.4
	26	−350.7	18.2	5.2	25.7	7.3	26.3	7.5	35.9	10.2
	27	−598.4	31.1	5.2	43.9	7.3	44.8	7.5	61.3	10.2
下弦	28	−582.4	30.5	5.2	43.0	7.3	43.9	7.5	59.4	10.2
	29	−434.1	24.4	5.6	34.4	7.9	35.1	8.1	46.0	10.6
	30	−396.2	23.9	6.0	33.7	8.5	34.4	8.7	47.0	11.9
	31	−380.1	24.7	6.5	34.5	9.1	35.3	9.3	52.3	13.8
	32	−399.2	25.9	6.5	36.0	9.0	36.8	9.2	56.3	14.1
	33	−394.6	25.5	6.5	35.3	8.9	36.1	9.2	57.1	14.5
	34	−372.6	23.4	6.3	32.3	8.7	30.7	8.9	54.3	14.6
	35	−351.9	24.1	6.1	29.3	8.3	30.1	8.6	51.3	14.6
	36	−368.1	20.2	5.5	27.9	7.6	28.7	7.8	47.0	12.8
	37	−364.8	18.1	5.0	25.2	6.9	25.9	7.1	35.1	11.1
	38	−343.2	14.8	4.3	20.8	6.1	21.6	6.3	31.1	9.0
	39	−322.8	12.0	3.7	16.9	5.2	17.6	5.4	27.4	9.5
	40	−341.5	11.9	3.5	16.5	4.8	17.1	5.0	29.3	8.6
	41	−343.9	12.0	3.5	15.8	4.6	16.5	4.8	31.1	9.0
	42	−323.0	11.7	3.6	14.4	4.5	14.9	4.6	31.5	9.8
	43	−303.6	12.1	4.0	13.8	4.5	14.2	4.7	32.2	10.6
	44	−325.0	13.6	4.1	15.6	4.8	15.9	4.9	35.2	10.8
	45	−333.8	14.5	4.3	16.8	5.0	17.1	5.1	36.7	11.0
	46	−313.7	13.9	4.5	16.1	5.1	16.4	5.2	34.8	11.1
	47	−294.8	13.5	4.6	15.6	5.3	15.9	5.4	33.0	11.2

续表

杆号		静内力 S_{Si} (kN)	反应谱法						时程法	
			Ⅰ类		Ⅱ类		Ⅲ、Ⅳ类		天津	
			S_{Ei} (kN)	ξ_i (%)	S_{Ei} (kN)	ξ_i (%)	S_{Ei} (kN)	ξ_i (%)	S_{Ei} (kN)	ξ_i (%)
下弦	48	−318.6	14.1	4.4	17.6	5.5	17.9	5.6	32.7	10.3
	49	−335.8	15.0	4.5	19.7	5.9	20.1	6.0	31.7	9.4
	50	−316.6	14.4	4.6	19.5	6.2	19.9	6.3	30.5	9.6
	51	−298.6	14.2	4.7	19.7	6.6	20.1	6.7	29.6	9.9
	52	−324.2	16.1	5.0	22.6	7.0	23.1	7.1	32.7	10.1
	53	−599.0	31.1	5.2	43.9	7.3	44.8	7.5	61.3	10.2
腹杆	54	348.9	16.4	4.7	23.0	6.6	23.5	6.7	33.6	9.6
	55	−47.3	2.9	6.0	2.9	6.1	2.9	6.2	6.8	14.4
	56	48.5	2.8	5.7	3.0	6.3	3.1	6.4	6.1	12.6
	57	−39.5	3.0	7.7	3.1	7.8	3.2	8.0	7.0	17.6
	58	15.5	2.3	14.7	2.3	15.0	2.4	15.3	5.7	36.9
	59	−18.0	2.7	15.1	2.8	15.4	2.8	15.8	6.9	38.1
	60	−18.4	1.5	8.0	1.8	9.7	1.9	10.1	5.1	27.7
	61	22.8	1.8	8.0	2.1	9.4	2.2	9.8	6.1	26.7
	62	−19.5	1.5	7.7	1.8	9.1	1.8	9.5	5.0	25.8
	63	−19.2	1.7	9.0	2.3	12.2	2.4	12.5	3.7	19.2
	64	23.0	2.4	10.8	3.4	14.7	3.5	15.0	5.7	24.9
	65	−24.8	2.7	11.0	3.7	14.9	3.8	15.3	6.3	25.6
	66	21.8	2.4	11.0	3.3	15.2	3.4	15.5	5.7	26.2
	67	−23.5	2.6	11.1	3.6	15.4	3.7	15.8	6.3	26.8
	68	−17.1	1.9	11.1	2.1	12.3	2.1	12.5	4.9	28.7
	69	19.6	2.1	10.8	2.3	11.9	2.4	12.0	5.5	27.9
	70	−18.3	1.9	10.5	2.1	11.5	2.1	11.6	5.0	27.0
	71	−20.8	3.7	17.8	4.7	22.5	4.7	22.9	9.6	46.3
	72	24.5	4.3	17.4	5.4	22.1	5.5	22.5	10.8	44.1
	73	−24.4	4.4	17.8	5.5	22.6	5.6	22.9	11.0	45.2
	74	23.2	4.2	18.2	5.3	23.0	5.4	23.4	10.8	46.5
	75	−23.0	4.3	18.6	5.4	23.4	5.5	23.8	11.0	47.7
	76	−21.3	3.2	15.2	3.3	15.5	3.3	15.6	8.3	38.8
	77	22.4	3.3	14.8	3.4	15.0	3.4	15.0	8.4	37.4
	78	−22.6	3.2	14.3	3.3	14.5	3.3	14.5	8.2	36.1
	79	−19.5	3.1	15.9	3.6	18.3	3.6	18.7	9.0	46.3
	80	25.9	3.7	14.1	4.4	16.9	4.5	17.2	10.1	39.0
	81	−23.6	3.4	14.3	4.1	17.2	4.1	17.4	9.4	39.7
	82	24.4	3.6	14.6	4.2	17.4	4.3	17.6	9.9	40.4
	83	−21.5	3.3	15.3	3.9	18.2	4.0	18.4	9.1	42.7
	84	−27.2	2.2	7.9	2.6	9.4	2.6	9.5	5.8	21.3
	85	24.6	2.0	8.1	2.4	9.7	2.4	9.9	5.4	21.9
	86	−26.9	2.2	8.0	2.6	9.6	2.6	9.8	5.7	21.3
	87	−18.8	0.9	5.2	1.1	5.9	1.3	6.7	3.8	20.4
	88	27.1	1.3	4.8	1.4	5.1	1.5	5.4	3.5	12.9
	89	−22.6	1.1	4.9	1.2	5.2	1.2	5.3	3.0	13.2
	90	25.4	1.3	5.0	1.3	5.3	1.4	5.6	3.5	13.6
	91	−21.3	1.1	5.2	1.1	5.4	1.2	5.7	3.0	13.9
	92	−32.1	4.0	12.6	5.3	16.6	5.4	16.9	9.1	28.5
	93	28.3	3.5	12.5	4.4	16.4	4.7	16.8	8.0	28.1
	94	−33.7	4.1	12.3	5.5	16.3	5.6	16.6	9.3	27.7

续表

杆号		静内力 S_{Si} (kN)	反应谱法						时程法	
			Ⅰ类		Ⅱ类		Ⅲ、Ⅳ类		天津	
			S_{Ei} (kN)	ξ_i (%)	S_{Ei} (kN)	ξ_i (%)	S_{Ei} (kN)	ξ_i (%)	S_{Ei} (kN)	ξ_i (%)
腹杆	95	−18.8	3.2	16.8	3.4	18.1	3.5	18.4	7.6	40.1
	96	28.1	3.1	11.2	3.2	11.4	3.2	11.5	7.2	25.6
	97	−21.6	2.5	11.5	2.5	11.8	2.6	11.9	5.7	26.6
	98	26.3	3.1	11.9	3.2	12.2	3.2	12.3	7.3	27.6
	99	−20.2	2.5	12.3	2.6	12.7	2.6	12.8	5.8	28.5
	100	−37.4	3.7	9.9	4.9	13.1	5.0	13.4	7.0	18.7
	101	30.4	2.9	9.7	3.9	12.9	4.0	13.2	5.6	18.3
	102	−39.2	3.7	9.5	5.0	12.7	5.1	13.0	7.0	17.9
	103	486.9	26.3	5.4	37.1	7.6	37.8	7.8	—	

注：此例Ⅲ、Ⅳ类场地上的反应相同。

$R_{ij}>10\%$的杆件数（Ⅱ类，8度） **表 2-17**

拱 \ 振型	1	2	3	4	5	6	7	8	9	10	总杆数
G1	1	89	61	7	4	0	0	0	0	0	103
G2	5	90	53	8	4	0	0	0	0	0	103

(4) 第四、五振型的贡献主要是 84～92 号腹杆，且 $R_{ij}\ngtr 20\%$ 。表明高振型的影响主要反映在腹杆上。

后 5 个振型的贡献就更小了。注意到格构式三铰拱腹杆的静内力远远小于上下弦杆，一般由构造要求确定。因此，抗震设计中取前 3 个振型组合已足够了。

3. 竖向地震内力分布规律

由表 2-16 明显可见，竖向地震内力的大小随场地不同而不同。Ⅰ类场地上最小，Ⅲ、Ⅳ类场地上最大。而且竖向地震内力与静内力分布规律不同，具体有以下几点：

(1) 上弦杆内力：S_{Si}以拱脚处最大，向拱顶逐渐减少，铰支端除外。S_{Ei}以半跨中间偏上的杆件最大，向两端减少，拱脚处略大于拱顶。

(2) 下弦杆内力：S_{Si}同上弦。S_{Ei}则以半跨中间偏上一点的杆件最小，向两端逐渐增大，拱脚处也略大于拱顶。

(3) 腹杆内力：S_{Si}除铰支端外，两头杆件略大，中间略小，变化幅度很小。S_{Ei}则不同，从拱脚向上，经历了从大到小，再增大，再减小，又一次增大的变化。

可见，上下弦杆的竖向地震内力反映出第二振型特征，而腹杆则正好反映第三振型或更高振型特征。

如本章第一节所述，表 2-16 中天津纪录（相当于Ⅳ类场地）的反应乘以常遇地震折减系数 0.34 后与反应谱法计算结果比较。对于此例，时程法计算结果较小。

四、竖向地震内力的实用计算

现在来讨论格构式三铰拱结构竖向地震内力的实用计算。

观察表 2-16 可见，竖向地震内力系数 ξ_i 的分布规律与杆件竖向地震内力 S_{Ei}的分布规律基本相同，因此仍然可以引入公式 (2-42)：

$$S_{Ei} = \xi_i |S_{Si}| \qquad (i = 1,2,\cdots m) \tag{2-47}$$

通过静内力直接计算竖向地震内力。问题在于如何选用合适的 ξ_i 值。

首先，注意到格构式拱结构主要由上下弦杆承受压力。实际工程中，弦杆通常是沿跨度采用统一的截面形式和尺寸的，设计时是以内力最大的杆件为依据来选用的，同时，由上所述，ξ_i 值的分布规律反映了竖向地震内力的分布规律。因此，与平面桁架一样，可以忽略 ξ_i 值沿跨度的变化，采用统一的 ξ_i 值，以简化计算。

其次，由表 2-16 还可以看到，腹杆的 ξ_i 值比弦杆的 ξ_i 值大很多，这是由于腹杆静内力较小所致。而上下弦的 ξ_i 值接近，下弦 ξ_i 值略小，可采用同一个值。

表 2-18 给出了两个实例拱的各类杆件在不同场地条件下的 ξ_{max} 值。

格构式三铰拱的 ξ_{max} 值（反应谱　8 度）　　表 2-18

实　例	场　地	上　弦	下　弦	腹　杆
G1	Ⅰ	0.092	0.076	0.171
	Ⅱ	0.116	0.096	0.208
	Ⅲ，Ⅳ	0.116	0.096	0.208
G2	Ⅰ	0.078	0.065	0.186
	Ⅱ	0.108	0.091	0.234
	Ⅲ，Ⅳ	0.110	0.093	0.238

基于上述考虑和已有研究成果，建议格构式三铰拱结构杆件的竖向地震力按下式计算：

$$S_{Ei} = c\xi |S_{Si}| \qquad (i = 1,2,\cdots m) \tag{2-48}$$

式中　c——烈度系数，对 7、8、9 度分别取 0.5、1、2。建议的 ξ 值按表 2-19 采用。

利用式 2-47 可以很方便地由已知的静内力直接求得竖向地震内力。建议的取值有待于在工程中检验，并不断地完善与改进，使其更为经济合理。

ξ 的建议值　　表 2-19

场　地	弦　杆	腹　杆
Ⅰ	0.09	0.18
Ⅱ、Ⅲ、Ⅳ	0.115	0.23

第三章　空间杆系结构

大跨度空间杆系结构由于它整体性好、复盖空间大、耗钢量省、施工方便等优点已经越来越多地应用于诸多的体育馆、会堂、展览馆、车站、飞机库等屋盖结构上，如何进行它们的抗震设计亦日益为人们所关心。这类结构一般是空间多自由度铰接体系，每个节点上有三个自由度。由于它杆件多、节点多，动力性能极为复杂。对平板型周边支承网架的自由振动规律和抗震特性近年来得到了较为系统的研究，本章将着重介绍这些研究成果。由于网架动力分析的工作量相当大，所以工程设计中特别希望有简化计算方法。本章也介绍了一种直接计算竖向地震内力的实用算法。对大跨度立体桁架及网壳结构的抗震计算也已取得了一些研究成果。由于它们的抗震计算与网架有许多相同之处，因此也放在本章中一起讨论。

第一节　网架结构的自振特性

对网架结构进行动力分析时，一般采用理想铰接假定，荷载按实际情况分别集中于上下弦节点，杆只受轴力。目前建造的网架一般为周边多柱支承，计算中可将支座假定为简支，并且不考虑柱轴向变形的影响。这样的计算模型除了每个节点有三个自由度外，与平面杆系结构的计算模型是完全一样的。所以在第二章中讨论的地震作用的计算原理完全可以推广用于空间网架结构。为节省篇幅，重复的内容不再赘述，读者可阅读第二章。

一、自振特性的计算方法

图 3-1 所示为网架的计算简图。由第二章可知，任一体系自由振动特性的分析可归结为解广义特征值问题：

$$[K]\{\Phi\} = \omega^2[M]\{\Phi\} \qquad (3\text{-}1)$$

因为网架的每个节点将有 x、y、z 三个方向的位移，因此，对于有 n 个节点的网架，式 (3-1) 中的矩阵和向量应是 $3n$ 阶的。即节点相对位移向量为：

$$\{U\} = [u_1 v_1 w_1 \cdots u_i v_i w_i \cdots u_n v_n w_n]^{\mathrm{T}}$$

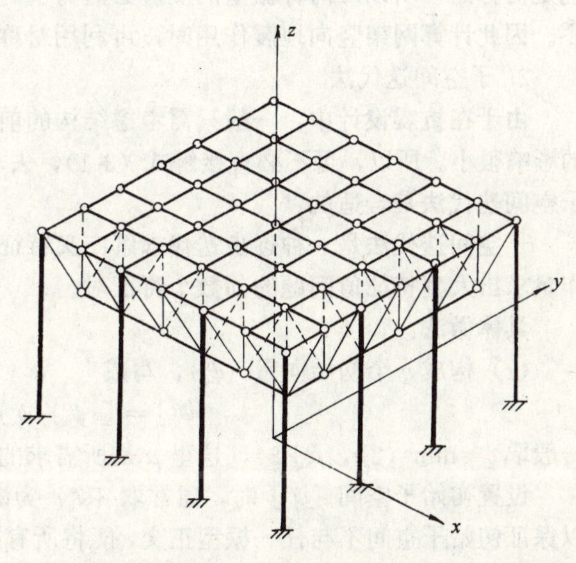

图 3-1　空间铰接杆系

其中 u_i、v_i、w_i 分别对应第 i 节点 x、y、z 方向的位移。同样式（2-5）中节点质量矩阵 $[M_i]$ 应为：

$$[M_i]=\begin{bmatrix} m_i & & \\ & m_i & \\ & & m_i \end{bmatrix} \quad (i=1,2,\cdots n)$$

式（2-8）中 $\{H_i\}^{\mathrm{T}}$ 应表达为：

$$\{H_i\}^{\mathrm{T}}=[0 \quad 0 \quad 1] \quad (i=1,2,\cdots n)$$

网架结构一般都有数百个节点，较大的网架将有上千个自由度。求解这样大的广义特性值问题要耗费相当多的机时和内存。所以计算分析时要充分利用网架的对称性和采用合适的计算方法。

1．对称性的利用

网架结构一般具有两个以上的对称轴，因此对矩形网架可取 1/4 网架来计算，对正方形网架则可取 1/8 网架等，其做法与静力分析相同。但分析所得频率与振型将分为几组。例如取 1/4 网架计算，则应分为如下四种情况：

（1）关于对称 x、y 轴均正对称（简称正正）；

（2）关于 x 轴正对称，y 轴反对称（简称正反）；

（3）关于 x 轴反对称，y 轴正对称（简称反正）；

（4）关于 x、y 轴均反对称（简称反反）。四种情况示于图 3-2，图中 u、v、w 分别表示对称轴上沿 x、y、z 三个方向的位移。

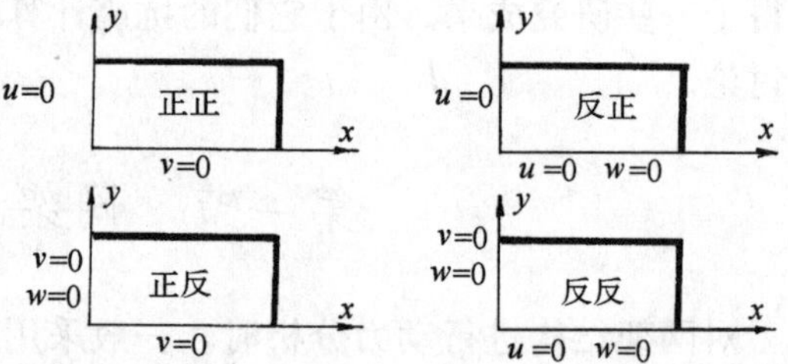

图 3-2　1/4 对称时的四种情况

如第二章所述，当只考虑地面运动的竖向分量时，由于竖向地震作用对于网架来讲也是对称的，所以反对称振型的反应必然为零。因此计算网架竖向地震作用时，可利用对称性只计算正正对称的振型和对应的频率。

2．子空间迭代法

由于在抗震设计中，一般只需考虑结构的前数个振型的组合，因为高振型对地震内力的影响很小。所以，可不必直接解式（3-1），去求全部 $3n$ 个特征对。针对这一特点，采用子空间迭代法是合适的。

子空间迭代法是一种逐步迭代求解广义特征值问题的方法，它可以通过较小的计算工作量求出大型特征值问题的前数个特征对。

具体做法：

（1）构成 q 个初始向量 $\{\varphi_j^{\circ}\}$，写成

$$[\varphi^{\circ}]=[\{\varphi_1^{\circ}\}\{\varphi_2^{\circ}\}\cdots\cdots\{\varphi_q^{\circ}\}]$$

一般取 $q=\min$（2μ，$\mu+8$），这里 μ 是所需求的振型数。$[\varphi^{\circ}]$ 称初始子空间。

设置初始子空间 $[\varphi^{\circ}]$ 时，通常取 $\{\varphi_1^{\circ}\}$ 为满单位向量，即 $\{\varphi_1^{\circ}\}=[1 \quad 1\cdots\cdots \quad 1]^{\mathrm{T}}$，以保证初始子空间不与任一振型正交，能将所有振型都激发出来。其余各列 $\{\varphi_j^{\circ}\}$ 设计成单位向量，其中 1 依次与 $[K]$、$[M]$ 中对角线元素的比值 k_{ii}/m_{ii} 中最小的自由度对应，因为与大质量小刚度的自由度对应的振型最容易出现，以便加快收敛速度。

（2）将式（3-1）改写成如下迭代形式：

$$[K][\bar{\psi}^1]=[M][\psi^0]$$

进行迭代，确定 $[\bar{\psi}^1]$。这是可行的，因式（3-1）中的 ω 是个常数。另外将振型写成矩阵形式是为了使 q 个振型的计算能同时进行。

（3）正交化处理，即计算 $q\times q$ 阶广义刚度

$$[K^*]=[\bar{\psi}^1]^{\mathrm{T}}[K][\bar{\psi}^1]$$

和广义质量

$$[M^*]=[\bar{\psi}^1]^{\mathrm{T}}[M][\bar{\psi}^1]$$

（4）解广义特征值问题

$$[K^*][\bar{Q}^1]=[M^*][\bar{Q}^1][\Lambda^1] \tag{A}$$

得 $[\bar{Q}^1]$、$[\Lambda^1]$（对角阵）。注意到这个问题是 q 维的。因 q 远远小于结构的总自由度数，故此问题容易求解。可用广义雅可比法等方法直接求解，或按下面介绍的方法化成标准特征值问题来解。

由于一个正定矩阵可化为两个非奇异矩阵转置相乘，因此可对 $[M^*]$ 进行分解：

$$[M^*]=[L][L]^{\mathrm{T}} \tag{B}$$

代回式（A）得：

$$[K^*][\bar{Q}^1]=[L][L]^{\mathrm{T}}[\bar{Q}^1][\Lambda^1]$$

$$[L]^{-1}[K^*]([L]^{\mathrm{T}})^{-1}[L]^{\mathrm{T}}[\bar{Q}^1]=[L]^{\mathrm{T}}[\bar{Q}^1][\Lambda^1]$$

令 $[A]=[L]^{-1}[K^*]([L]^{\mathrm{T}})^{-1}$ （C）

$$[X^1]=[L]^{\mathrm{T}}[\bar{Q}^1] \tag{D}$$

于是有

$$[A][X^1]=[X^1][\Lambda^1] \tag{E}$$

式（E）即 q 维的标准特征值问题。求解时先由式（B）求出 $[L]$，代入式（C）计算 $[A]$，然后解式（E）求出 $[X^1]$、$[\Lambda^1]$，再代入式（D）还原成 $[\bar{Q}^1]$。

（5）将 $[\bar{Q}^1]$ 规格化得 $[Q^1]$，即令：

$$[Q^1]^{\mathrm{T}}[M^*][Q^1]=[I]$$

（6）得出改进的迭代向量

$$[\psi^1]=[\bar{\psi}^1][Q^1]$$

再以 $[\psi^1]$ 代 $[\psi^0]$ 进行第二轮迭代。

（7）精度要求为 ε，当 $k+1$ 轮迭代后

$$Max\left|\frac{\lambda_i^{(k+1)}-\lambda_i^{(k)}}{\lambda_i^{(k+1)}}\right|\leqslant\varepsilon\quad(i=1,2,\cdots\mu)$$

时，$[\psi^{(k+1)}]$ 中前 μ 个向量即所需振型 $[\Phi]$，$[\Lambda^{(k+1)}]$ 中前 μ 个对角元素即所需频率平方 $\{\omega^2\}$。

用子空间迭代法求频率与振型时，为避免刚度矩阵有病态而影响计算精度或导致失败，通常还采用移位技术，即选适当的移位值 θ，将原问题式（3-1）改造为：

$$([K]+\theta[M])\{\Phi\}=(\omega^2+\theta)[M]\{\Phi\} \tag{3-2}$$

然后求解。解出后再将频率移回。移位值 θ 要针对所分析的结构以及采用的单位来选定，对于网架结构，采用 kN－cm 单位时，可以采用 $\theta=100$。

3. 用能量法求基频

能量法是用于计算体系基频即第一频率最有效、最简便的近似方法之一。能量法的基本原理就是当体系按某一振型作自由振动时，若没有能量的输入和损耗，则体系的机械能守恒。

设有 n 个质点的体系按其自由振动的第一振型 $\{Z\}=\{\Phi_1\}$ 振动，其质量向量为 $\{M\}$，则体系的最大势能可用重力所做的功来表示：

$$U_{\max}=\{W\}^{\mathrm{T}}\{Z\} \tag{3-3}$$

式中　$\{W\}=\{M\}\overline{g}$

体系的最大动能为

$$\begin{aligned}V_{\max}&=\frac{1}{2}\{M\}^{\mathrm{T}}\{Z^2\}\\&=\frac{1}{2}\omega_1^2\{M\}^{\mathrm{T}}\{Z^2\}\\&=\frac{\omega_1^2}{2g}\{W\}^{\mathrm{T}}\{Z^2\}\end{aligned} \tag{3-4}$$

由能量守恒，有

$$U_{\max}=V_{\max}$$

$$\frac{1}{2}\{W\}^{\mathrm{T}}\{Z\}=\frac{\omega_1^2}{2g}\{W\}^{\mathrm{T}}\{Z^2\}$$

$$\omega_1^2=g\,\frac{\{W\}^{\mathrm{T}}\{Z\}}{\{W\}^{\mathrm{T}}\{Z^2\}} \tag{3-5}$$

或展开写为：

$$\omega_1=\sqrt{g\,\frac{\Sigma W_iZ_i}{\Sigma W_iZ_i^2}} \tag{3-5a}$$

式（3-5a）就是用能量法求基频的公式。应用该式所求基频的精度取决于体系的第一振型 $\{Z\}$ 选择得是否合适。对于网架结构，选择静力作用下网架竖向位移曲面作为第一振型的近似就可以得到相当好的结果。表 3-1 给出了一些网架的基频用子空间迭代法和用能量法（采用静力竖向位移曲面作为第一振型的近似）求出的结果。比较结果表明误差小于 2.7%。

注意到表 3-1 中能量法给出的基频都略高于精确值。原因在于选择网架静力竖向位移曲面作为第一振型近似，相当于在网架节点上施加某些约束，使网架节点的水平方向位移均为零，且按静力竖向位移曲面振动。其结果必然与增大体系刚度一样，导致基频升高。另一方面，采用网架静力竖向位移曲面计算基频即可得出较好的近似，也说明网架的第一振型一定与静力竖向位移曲面很相似，在以后的讨论中将看到这一点。

网架基频用子空间迭代法与能量法计算结果对比 **表 3-1**

网　　架	尺　　寸（m）	子空间法	能量法
两向正交正放	24×48	17.295	17.676
	24×36	16.643	16.966
	36×36	13.609	13.890
	36×54	13.584	13.859
	48×48	11.331	11.552
	60×60	10.100	10.311
斜放四角锥	24×36	14.549	14.911
	36×36	13.754	14.000
	48×48	11.716	11.967
	60×60	10.396	10.627
棋盘形四角锥	24×36	14.865	15.128
	24×24	16.410	16.675
两向正交斜放	48×48	11.505	11.759
	50.4×61.6	10.267	10.544
正放四角锥	48×48	12.324	12.547
正放抽空四角锥	48×48	10.920	11.109
星形四角锥	48×48	11.794	12.024

二、网架结构的频率

表（3-2）给出了用子空间迭代法计算的一些网架的前十个正正对称振型的频率值。这里包括了七种工程上常用的网架类型，其中有矩形和正方形平面，跨度从 24m 到 60m，都是周边简支，是工程中建造得最多的。为便于叙述，以下称它们为常用网架。这些网架的屋面一般为钢筋混凝土板，屋面荷载为 2.0～2.5kN/m^2。这些网架大都经过静力优化设计，优选了网格和杆件截面，因此杆件截面与静内力一般比较匹配。

1．频谱

由表 3-2 可见，网架结构的频谱相当密集。前十个正正对称振型的频率中，第 1 与第 10 个频率相差最小的仅 38.6（1/s）。如果将正反、反正、反反三种情况的自振频率也排列进去，将更为密集。频谱的密集反映了网架动力特性的复杂性。研究表明，改变网架中任何一个设计参数，都会引起频率的改变。以周边支承的正交正放网架 36m×36m 为例，表 3-3 给出了当上弦荷载分别为 150kN/m^2、200kN/m^2 及 250kN/m^2 时该网架的前五个自振周期。显然荷载越大，自振周期越大。表 3-4 给出了除竖向约束外，支座上有或无水平约束二种不同边界界条件下该网架的前五个自振周期。对于基本周期，边界约束越强，其值越小，影响是明显的，而对其他自振周期则影响不大。以后还会看到，随着网架型式及尺寸的不同，竖向振型的序号也不相同。

2．基频

常用网架的基频一般在 10～17（1/s）之间，亦即基本周期在 0.37～0.62s 范围内，比相同跨度平面桁架的基本周期短些，表明网架刚度要大些。

相同跨度的网架基频大体上相近，以 36m×36m 的三种型式网架为例，其基频见表3-5。尽管这三个网架的网格大小与高度都不同，杆件布置也不同，它们的基频非常接近。

网架前十个正正对称的圆频率 **表 3-2**

类型	尺寸(m)	网格(m)	高度(m)	圆频率										对称性
				1	2	3	4	5	6	7	8	9	10	
两向正交正放	24×36	3.00	2.30	**16.643**	30.995	**34.632**	**40.202**	46.470	47.226	**54.439**	57.764	59.191	61.207	1/4
	24×48	3.39	2.60	**17.295**	23.249	23.354	**29.116**	30.122	31.047	32.543	46.458	**46.905**	55.919	1/4
	36×36	3.60	3.10	**13.609**	32.710	37.389	46.993	50.508	61.013	67.159	69.044	75.642	77.140	1/8
	36×54	3.60	3.60	**13.584**	21.790	**27.592**	30.041	31.323	32.710	35.824	43.524	44.375	**45.613**	1/4
	48×48	4.00	4.00	**11.331**	24.610	24.617	**32.026**	33.029	34.185	35.520	**43.504**	**48.845**	56.821	1/4
	60×60	3.75	5.10	**10.100**	21.525	28.020	**29.136**	32.815	**38.579**	43.128	49.934	52.599	54.971	1/8
斜放四角锥	36×36	3.18	2.80	**13.754**	36.792	**41.721**	42.876	50.283	57.966	61.740	**63.844**	64.065	69.377	1/4
	48×48	3.77	4.00	**11.716**	28.577	**33.050**	40.506	42.655	44.066	46.843	47.983	**49.579**	57.944	1/4
	60×60	3.86	5.10	**10.396**	**29.501**	40.225	**41.962**	51.211	54.440	61.702	64.074	64.430	71.337	1/8
棋盘形四角锥	24×24	2.67	1.80	**16.410**	45.793	**49.410**	55.986	**67.019**	72.149	74.778	82.205	83.045	85.434	1/4
	24×36	2.67	2.10	**14.865**	**37.589**	**50.041**	56.474	58.103	62.238	65.388	70.866	77.868	79.974	1/4
	36×36	3.27	2.80	**13.189**	35.646	**40.156**	42.603	53.155	53.574	59.476	64.681	66.193	69.446	1/4
	48×48	4.36	4.40	**11.751**	28.515	33.527	34.511	38.329	39.654	48.239	48.579	**48.615**	50.203	1/4
两向正交斜放	48×48	3.77	4.00	**11.505**	**30.219**	**45.173**	47.730	50.848	57.961	63.448	67.025	72.046	73.828	1/8
	50.4×61.6	3.96	4.00	**10.267**	19.860	24.460	27.658	**29.502**	33.222	**36.140**	38.488	43.995	44.655	1/4
正放四角锥	48×48	4.00	4.40	**12.324**	41.538	**45.600**	56.908	**58.171**	65.659	71.556	73.630	76.041	82.144	1/8
正放抽空四角锥	48×48	4.36	4.00	**10.920**	31.446	**33.210**	36.193	38.290	**44.129**	48.518	49.245	50.969	51.162	1/4
星形四角锥	48×48	3.39	4.00	**11.794**	**36.589**	48.970	**52.991**	65.768	67.615	70.971	73.156	78.597	80.782	1/8

注：表中黑体数字对应前三个竖向振型。

荷载改变对自振周期 T 的影响 **表 3-3**

荷载	T_1	T_2	T_3	T_4	T_5
150kN/m²	0.444	0.155	0.147	0.117	0.098
200kN/m²	0.470	0.173	0.163	0.131	0.112
250kN/m²	0.476	0.167	0.150	0.130	0.123

边界条件对网架自振周期 T 的影响 **表 3-4**

边界约束	T_1	T_2	T_3	T_4	T_5
无水平约束	0.470	0.174	0.163	0.131	0.111
有水平约束	0.404	0.176	0.164	0.135	0.103

两类网架的基频随短向跨度的变化示于图 3-3，它表明网架短向跨度越大则基频越小，呈图示曲线变化。这意味着结构因跨度增大而变柔，即跨度越小的网架结构在地面运动下产生的反应将越强烈。

36m×36m 网架的基频 ω_1 **表 3-5**

网架类型	两向正交正放	斜放四角锥	棋盘形四角锥
ω_I	13.609	13.754	13.189

三、网架结构的振型

前面已经指出，网架结构的竖向地震反应取决于正正对称的情况，所以这里只讨论正正对称的振型

1. 振型的分类

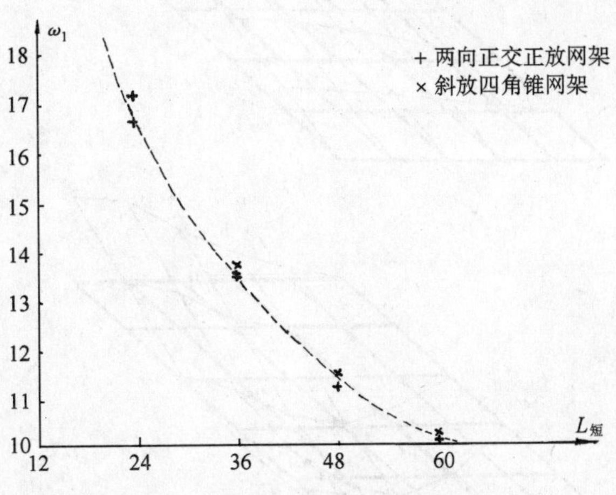

图 3-3 基频 ω_1 随短向跨度的变化

图 3-4 给出了一个两向正交正放网架的前十个振型图。由图中可见网架结构的振型大体可分为两类：一类是节点水平分量很大，而竖向分量较小的振型，显然是以水平振动为主的水平振型。它们当中有以 x 方向振动为主的，也有以 y 方向振动为主的。对于正方形平面网架，有时会有两个振型对应的频率相同的情况。即解式（3-1）时可能会存在重根。另一类是各节点竖向分量很大而水平分量较小的振型，显然是以竖向振动为主的竖向振型。这两类振型夹杂在一起，参差出现。表 3-2 中，黑体字所示的频率对应竖向振型。可见，网架的第一振型均为竖向振型。如果取 1/4 网架计算，前十个正正对称的振型中至少可包括三个竖向振型。同时可以看到，竖向振型出现的序号在各网架中很不相同，这亦进一步表明了网架动力特性的复杂性。

还有少数振型中各节点的竖向分量较大，水平分量也差不多大，而且其竖向振动的形状与频率相近的竖向振型相似，可称为近竖向振型，以后的讨论中会看到这类振型对网架的竖向地震反应是有影响的。

2. 竖向振型

第二章中已经指出，在地面运动的竖向分量作用下，与结构的竖向振型对应的振型地震作用$\{F\}_j$ 就大。因此，对竖向振型就应给予特别的关注。下面进一步讨论竖向振型的特性。

图 3-5～3-7 给出了三个不同类型网架（含正方形和矩形）前三个竖向振型的曲面形状。从图中可以看到，各类网架的竖向振型曲面基本上是一样的；图中 ω_{v1}、ω_{v2}、ω_{v3}分别表示对应的三个频率。进一步分析表 3-2，可以得出这三个竖向振型频率之间大体有如下关系：

$$\omega_{v2} = (2 \sim 3.5)\omega_{v1}$$
$$\omega_{v3} = (4 \sim 4.6)\omega_{v1} \tag{3-6}$$

由图中还可以看出，第一振形的形状显然与静力作用下的竖向位移曲面是非常相近的。

把相同跨度网架的竖向振型频率放在一起比较。以 48m×48m 网架为例，见表 3-6。显然，相同跨度网架的竖向振型频率非常接近。这一特点进一步反映了网架竖向刚度与跨度的关系。由表 3-6 还可以看出，正放四角锥网架的频率最大。这表明相同跨度各类网架中正放四角锥网架的竖向刚度最大，星形四角锥和棋盘形四角锥次之，再次是斜放四角锥等。当然这与网格大小和网架高度也是有关的。

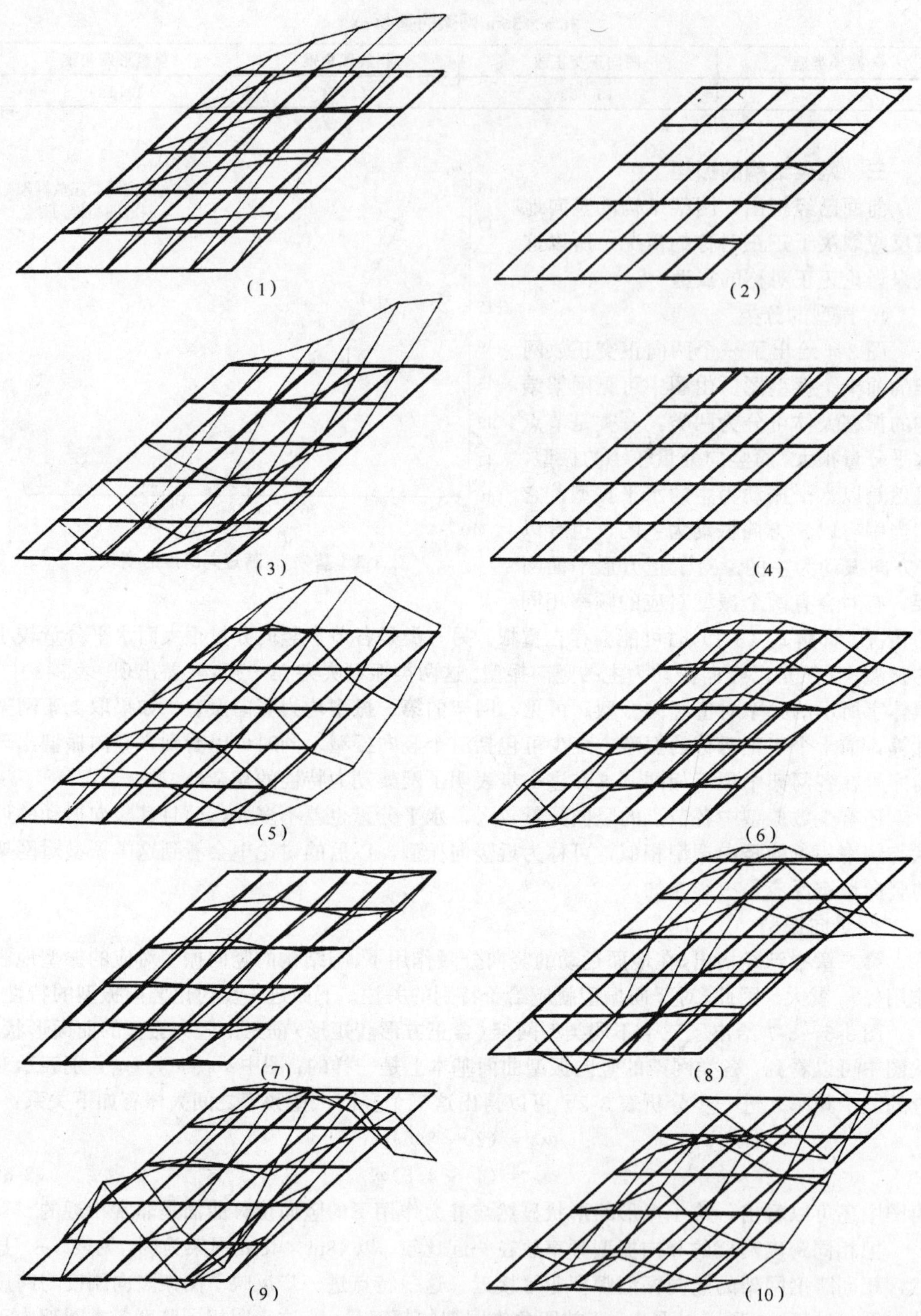

图 3-4　36m×36m 正交正放网架前十个振型

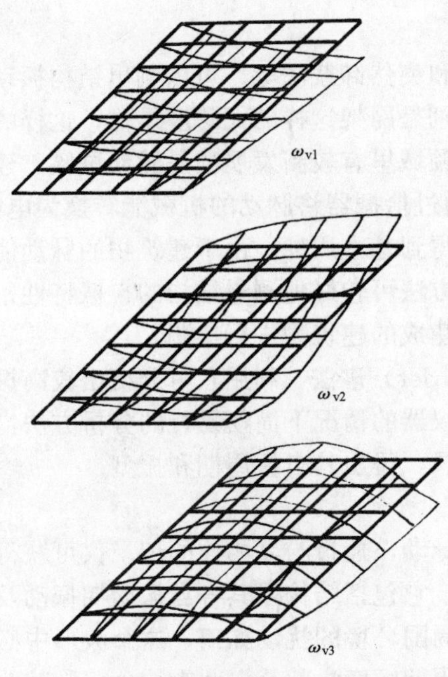

图 3-5 两向正交正放 36m×54m 网架前三个竖向振型

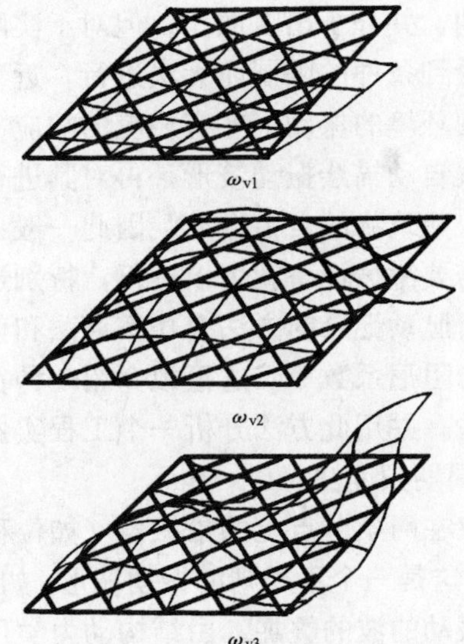

图 3-6 斜放四角锥 48m×48m 网架前三个竖向振型

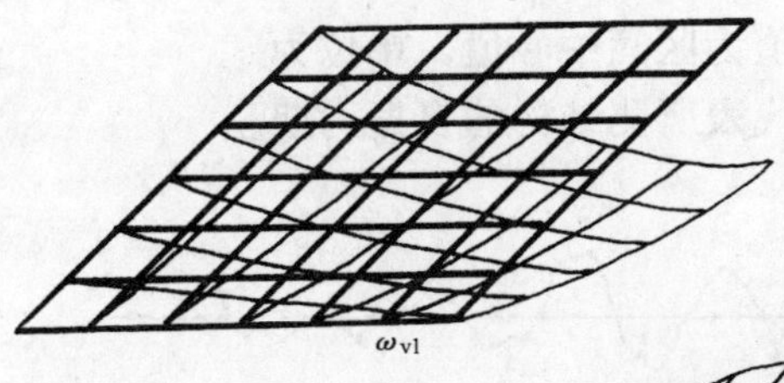

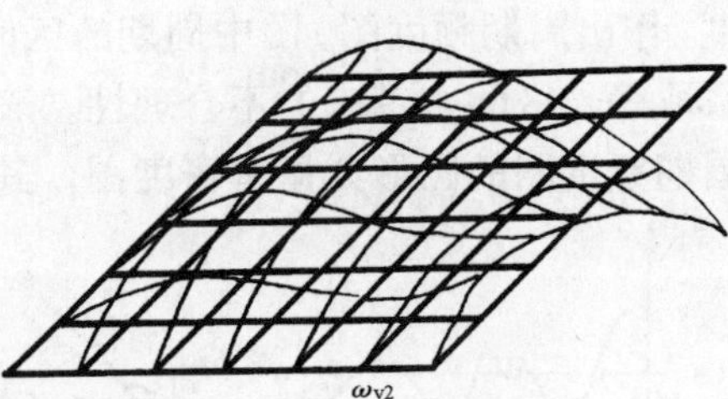

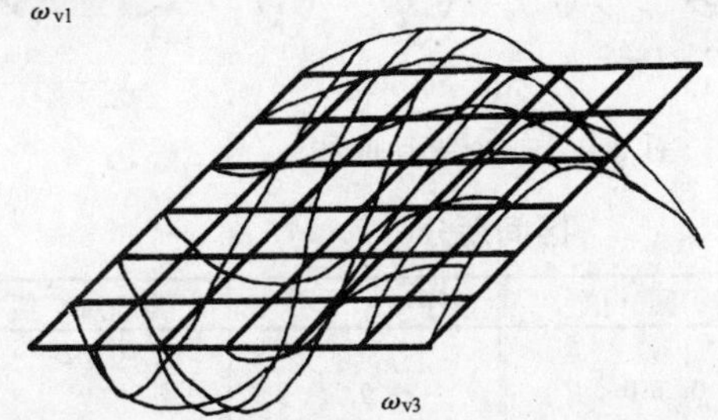

图 3-7 两向正交正放 48m×48m 网架前三个竖向振型

48m×48m 网架前三个竖向振型频率 **表 3-6**

网 架 类 型	ω_{v1}	ω_{v2}	ω_{v3}
两向正交正放	11.331	32.026	43.504
两向正交斜放	11.505	30.219	45.173
斜放四角锥	11.716	33.050	49.597
正放抽空四角锥	10.920	33.210	44.129
正放四角锥	12.324	45.600	58.171
星形四角锥	11.754	36.589	52.991
棋盘形四角锥	11.751	34.511	48.615

四、网架结构自振特性的实测

实测结构自振特性的常用方法有激振法冲击法和突然卸载法等。可以测出结构振动的基本周期，并分析出阻尼比。但对于实际工程，特别是网架这样的大跨度结构，这样的实测往往受到条件的限制而无法进行。近年来在测试领域里有较新发展的是脉动试验。建筑物在周围环境的振动下亦有相应的响应，即脉动。通过拾振器将脉动的机械能转换为电能，由记录仪自动描绘振动波形，再对其进行分析，可得到基本周期。由于建筑物的脉动能明显地反映建筑物的自由振动，因此一般认为用这一方法可较好地测量结构的自振特性，而且它不需要激振设备就可以进行，特别适用于对已建成的建筑物进行实测。

分析脉动记录的方法有功率谱法和傅里叶（Fourier）谱法，利用它可分析出较高振型的频率与阻尼系数等。这里拟介绍一种在没有分析仪器的情况下简便易行的分析方法：周期频度法。并用此方法分析一个工程实例的脉动记录，得出其自振周期和振型。

1. 周期频度法

用放在网架节点上的拾振器（如位移计）拾取脉动，通过与其相连的记录仪可获得脉动波形。这是一个不规则的振动波形，如图 3-8 所示。它包括结构以其各自振周期振动及结构环境振动的波的叠加。由结构动力学可知，不论周围环境的扰动如何，这个波形中必然强烈地反映出按结构前几个自振周期振动的特征。周期频度法就是据此直接分析脉动曲线的方法。取脉动曲线与零线相交点的时间间隔乘以 2 为周期，统计各周期出现的次数，称为频度，作出周期频度图。图中周期的区间划分如表 3-7，大约相当于取 1.216 的等比级数，以克服取等长区间会带来的不合理性。表中区间值为区间中心值，单位为 s。

周期频度图的图形如概率密度图，其峰值即代表所测结构的自振周期。

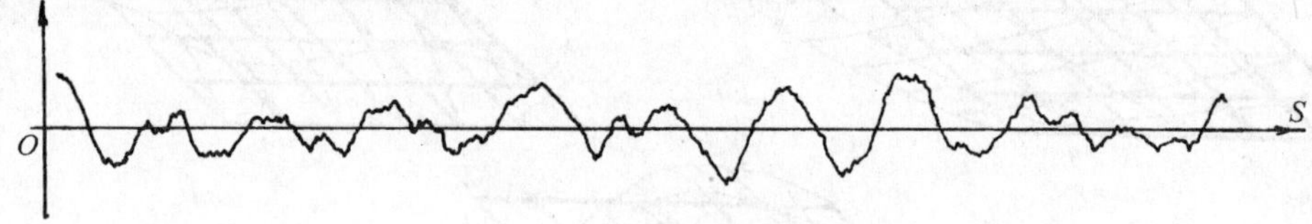

图 3-8　一个脉动曲线

区间划分　　　　**表 3-7**

序　号	端点值	区间值	序　号	端点值	区间值
	0.05			0.22	
1		0.550	9		0.245
	0.06			0.27	
2		0.065	10		0.295
	0.07			0.32	
3		0.075	11		0.360
	0.08			0.40	
4		0.090	12		0.450
	0.10			0.50	
5		0.110	13		0.550
	0.12			0.60	
6		0.135	14		0.675
	0.15			0.75	
7		0.165	15		0.825
	0.18			0.90	
8		0.200	16		1.000
	0.22			1.10	

2. 工程实测分析

【工程实例】 哈尔滨工人体育馆屋盖采用两向正交斜放网架，平面面积 50.4m×61.6m，设计荷载：上弦 1.5kN/m²，下弦 0.55kN/m²。其中恒荷载：上弦 0.47kN/m²，下弦 0.31 kN/m²。考虑到实测时网架仅承受恒荷载，对网架的自振周期进行了计算。该网架前四个竖向振型对应的周期为：

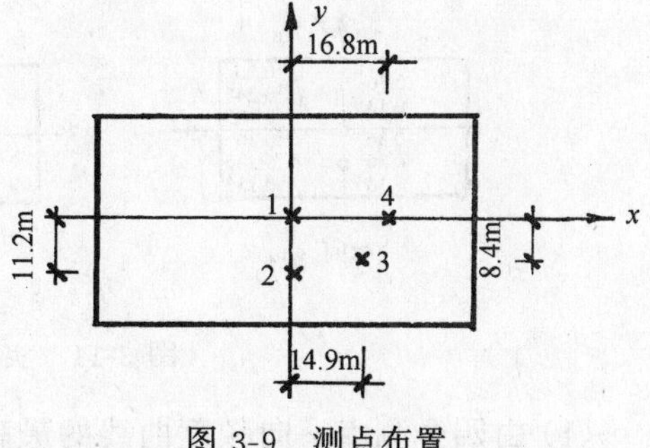

图 3-9 测点布置

$$T_1 = 0.374 \quad T_2 = 0.214 \quad T_3 = 0.194 \quad T_4 = 0.144$$

实测中采用测点布置如图 3-9，每个测点放三个拾振器，安放在下弦节点上，分别测 x、y、z 三个方向的脉动。由记录仪显示，各测点竖向振幅远远大于 x、y 向振幅，表现出竖向（z 向）振型的特征。每次记录一分钟，得到的脉动曲线与零线约有 400 个左右的交点，分析得出周期频度图，如图 3-10。由图中可见，各条频度曲线均有两到三个较明显的峰值，它们代表着结构的自振周期。为便于分析，将这些峰值所在的区间值示于图 3-11。观察图 3-11 可得出以下结果：

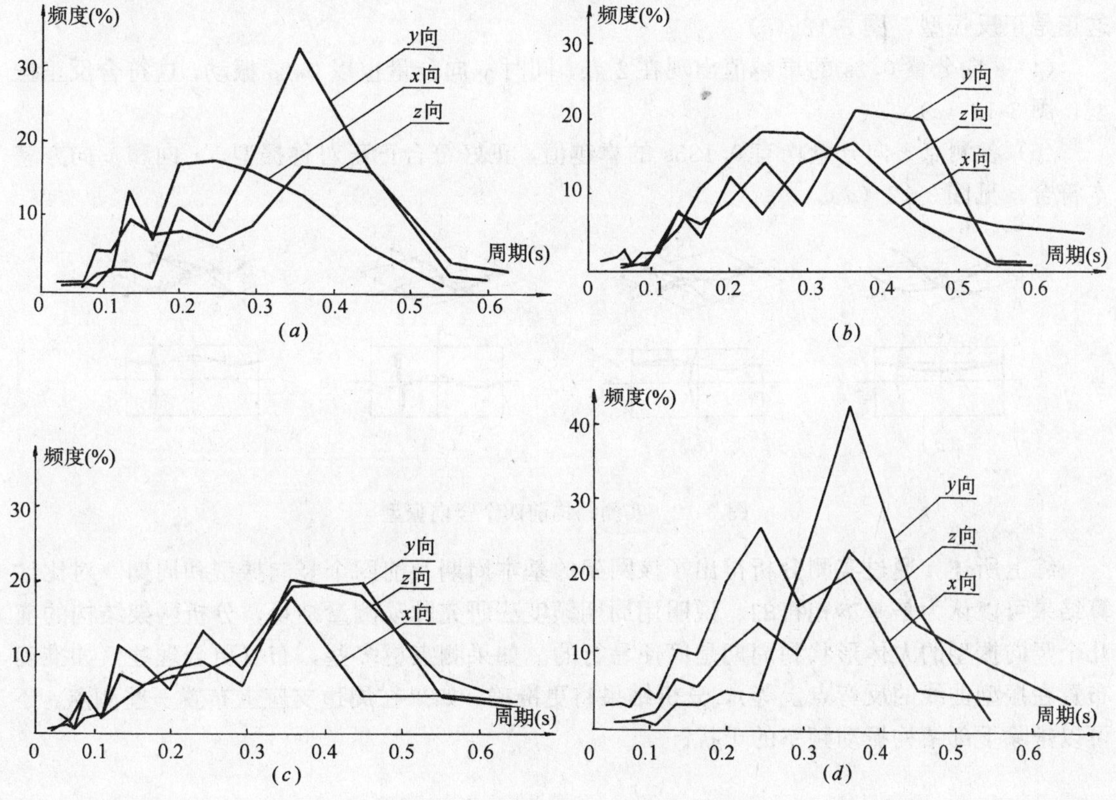

图 3-10 实测结构的周期频度图

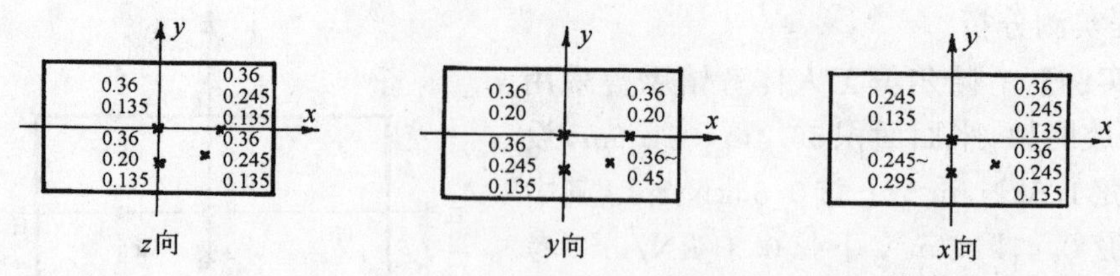

图 3-11 实测结构各方向的卓越周期

(1) 由四个测点 z 向频度曲线的最高峰值容易看出该结构的卓越周期是 0.36s，即在区间 0.32～0.4s 上。通常认为，由于脉动是微幅振动，所以得到的自振周期一般略偏低。而计算分析的简化中又有许多尚未考虑的因素（如屋面的刚度、杆件与节点连结的刚度等），使得计算周期可能略高。因此，可以认为实测与计算基本上是相符的。

(2) 各测点 z 向分量均有 0.36s 的卓越值，正好符合正正对称的第一个竖向振型，见图 3-12 (a)。由于是正正对称振型，对称轴 y 上应无 x 向振动。x 向图中 y 轴上测点没有 0.36s 的卓越值，正好符合图 3-12 (a)。y 向图中 x 轴上测点出现了 0.36s 的卓越值，认为是由于测点不正好位于对称轴上，或拾振器摆得不正所致。

(3) z 向分量 0.245s 的卓越值出现在 3、4 两点，同时各点 x 向分量均以 0.245s 振动，这正是正反振型，图 3-12 (b)。

(4) z 向分量 0.2s 的卓越值出现在 2 点，同时 y 向分量也以 0.2s 振动，这符合反正振型，图 3-12 (c)。

(5) 各测点 z 向分量均有 0.135s 的卓越值，正好符合正正对称振型，x 向和 y 向亦基本符合，见图 3-12 (d)。

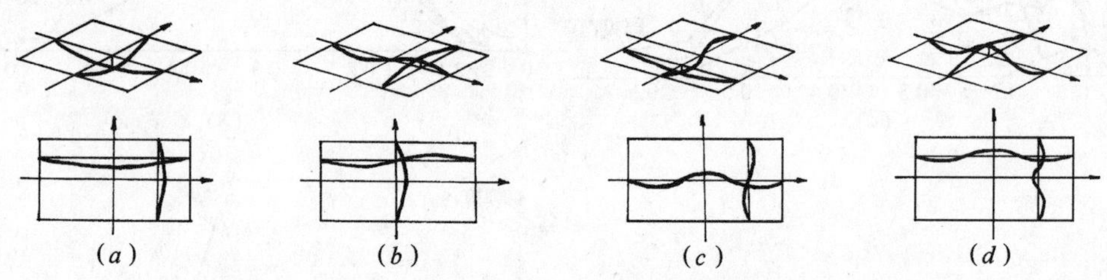

图 3-12 实测结构前四个竖向振型

综上所述。通过实测分析得出了该网架的基本周期及前四个竖向振型和周期。对比计算结果可以认为是基本相符的。说明用周期频度法研究脉动测量结果，分析网架结构的前几个竖向振型的大体形状和周期是简便易行的。如果测点更多些，布置更合理些（如准确布置在振型曲线的反弯点上等），分析结果将更准确。如果在周边支座上布置一些测点，还可以排除下部结构振动频率的干扰。

第二节 网架结构的竖向地震内力

通过自由振动分析求得网架结构的振型和频率后即可计算网架的竖向地震内力。对于有 n 个节点的网架，只需将第二章所介绍的方法中所有矩阵和向量扩展成 $3n$ 阶，计算公式就完全可以使用。

一、计算方法

计算网架杆件的静内力时，一般采用矩阵位移法。正如第二章所述，计算网架竖向地震内力时，可以先求出各振型最大地震作用，然后作为静荷载作用于结构，再用矩阵位移法求各振型竖向地震内力，最后再组合求出竖向地震内力标准值。也可以直接求振型最大位移，然后再计算振型竖向地震内力，最后进行组合。对于网架这样节点多、杆件多的结构，显然采用后者更为方便。

1. 振型分解反应谱法

计算步骤如下：

（1）计算振型参与系数

$$\gamma_j = \frac{\{\Phi\}_j^{\mathrm{T}}[M]\{H\}}{\{\Phi\}_j^{\mathrm{T}}[M]\{\Phi\}_j}$$

$$= \frac{\Sigma m_i Z_j(i)}{\Sigma m_i\left(X_j^2(i) + Y_j^2(i) + Z_j^2(i)\right)} \quad (j = 1,2,\cdots\mu) \tag{3-7}$$

式中　μ 为用来参与振型组合的振型个数。

（2）按式（2-28）计算位移影响系数，即

$$\Delta_{\mathrm{V}}(T_j) = \alpha_{\mathrm{V}}(T_j)/\omega_j^2 \quad (j = 1,2,\cdots\mu) \tag{3-8}$$

式中　取 α_{V} （T_j）$=\frac{2}{3}\alpha$ （T_j），α （T_j）取自图 2-3。

（3）按式（2-29）计算振型最大位移，即

$$\{U_j\} = \{\Phi\}_j \gamma_j \Delta_{\mathrm{V}}(T_j) \quad (j = 1,2,\cdots\mu) \tag{3-9}$$

（4）由 $\{U\}_j$ 计算振型竖向地震内力 $\{S\}_j$。

（5）按式（2-26）用“平方和开方”组合计算各杆件竖向地震内力标准值，即

$$S_{\mathrm{E}i} = \sqrt{\Sigma S_{ij}^2} \quad (i = 1,2,\cdots m、j = 1,2,\cdots\mu) \tag{3-10}$$

如前所述，因为高振型对竖向地震内力的影响很小，可以忽略。故一般只取前数个振型组合。究竟取几个振型计算可以保证精度要求，即 μ 的取值问题，也就是所谓“振型截断”问题，将在后面讨论。

2. 时程分析法

第二章介绍的威尔森－θ 法可直接用于网架结构的时程分析。输入某地震记录，计算结构各时刻的节点位移$\{U(t)\}$，从而求得各时刻的杆件内力再从中选取最大值。

由于网架的自由度多，时程法计算中要多次求解拟静力方程（2-34），会耗费计算机时间过多。因此考虑将反应谱法中的振型分解过程结合到时程法中，以简化计算过程。具体作法如下：

（1）将地面运动下结构的运动方程式（2-8）按振型分解成为一系列单自由度运动方程，即

$$\ddot{q}_j + (r + s\omega_j^2)\dot{q}_j + \omega_j^2 q_j = -\gamma_j \ddot{U}_{\mathrm{gv}} \quad (j = 1,2,\cdots\mu) \tag{3-11}$$

式中　r、s 已由式（2-14）给出，即

$$r = \frac{\omega_j \omega_{\mathrm{p}} v}{\omega_j + \omega_{\mathrm{p}}}; \qquad s = \frac{v}{\omega_j + \omega_{\mathrm{p}}} \tag{3-12}$$

考虑到与竖向振型对应的地震反应会比较大，式中 ω_j、ω_p 宜分别取结构的第一、二两个竖向振型对应的频率 ω_{V1}、ω_{V2}。注意到式（3-6）的近似关系，可取：

$$\omega_j \approx \omega_{V1}; \qquad \omega_p \approx 3\omega_{V1} \tag{3-13}$$

由于网架的阻尼尚无实测资料，目前计算中可取 $v=0.1$，与“抗震规范”一致。

（2）用威尔森－θ 法解式（3-11），得出广义坐标向量 $\{q(t)\}$。对于网架采用时间步长 $\tau=0.02\text{s}$，$\theta=1.4$，一般可得稳定收敛的结果。

（3）计算 t 时刻位移 $\{U(t)\}$，即使用式（2-9）

$$\{U(t)\} = [\Phi]\{q(t)\} \tag{3-14}$$

（4）由位移 $\{U(t)\}$ 计算 t 时刻竖向地震内力 $\{S(t)\}$。

（5）最终竖向地震内力为：

$$\{S_E\} = \max\{S(t)\} \tag{3-15}$$

整个计算过程中仍然可以根据振型截断的要求，适当地选取前 μ 个振型参与计算。

二、竖向地震内力

1. 竖向地震内力的分布规律

以两向正交正放 36m×36m 网架为例，图 3-13 给出了在静荷载作用下的杆件内力，以及设防烈度 8 度时，按振型分解反应谱法计算的Ⅱ类场地上网架各类杆件的竖向地震内力，另外对上弦杆还列出了输入 El Centro（1940，美国）竖向地震记录用时程分析法计算的竖向地震内力。El Centro 竖向地震记录是在Ⅱ类场地上取得的，放在一起以便对比。图中时程分析结果考虑了常遇地震折减系数，静内力由重力荷载代表值（恒载＋0.5 雪载）求得。

由静力分析可知网架静内力的分布规律一般是：上下弦杆在跨中杆件内力最大，边缘杆件内力较小。腹杆则反之，边缘杆件内力较大，向跨中逐渐减小。网架杆件的布置方式不同时，各类网架内力分布规律亦有所不同。

由图 3-13 可见，网架上下弦杆竖向地震内力分布规律与静内力相似。而腹杆竖向地震内力分布较复杂，尤其是斜杆竖向地震内力由网架边缘向跨中并不是单调变化。

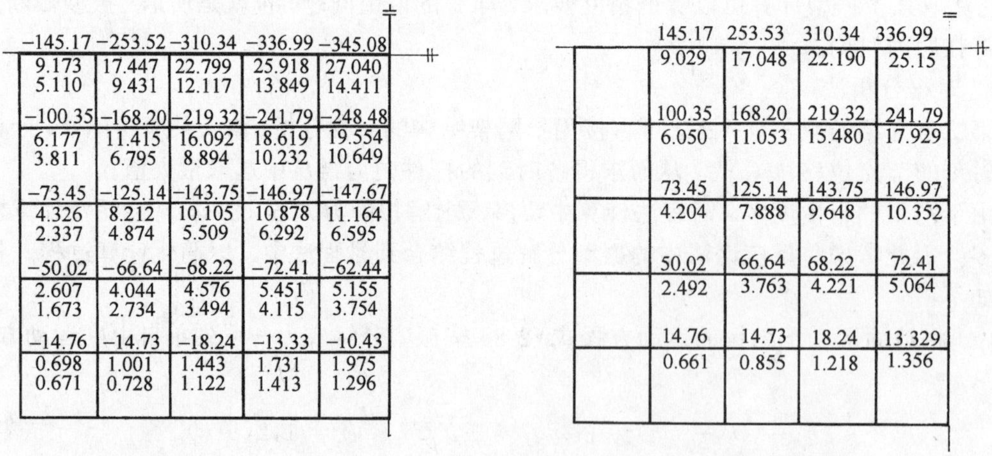

−145.17	−253.52	−310.34	−336.99	−345.08
9.173	17.447	22.799	25.918	27.040
5.110	9.431	12.117	13.849	14.411
−100.35	−168.20	−219.32	−241.79	−248.48
6.177	11.415	16.092	18.619	19.554
3.811	6.795	8.894	10.232	10.649
−73.45	−125.14	−143.75	−146.97	−147.67
4.326	8.212	10.105	10.878	11.164
2.337	4.874	5.509	6.292	6.595
−50.02	−66.64	−68.22	−72.41	−62.44
2.607	4.044	4.576	5.451	5.155
1.673	2.734	3.494	4.115	3.754
−14.76	−14.73	−18.24	−13.33	−10.43
0.698	1.001	1.443	1.731	1.975
0.671	0.728	1.122	1.413	1.296

（*a*）上弦内力(kN)

	145.17	253.53	310.34	336.99
	9.029	17.048	22.190	25.15
	100.35	168.20	219.32	241.79
	6.050	11.053	15.480	17.929
	73.45	125.14	143.75	146.97
	4.204	7.888	9.648	10.352
	50.02	66.64	68.22	72.41
	2.492	3.763	4.221	5.064
	14.76	14.73	18.24	13.329
	0.661	0.855	1.218	1.356

（*b*）下弦内力(kN)

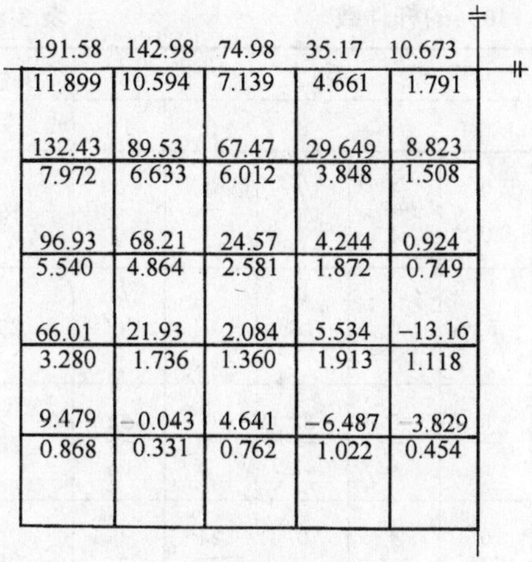

191.58	142.98	74.98	35.17	10.673
11.899	10.594	7.139	4.661	1.791
132.43	89.53	67.47	29.649	8.823
7.972	6.633	6.012	3.848	1.508
96.93	68.21	24.57	4.244	0.924
5.540	4.864	2.581	1.872	0.749
66.01	21.93	2.084	5.534	−13.16
3.280	1.736	1.360	1.913	1.118
9.479	−0.043	4.641	−6.487	−3.829
0.868	0.331	0.762	1.022	0.454

（*c*）斜杆内力(kN)

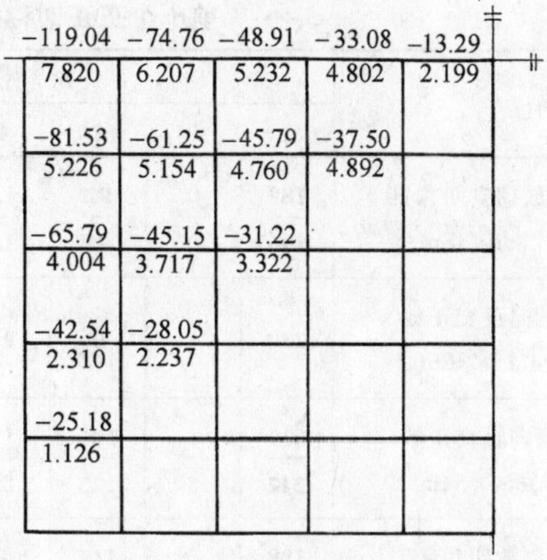

−119.04	−74.76	−48.91	−33.08	−13.29
7.820	6.207	5.232	4.802	2.199
−81.53	−61.25	−45.79	−37.50	
5.226	5.154	4.760	4.892	
−65.79	−45.15	−31.22		
4.004	3.717	3.322		
−42.54	−28.05			
2.310	2.237			
−25.18				
1.126				

（*d*）竖杆内力(kN)

静荷载

反应谱

El Centro

图 3-13　两向正交正放 36m×36m 网架在静荷载与地震作用下的内力

从图 3-13（*a*）中的对比可知，对于本例输入地震记录计算的结果比用反应谱计算的结果要小一些。原因在于各个实际的地震记录由于受具体的场地条件、震级、震中距等影响，其特征是很不相同的。若对于某个地震记录做出反应谱，当结构的自振周期处于该谱的低峰对应点时，用它来计算结构的反应，就会比较小。而“抗震规范”给出的设计反应谱是在统计了大量地震记录反应谱的基础上获得的，它总是在概率密度曲线的峰值附近，概率密度比较大，未来地震发生在它附近的可能性也比较大。因此，可以认为按设计反应谱进行结构的抗震设计是比较安全的。

2. 振型截断

仍采用第二章中式（2-45）来探讨各个振型的贡献，即

$$R_{ij}=\left(\frac{S_{\mathrm{E}ij}}{S_{\mathrm{E}i}}\right)^2 \quad (i=1,2,\cdots m,j=1,2,\cdots 3n) \tag{3-16}$$

表 3-8 给出了几个网架前十个正正对称的振型中 $R_{ij}>10\%$ 的杆件数。可以看到，正如前面一再提到的那样，竖向振型的贡献占主要地位，特别是前二个竖向振型。第三个竖向振型有一定的贡献，但是远比前两个振型少。所谓近竖向振型也有一定的贡献，如两向正交正放 48m×48m 网架的第六振型和正放四角锥 48m×48m 网架的第二振型即是。比第三个竖向振型更高的振型对竖向地震内力的贡献就很小了，高振型的贡献主要体现在网架的腹杆及边缘附近的某些弦杆上，而那些水平振型的贡献则是微乎其微的。

因此可以认为，网架结构的竖向地震内力主要由前三个正正对称的竖向振型贡献。由表 3-2 可知，为确保能获得前三个正正对称的竖向振型，利用对称性取 1/4 网架进行动力分析时，至少取前十个正正对称振型来进行分析和内力组合，即取 $\mu=10$。若用整个网架计算，尚应取更多的振型。

前十个正正对称振型中 $R_{ij}>10\%$ 的杆件数 表 3-8

网架	振型序号										总数
	1	2	3	4	5	6	7	8	9	10	
正放抽空四角锥 48m×48m	**189**/**196**	0/0	**92**/**81**	15/17	**29**/**28**	0/0	4/4	0/0	0/0	0/0	198
两向正交正放 48m×48m	**230**	6	0	**95**	0	51	0	**15**	0	0	252
两向正交正放 36m×54m	**239**/**242**	1/3	**106**/**123**	17/22	19/24	5/5	5/8	22/42	0/1	**32**/**66**	266
斜放四角锥 48m×48m	**198**/**201**	0/0	**111**/**105**	0/0	0/0	0/0	4/8	0/0	**24**/**56**	0/0	219
两向正交斜放 48m×48m	**156**/**156**	**57**/**40**	**2**/**13**	2/2	**4**/**7**	0/0	0/0	0/7	0/12	0/0	156
正放四角锥 48m×48m	**145**/**148**	20/20	**60**/**64**	0/2	**8**/**15**	2/6	0/6	0/0	0/1	0/2	156

注：1. 表中黑体数字对应竖向振型。

2. 横线以上为振型分解反应谱法计算结果（Ⅱ类、8 度），横线以下为时程分析法计算结果（El Centro）。

3. 竖向地震内力系数

前面已经指出，网架结构竖向地震内力的分布规律不同于静内力分布。为能定量地表达竖向地震内力的放大作用，下面进一步讨论网架结构的竖向地震内力系数 ξ_i，即：

$$\xi_i = \left| \frac{S_{Ei}}{S_{Si}} \right| \quad (i = 1, 2, \cdots m) \tag{3-17}$$

图 3-14（a）、（b）给出了两向正交正放 36m×36m 网架各类杆件的 ξ_i 值分布。

分析表明，网架结构竖向地震内力系数的分布是有明显规律的：无论是上下弦杆还是腹杆 ξ_i 值都是在网架边缘附近较小，向跨中逐渐增大，在中点附近达到峰值。如果将 ξ_i 值视为连续变化并标于各杆件中点，把相同的 ξ_i 值连接起来，可画出图示的等值线。如果进一步按比例画出对称轴上各杆件的 ξ_i 值，可以近似地连成一条直线，如图 3-14（a）。综合起来，网架结构的 ξ_i 值分布可以近似地看成一个如图 3-15 所示的圆锥形。锥顶为网架的对称中心，锥底为网架平面上的一个圆，锥表面各点的高度即代表网架各杆件的 ξ_i 值。把圆锥的峰值记作 ξ_{max}，其边缘值记为 ξ_{min}，可表为：

$$\xi_{min} = \beta \xi_{max} \tag{3-18}$$

式中，β 称为最小 ξ 值系数。这样就形象地表达了网架结构竖向地震内力系数的分布规律。图 3-16 给出了一个上弦杆是正交斜放的斜放四角锥网架上弦杆的 ξ_i 值分布。图 3-17 给出了一个平面是矩形的两向正交正放网架上弦杆的 ξ_i 值分布。显然，均符合上述圆锥形分布的规律，只是对于矩形平面网架，锥形底面呈椭圆形。

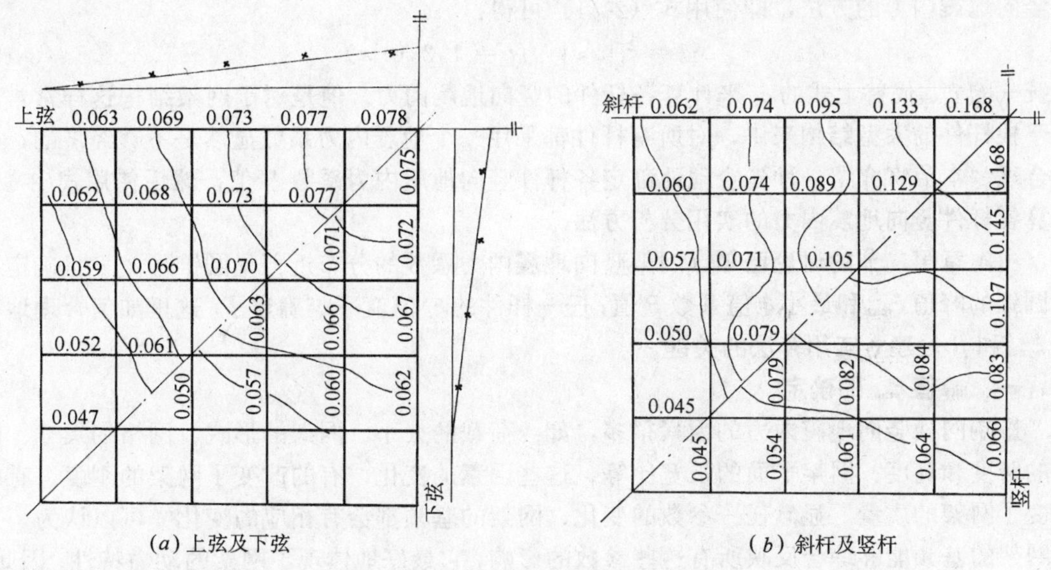

(*a*) 上弦及下弦　　(*b*) 斜杆及竖杆

图 3-14　两向正交正放 36m×36m 网架竖向地震内力系数 ξ 值（Ⅱ类场地，8 度）

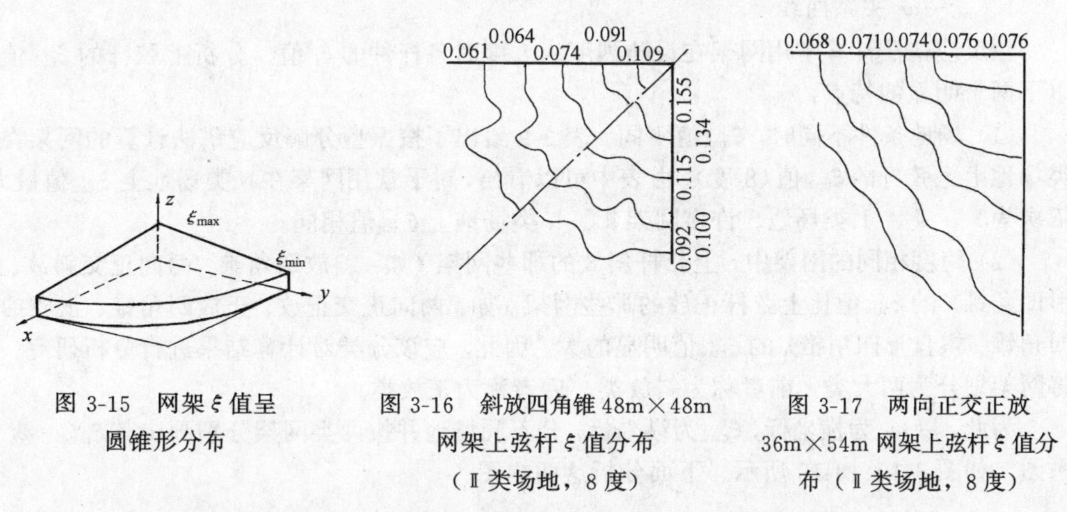

图 3-15　网架 ξ 值呈圆锥形分布

图 3-16　斜放四角锥 48m×48m 网架上弦杆 ξ 值分布（Ⅱ类场地，8 度）

图 3-17　两向正交正放 36m×54m 网架上弦杆 ξ 值分布（Ⅱ类场地，8 度）

第三节　计算网架结构竖向地震内力的实用分析方法

前一节讨论的方法用于计算网架结构竖向地震内力虽然能够得出比较精确的结果，但是计算工作量还是相当大的。对于实际工程设计来讲，常常要求能迅速地得出结果，而且只需满足工程精度即可。因此寻找和建立一种简捷而又具有一定精度的实用计算方法是十分必要的。通常，寻找结构抗震设计实用分析方法的途径是：根据精确计算的结果，反算出相应的地震作用，从而建立简捷的地震作用分布函数或计算公式。然而对于网架结构这种多杆件、多节点的空间结构，反算竖向地震作用并找出其分布规律并不是一件容易的事。因此要根据网架结构的特点另辟新径。

在第二章中介绍了选择合适的竖向地震内力系数 ξ_{max} 值，从而直接通过杆件静内力计算竖向地震内力的方法，即使用式（2-41）可得：

$$S_{Ei}=\xi_i|S_{Si}|\quad(i=1,2,\cdots m) \tag{3-19}$$

用统一的 ξ_{max} 代替上式的 ξ_i 来计算各杆件的竖向地震内力。但是对于网架结构这样常常有上千根杆件的大型结构来讲，对所有杆件都采用一个地震内力系数显然是不够经济的，也不合理。本节将介绍一种先合理地确定各杆件竖向地震内力系数 ξ_i 值，然后使用式(3-19)计算各杆件竖向地震内力的实用分析方法。

由本章第二节的讨论已知，网架竖向地震内力系数的分布近似呈圆锥形。一旦确定了该圆锥的峰值 ξ_{max} 和最小 ξ 值系数 β 值，任一杆件的 ξ_i 值就不难确定了。这里如何合理地确定 ξ_{max} 和 β 是建立实用算法的关键。

一、峰值 ξ_{max} 的确定

影响网架竖向地震内力的因素很多，如：荷载的大小、网架的形式、网格的尺寸、网架的跨度和高度、网架平面的长宽比等。这些因素的变化，有的改变了网架的刚度，有的改变了网架的质量。显然任一参数的变化，网架的基频都会有相应的变化。可以认为，只有网架的基频能够综合反映所有这些参数的影响，它最好地体现了网架的动力特性。因此，为确定 ξ_{max} 的合理取值应首先寻求其与基频 ω_1 之间的关系。

1. ξ_{max}—ω_1 关系曲线

用反应谱法计算常用网架在设防烈度为 8 度时各杆件的 ξ_i 值。分析上弦杆的 ξ_{max} 值有以下两个明显的特点：

（1）场地条件不同时，ξ_{max} 值不同。表 3-9 给出了按振型分解反应谱法计算的网架在各类场地上上弦杆的 ξ_{max} 值(8 度)。由表中可以看出，对于常用网架在Ⅳ类场地上 ξ_{max} 值最大，依次为Ⅲ、Ⅱ、Ⅰ类场地。许多网架Ⅲ、Ⅳ类场地上 ξ_{max} 值相同。

（2）跨度相同的网架中，上弦杆斜放的那些网架（如：斜放四角锥，两向正交斜放、星形四角锥）的 ξ_{max} 值比上弦杆正放的那些网架（如：两向正交正放、正放四角锥、正放抽空四角锥、棋盘形四角锥）的 ξ_{max} 值明显的大。因此，应该分类对计算结果进行分析研究。可将网架划分为两大类：前者称为斜放类，后者称为正放类。

为此，以 ω_1 为横坐标，ξ_{max} 为纵坐标，分不同场地并按两类网架分别画出其 ξ_{max}—ω_1 关系图，如图 3-18、3-19 所示。下面分析这两幅图。

网架上弦杆的 ξ_{max} 值 **表 3-9**

类　型	尺　寸　(m)	ω_1	Ⅰ类	Ⅱ类	Ⅲ类	Ⅳ类
两向正交正放	24×24	19.098	0.080	0.110	0.122	0.122
	24×36	16.643	0.070	0.099	0.118	0.118
	24×48	17.295	0.080	0.110	0.127	0.127
	36×36	13.609	0.055	0.078	0.101	0.116
	36×54	13.584	0.058	0.076	0.114	0.119
	36×72	13.090	0.061	0.086	0.122	0.129
	48×48	11.331	0.049	0.069	0.098	0.118
	48×72	10.668	0.047	0.067	0.094	0.117
	60×60	10.100	0.045	0.066	0.089	0.122
	72×72	8.751	0.040	0.056	0.080	0.094

续表

类型	尺寸（m）	ω_1	Ⅰ类	Ⅱ类	Ⅲ类	Ⅳ类
斜放四角锥	36×36	13.754	0.082	0.115	0.151	0.151
	48×48	11.716	0.070	0.109	0.155	0.157
	60×60	10.396	0.065	0.080	0.131	0.132
两向正交斜放	36×36	15.210	0.084	0.110	0.156	0.156
	48×48	11.505	0.069	0.098	0.139	0.152
	60×60	10.500	0.066	0.075	0.131	0.131
正放四角锥	24×24	19.215	0.079	0.111	0.119	0.119
	24×36	17.952	0.076	0.108	0.123	0.123
	36×36	14.151	0.060	0.086	0.119	0.119
	36×48	13.809	0.059	0.083	0.117	0.118
	48×48	12.324	0.049	0.069	0.098	0.117
	60×60	9.973	0.044	0.062	0.087	0.116
正放抽空四角锥	36×36	13.312	0.057	0.081	0.114	0.119
	48×72	10.455	0.047	0.063	0.094	0.120
星形四角锥	37×37	11.657	0.065	0.090	0.124	0.144
	48×48	11.754	0.070	0.096	0.135	0.150

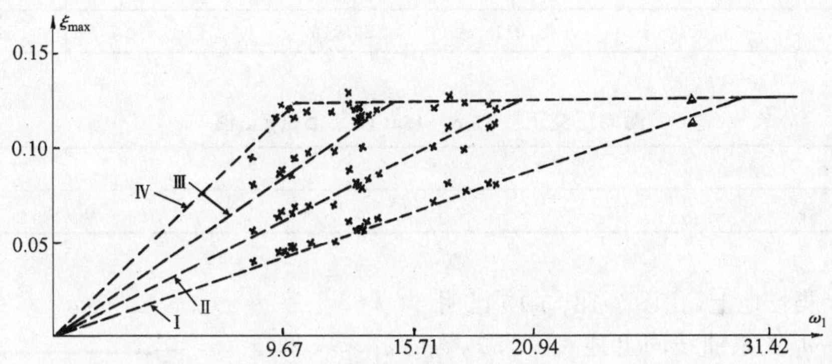

图 3-18 正放类网架 ξ_{max}—ω_1 关系曲线（8 度）

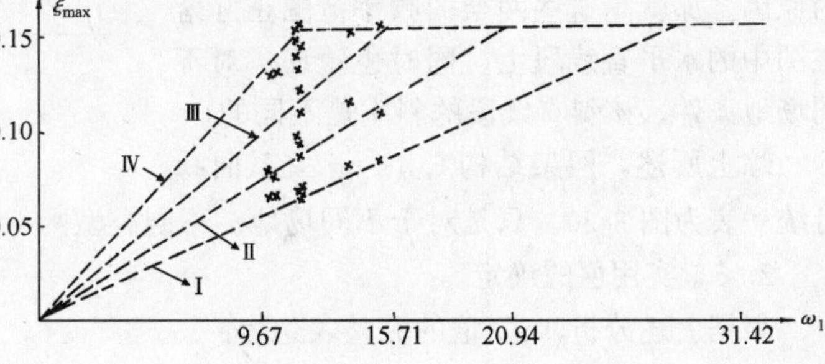

图 3-19 斜放类网架 ξ_{max}—ω_1 关系曲线（8 度）

在Ⅰ、Ⅱ类场地上 ξ_{max}—ω_1 关系近似地呈经过坐标原点的斜直线，可写成：

$$\xi_{max} = k\omega_1 \qquad (3\text{-}20)$$

式中 k 表示该直线的斜率。对于各类场地 k 值不相同。

分析式（3-20）可有如下两个含义：

（1）当 $\omega_1 = 0$ 时，ξ_{max} 为零。这是合理的。因为 $\omega_1 \rightarrow 0$ 意味着结构非常柔，近乎于空间自由质点。地面运动时只有相对位移而无地震内力产生，故有 $\xi_{max} = 0$。

(2) 当 $\omega_1 \to \infty$ 时，ξ_{max} 也无限增大。这个结论显然是不合理的。注意到"抗震规范"给出的地震影响系数如图 2-3，在Ⅰ类场地上卓越周期为 $T=0.2$s（相当于 $\omega=31.42$），Ⅱ类场地上 $T=0.3$s（相当于 $\omega=20.94$），就是说对于Ⅰ类场地上 $\omega_1>31.42$ 或Ⅱ类场地上 $\omega_1>20.94$ 的结构，所有各振型的地震影响系数将取同样的 α_{max} 值，相应各网架的 ξ_{max} 亦将接近同一个值。仅当高振型对应的周期 $T<0.1$（相当于 $\omega>62.8$）时才会有所减小。因此，可以认为在Ⅰ、Ⅱ类场地上，基本周期 ω_1 小于卓越周期 T_g 的 ξ_{max}—ω_1 关系应呈水平直线。

为验证这一分析，将两向正交正放 36m×36m 网架的网格由 3.6m 缩小到 1.5m，高度由 3.1m 缩小到 2.0m，荷载不变。构造了一个 15m×15m 网架。其前十个正正对称振型的频率和在Ⅰ、Ⅱ类场地上上弦杆 ξ_{max} 列于表 3-10 及 3-11，并以"△"符号绘于图 3-18 中。显然上述分析是正确的。即 ξ_{max}—ω_1 关系曲线为一段经过原点的斜直线和一段水平直线组成的折线。如图 3-18、3-19 中的虚线所示。

正交正放 15m×15m 网架前十个振型的频率　　表 3-10

序　　号	1	2	3	4	5
频率	28.414	50.497	50.498	64.853	70.786
序　　号	6	7	8	9	10
频率	71.504	73.011	85.919	91.570	93.153

两向正交正放 15m×15m 网架上弦 ξ_{max} 值　　表 3-11

场　　地	Ⅰ	Ⅱ
ξ_{max}	0.1073	0.1174

在Ⅲ、Ⅳ类场地上，由图 3-18、3-19 已明显看出 ξ_{max}—ω_1 关系曲线同上述对Ⅰ、Ⅱ类场地的分析是一致的。这一结论进一步也解释了许多网架在Ⅲ、Ⅳ类场地上的 ξ_{max} 值相同的原因。那就是这些网架的频率范围正好落在图中的水平直线段上。同时也验证了对不同场地条件，该斜直线段的斜率是不同的。

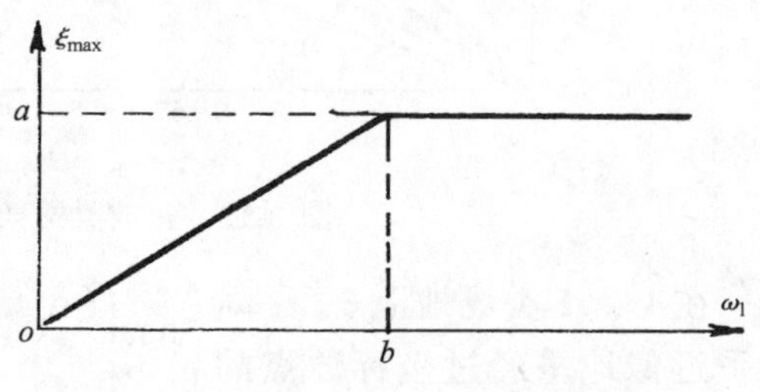

图 3-20　统一的 ξ_{max}—ω_1 关系曲线

综上所述，网架结构 ξ_{max}—ω_1 关系曲线可统一表为图 3-20。只是对于不同场地、不同类型网架，图中的 a、b 应有不同的取值。

2. ξ_{max} 实用值的确定

根据上述分析，ξ_{max} 值的完整表达为：

$$\xi_{max}=\begin{cases}\dfrac{a}{b}\omega_1 & 0<\omega_1<b\\ a & \omega_1\geqslant b\end{cases} \tag{3-21}$$

依据计算结果用回归分析的方法容易确定式（3-21）中的 a/b 值，它是图 3-20 中斜直线段的斜率 k。式中的 a 值是 ξ_{max} 最大的取值，b 值实际上对应着各类场地的卓越周期，这里用圆频率表示。实用计算时 a、b 值可按表 3-12 取用。注意到表 3-12 中的 a 值是根据设防烈度 8 度时的计算结果确定的。对于 7 度和 9 度的情况只需对图中的 a 值分别乘以 0.5 和 2 即可。

参数 a、b 取值 **表 3-12**

场地	a		b
	正放类	斜放类	
Ⅰ	0.123	0.175	31.42
Ⅱ	0.120	0.169	20.95
Ⅲ	0.112	0.143	15.71
Ⅳ	0.112	0.143	9.67

3. 讨论

（1）表 3-12 中的 a 值是依据网架上弦杆的 ξ_{max} 值确定的。对于下弦杆，因为 ξ_{max} 值一般略小于上弦，这是偏于安全的。对于腹杆，在网架边缘附近 ξ 值与上弦杆相近，其 ξ_{max} 要大于上弦杆。但是注意到 ξ 值是由式（3-17）计算得出的，对于静内力很小的杆件，ξ 值必然很大。网架跨中附近的腹杆正是很小的杆件。它们在静荷载作用下的应力远低于钢材强度，设计中一般由构造决定其截面。因此，尽管这部分杆件的 ξ 值可能很大，竖向地震内力并不大，设计中它们不起控制作用。进一步如果算出这些构造杆件可承受的内力代替式（3-17）中 S_{Si} 来计算相应的 ξ_i，其值就会是很小了。这样实用计算中以上弦杆的 ξ_{max} 值为依据是合适的。同时不论弦杆还是腹杆可以采用同一个竖向地震内力系数，也简化了计算。

（2）前面曾指出，常用网架 ξ_{max} 值在Ⅳ类场地上最大，依次减小，Ⅰ类场地上最小。这是因为在Ⅰ、Ⅱ类场地上。ξ_{max} 值一般取自图 3-20 中斜线段，在Ⅲ、Ⅳ类场地上一般取自水平段的结果。这也解释了为什么会有许多网架在Ⅲ、Ⅳ类场地上 ξ_{max} 会相同。极端情况是，当某网架设计得刚度较大，例如 $\omega_1>31.42$，则在所有各类场地上 ξ_{max} 值都可能会相近。

（3）按图 3-20 确定 ξ_{max} 时要用到基频 ω_1，它可以通过动力分析求得，也可以由试验或经验的方法确定。由于经过静力分析后，网架节点的位移是已知的，所以实用分析时，应用本章介绍的能量法求基频 ω_1 将非常方便，并可得到满意的结果。

（4）由图 3-20 的关系可知，当 ω_1 小于 b 值时，ξ_{max} 随 ω_1 减小而减小。而 ω_1 又随网架跨度增大而减小，因此 ξ_{max} 亦随网架跨度增大而减小。

二、系数 β 的确定

由式（3-18）可得：

$$\beta=\frac{\xi_{min}}{\xi_{max}} \tag{3-22}$$

仍然以上弦的 ξ 值为依据来讨论。表 3-13 列出了设计烈度 8 度时常用网架上弦的 β 值。由表中容易看出 β 值与网架跨度和场地条件的变化已无明显关系。但正放类网架的 β 值高于斜放类网架。矩形网架的 β 值高于正方形网架。将这几种情况分别归类并取平均值，得表 3-14 的结果。

网架上弦的 β 值（8 度） 表 3-13

网架			反应谱法			时程法	
			Ⅰ类场地	Ⅱ类场地	Ⅲ、Ⅳ类场地	El Centro	天津
正放类	两向正交正放	24m×48m	0.869	0.869	0.869	0.863	0.929
		24m×36m	0.900	0.895	0.893	0.949	0.916
		36m×54m	0.903	0.891	0.887	0.923	0.840
		36m×36m	0.806	0.804	0.803	0.870	0.840
		48m×48m	0.846	0.813	0.790	0.791	0.664
		60m×60m	0.870	0.824	0.800	0.769	0.691
	棋盘形四角锥	24m×36m	0.833	0.828	0.826	0.956	0.941
		24m×24m	0.816	0.821	0.823	0.883	0.884
		36m×36m	0.806	0.783	0.794	0.729	0.728
		48m×48m	0.781	0.783	0.784	0.794	0.730
	正放抽空四角锥	48m×48m	0.799	0.806	0.809	0.826	0.806
	正放四角锥	48m×48m	0.821	0.786	0.787	0.867	0.719
斜放类	斜放四角锥	242×36m	0.807	0.777	0.764		
		36m×36m	0.521	0.563	0.600	0.574	0.483
		48m×48m	0.477	0.552	0.598	0.592	0.573
		60m×60m	0.487	0.549	0.600	0.569	0.426
	两向正交斜放	48m×48m	0.564	0.610	0.623	0.589	0.626
		54.4m×61.6m	0.842	0.814	0.810		
	星形四角锥	48m×48m	0.514	0.575	0.623	0.636	0.434

β 是最小 ξ 值系数，当 $\xi_{max}=1$ 时，网架边缘的 ξ 值就等于 β。β 值越大意味着图 3-15 中圆锥的坡度越平缓，各杆件 ξ_i 值也越大，或者说越接近 ξ_{max}。所以设计时取较大的 β 值偏于安全。斜放类网架的 ξ_{max} 值较正放类网架大许多，而 β 值确小许多，表明相应于斜放类网架的圆锥坡度比较陡，各杆件 ξ_i 值变化较大。

系数 β 值 表 3-14

网架		β 值
正放类	正方形	0.81
	矩形	0.87
斜放类	正方形	0.56
	矩形	0.80

三、任一杆件 ξ_i 的计算

在确定了 ξ_{max} 和 β 值之后，网架任一杆件的 ξ_i 值可按下式计算：

$$\xi_i = c\xi_{max}\left(1-\frac{r_i}{r}\eta\right) \quad (i=1,2,\cdots m) \tag{3-23}$$

式中 r_i——网架平面的中心 O 至第 i 杆中点 B 的距离；

r——OA 的长度，A 点为 OB 线段与圆（或椭圆）锥底面圆周的交点，见图 3-21；

c——设防烈度系数，对于 7、8、9 度分别取 0.5、1.0、2.0；

η——修正系数，$\eta=1-\beta$，对应表 3-14 中的 β 值 η 分别为 0.19，0.13，0.44，0.20。

四、实用分析步骤

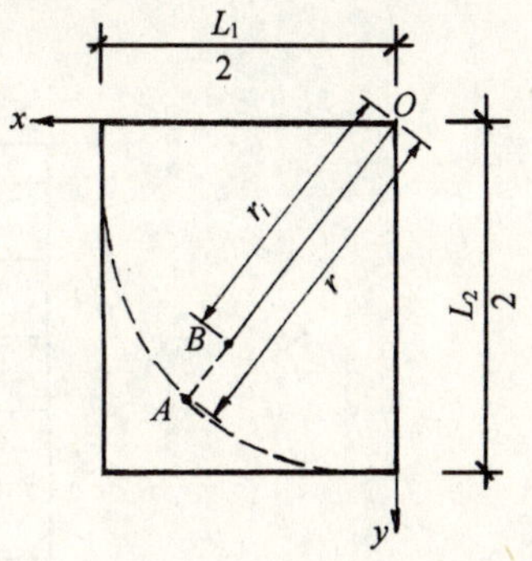

图 3-21　计算 β 值的长度

应用式（3-23）可以很方便地计算网架中任一杆件的竖向地震内力系数 ξ_i。归纳起来，在竖向地震作用下，网架抗震设计的实用分析步骤为：

（1）进行静力分析，计算网架静内力 $\{S_S\}$ 和静力竖向位移 $\{Z\}$。

（2）按能量法公式（3-5a）计算网架基频 ω_1。

（3）按式（3-21）确定网架竖向地震内力系数峰值 ξ_{max}，其中 a，b 取自表 3-12。

（4）按表 3-14 选用最小 ξ 值系数 β。

（5）应用式（3-23）逐杆计算竖向地震内力系数 ξ_i。

（6）应用式（3-19）计算各杆件竖向地震内力 $\{S_E\}$。

（7）按式（2-39）取静内力与竖向地震内力的最不利组合进行杆件截面抗震验算。

应该注意的是：

（1）计算过程中要将网架分成两大类，即

正放类：两向正交正放网架

　　　　正放四角锥网架

　　　　正放抽空四角锥网架

　　　　棋盘形四角锥网架

斜放类：两向正交斜放网架

　　　　斜放四角锥网架

　　　　星形四角锥网架

（2）"抗震规范"规定，计算地震作用时建筑物重力荷载代表值应取恒荷载 100%，活荷载（包括：雪荷载、屋面积灰荷载）取 50%。采用实用算法时亦应考虑对活荷载的折减。

五、计算实例

山西涤纶厂主厂房后加工车间屋盖采用两向正交正放 48m×60m 网架，12m 柱距，周边 30 根钢筋混凝土柱，柱顶设置托梁。网架采用变高度，边缘高 3.8m，跨中高 4.52m，即屋面排水坡度 3%，网格为 4m×4m。下弦起拱 16cm。计算简图如图 3-22。屋面采用钢丝网水泥板，上弦恒荷载 1.925kN/m²，活荷载 0.5kN/m²，下弦荷载 0.6kN/m²。设防烈度 8 度，Ⅱ类场地。由静力设计杆件采用如下 8 种钢管：

ϕ63×4　　ϕ89×4　　ϕ114×4.5　　ϕ133×10

ϕ159×5　　ϕ219×8　　ϕ219×10　　ϕ219×14

节点用带肋空心球 4 种：

400×10　　400×14　　450×18　　500×20

用子空间迭代法进行自由振动分析得出前十个正正对称振型的圆频率列于表 3-15。用能量法计算的基频近似值为 $\omega_1=12.118$。查表 3-12 得 $a=0.12$，$b=20.94$。最大竖向地震内力系数为：

$$\xi_{\max}=\frac{0.12\times12.118}{20.94}=0.0694$$

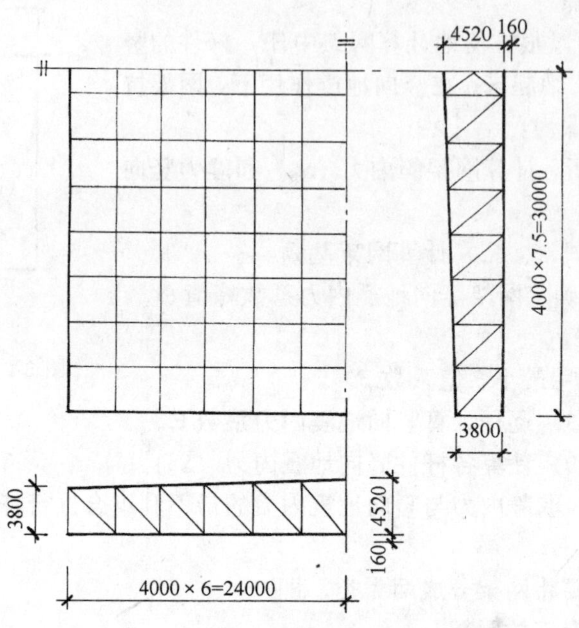

图 3-22 山西涤纶厂主厂房后加工车间网架

用计算机分析的前十个圆频率 表 3-15

ω_1	ω_2	ω_3	ω_4	ω_5
11.886	**27.232**	31.079	31.831	33.487
ω_6	ω_7	ω_8	ω_9	ω_{10}
38.714	38.799	39.712	**40.755**	43.818

注：表中黑体数字对应竖向振型。

由表 3-14 得 $\beta=0.87$。图 3-23 给出了该网架各杆件的静内力，用计算机按振型分解反应谱法取前十各振型组合所得的各杆件竖向地震内力，以及用实用计算公式（3-23）计算的部分杆件的竖向地震内力。分析计算结果可知：

（1）对于上下弦杆，实用分析方法所得结果与计算机分析结果吻合的相当好。仅有部分边缘杆件略小，但这些正是静内力较小的构造杆件。

（2）对于腹杆，除了跨中附近静内力较小的构造杆件外，实用法分析的结果均大于计算机分析结果，可保证腹杆的安全。

这表明由于综合考虑了网架类型，场地类别和网架动力特性的变化来确定竖向地震内力系数，使得实用分析方法取得了满意的结果。整个实用分析过程非常简捷，计算工作量小，用手算即容易完成。

−10.73 4.25 0.64	−22.7 4.54	−30.7 3.96	−45.3 3.23	−51.0 1.70	−38.2 1.32
−47.9 5.42 3.01	−61.9 5.42	−83.4 5.42	−89.7 4.84	−82.9 3.96 5.01	−56.9 2.20
−276.5 17.45 17.02	−270.7 17.29	−264.9 15.83	−239.6 13.49 14.88	−196.5 9.97	−123.0 5.42
−521.1 33.13 33.97	−518.4 32.69	−491.8 29.76 31.47	−449.8 25.80	−365.4 19.64	−216.0 10.55
−781.4 51.02 51.88	−776.1 50.14 51.06	−727.4 45.89	−639.7 38.70	−497.5 28.59	−283.8 15.25
−1104.9 73.74 74.69	−1099.7 73.01	−1038.0 67.73	−884.5 56.15	−647.5 39.29	−356.2 20.52
−1186.7 80.92 81.64	−1188.7 80.34 79.81	−1116.8 74.18 73.31	−967.0 62.74 62.02	−734.8 46.03 46.02	−411.3 24.63 25.14

(*a*)上弦

22.7 3.67 1.40	30.7 3.23	45.3 3.23	51.0 2.90	38.2 1.66	
61.9 4.79 3.89	83.3 5.13	89.7 4.79	82.9 3.88	56.9 2.39 3.44	
270.6 16.93 17.22	264.8 15.57	239.5 13.00	196.4 9.75 12.19	122.9 5.42	
518.2 32.15 33.78	491.6 29.47	449.6 25.66 28.77	365.2 19.50	216.0 7.66	
775.7 49.40 51.50	727.1 45.15 47.84	639.4 38.26	497.3 28.44	293.6 15.25	
1099.2 72.13 74.30	1038.3 66.99	884.1 55.56	647.3 39.14	356.1 20.38	
1188.2 79.46 81.57	1116.3 73.59 74.95	966.6 62.09 63.45	734.5 45.67 47.10	411.1 24.63 25.75	

(*b*)下弦

−48.9 0.22 3.01	−11.6 0.76	−20.9 0.98	−8.0 0.65	17.8 1.11	52.6 1.62
−20.6 1.04 1.28	−31.0 1.91	−9.1 1.76	9.7 1.45	36.1 1.91 2.18	78.3 2.49
−4.6 0.92 0.29	8.40 2.64	6.10 3.96	60.7 4.25 3.77	102.4 5.13	169.1 6.30
4.0 0.94 0.26	36.4 3.96	60.0 5.28 3.84	119.0 7.48	208.1 10.56	297.0 12.46
7.8 1.07 0.52	70.3 5.42 4.63	125.3 8.56	200.4 12.02	297.7 15.69	390.2 17.74
7.6 0.99 0.51	88.1 6.45	220.3 14.07	334.2 19.94	405.7 22.14	489.9 23.89
−2.8 0.73 0.19	104.0 7.48 6.98	213.9 13.93 14.04	327.4 19.79 20.99	470.5 25.22 29.47	565.6 28.74 34.58

(*c*)斜杆

−18.6 8.50 1.15	−117.2 4.40	−91.6 4.10	−70.0 3.08	−60.5 2.49	−6.40 2.05
−10.3 5.86 0.65	−80.6 4.84	−43.7 3.23	−42.4 2.93	−42.1 2.35 2.54	−55.9 2.19
−44.1 4.25 2.81	−50.8 4.40	−42.0 4.25	−41.6 3.81 2.58	−56.7 3.52	−97.0 4.10
−7.3 4.40 0.48	−29.4 4.84	−26.8 4.69 1.71	−47.9 4.69	−107.3 6.30	−177.9 8.06
1.25 4.40 1.19	−23.3 2.20 1.53	−34.6 5.28	−93.3 7.18	−176.9 10.26	−246.3 11.87
21.6 3.23 1.46	−26.2 4.84	−86.1 7.62	−184.3 12.17	−261.8 15.25	−318.5 16.13
14.1 0.91 0.98	−34.0 7.48 2.31	−101.2 7.33 6.72	−179.4 11.29 11.64	−253.4 14.51 16.06	−343.5 17.89 21.26

(*d*)竖杆

静内力

竖向地震内力（计算机分析）

竖向地震内力（实用算法）

图 3-23　山西涤纶厂主厂房后加工车间网架内力（kN）

六、规范采用的简化算法

我国“抗震规范”和《网架结构设计与施工规程》JGJ7—91（以下简称“网架规程”）均对网架结构在竖向地震作用下抗震设计的简化计算作了规定。下面分别介绍。

“抗震规范”规定了计算作用在网架第 i 节点上的竖向地震作用标准值的公式，即

$$F_{Ei}=\pm\psi G_i \tag{3-24}$$

计算 G_i 时，i 节点上的恒荷载取100%，雪荷载、屋面积灰荷载取50%；不考虑屋面活荷载。ψ 为竖向地震作用系数，按表3-16取值，与表2-9中钢屋架部分相同。表中的系数是通过对网架结构和大跨度钢屋架用反应谱法和时程分析法进行竖向地震反应计算，并等效反算地震作用而得出的。研究认为，网架各杆件竖向地震内力和重力荷载作用下的内力之比值彼此相差不算太大，采用随烈度和场地类别变化的系数来考虑竖向地震作用的方法比较简单，且偏于安全。当然，这一方法也比较粗略，因为在地震作用下网架各杆件内力不是按同一比例增加的。因此，对于平面复杂或重要的大跨度结构还是应采用振型分解反应谱法或时程分析法作专门的分析和验算。

竖向地震作用系数 ψ 　　　**表 3-16**

设　防　烈　度	场　地　类　别		
	Ⅰ	Ⅱ	Ⅲ～Ⅳ
8	—	0.08	0.10
9	0.15	0.15	0.20

“抗震规范”还规定长悬臂和其他大跨度结构的竖向地震作用标准值在8度和9度时可分别取该结构重力荷载代表值的10%和20%。按以上方法求得竖向地震作用标准值后，将其视为等效的静荷载作用于网架结构，再按静力分析的方法计算各杆件竖向地震内力。

“网架规程”中规定了计算周边简支矩形平面网架竖向地震内力的简化计算方法。该方法是基于本章的讨论提出的。为便于工程设计应用，作了一些调整。由于网架静力设计时采用的荷载设计值通常已包括荷载分项系数，即恒荷载1.4，活荷载1.2，同时也无须考虑对活荷载折减50%，大体相当于乘1.3的系数。计算所得的第 i 杆件轴向力设计值记作 $N_{G_{d_i}}$。为减少设计计算工作量，使得在应用实用分析方法时可以直接使用此内力值，不必再另行计算一次，“网架规程”将表3-12中 a 值除以1.3系数，并将与荷载分项系数相联系的地震内力系数以 ζ 表示，改变成表3-17。同时将式（3-21）中圆频率改用工程频率表示，即将 b 改用 f_0（Hz）表示，ω_1 改用 f_1 表示。于是有：

$$\zeta_{max}=\begin{cases}\dfrac{a}{f_0}f_1 & 0<f_1<f_0\\ a & f_1\geqslant f_0\end{cases} \tag{3-25}$$

确定竖向地震轴向力系数 ζ 的数值 　　　**表 3-17**

场　地　类　别	a		f_0 (Hz)
	正　放　类	斜　放　类	
Ⅰ	0.095	0.135	5.0
Ⅱ	0.092	0.130	3.3
Ⅲ	0.080	0.110	2.5
Ⅳ	0.080	0.110	1.5

最后第 i 杆件竖向地震轴向力标准值表为：

$$N_{Ev_i} = \pm \zeta_i |N_{G_i}| \tag{3-26}$$

这样用所求得的地震作用标准值，就可按“抗震规范”与其他荷载效应进行组合，在工程设计中应用就更为方便了。

第四节 网架结构体系的水平抗震性能

第二章曾经指出，平面杆系屋盖结构体系上受到的水平地震作用主要由屋盖的支承系统承受，所以抗震设计主要针对竖向地震作用的计算。而网架结构多用于高大空旷房屋，支承系统要和网架共同承受水平地震作用，网架良好的空间刚度正好提供了这种可能性。因此对网架结构体系在水平地震作用下的反应应该给予足够重视。本节介绍这方面的研究成果。

一、计算方法

计算网架结构体系水平地震内力的方法与计算竖向地震内力的方法是一样的。仍然采用振型分解反应谱法或时程分析法，采用振型分解反应谱法计算水平地震内力时，直接使用“抗震规范”给出的水平地震影响系数，即图 2-3。前面介绍的分析方法完全可以使用，相同的地方不予重复。不同之处和需要强调的有以下几点：

（1）通常将地震时水平地面运动分解为相互垂直的两个水平运动分量，如沿坐标 x 和 y 轴两个方向。计算水平地震作用和水平地震反应时，一般只需考虑其中较大的一个，而且假定用在结构侧向刚度较小的方向。

（2）结构体系的运动方程式（2-8）中的地面运动加速度向量 $\{\ddot{U}_g\}$ 可表为：

$$\{\ddot{U}_g\} = \{H\}\ddot{U}_{gh}$$

其中 $\ddot{U}_{gh}$——地面运动加速度的水平分量。

对于 x 向分量取 $\{H_i\}^T = [1 \quad 0 \quad 0]$，

对于 y 向分量取 $\{H_i\}^T = [0 \quad 1 \quad 0]$。

相应的式（3-7）中第 j 振型的振型参与系数 γ_j 对于 x 向分量表为

$$\gamma_j = \frac{\Sigma m_i X_j(i)}{\Sigma m_i\left(X_j^2(i) + Y_j^2(i) + Z_j^2(i)\right)}$$

对于 y 向分量为：

$$\gamma_j = \frac{\Sigma m_i Y_j(i)}{\Sigma m_i\left(X_j^2(i) + Y_j^2(i) + Z_j^2(i)\right)}$$

（3）在利用对称性计算网架结构体系的水平地震内力时，应注意到水平地震作用对于对称结构会是反对称的，不能像分析竖向地震作用反应那样只考虑正正对称的振型和频率。仍以取 1/4 网架计算为例：当计算 x 向水平地震内力时，只有关于 x 轴对称 y 轴反对称的那些振型的反应不为零；当计算 y 向水平地震内力时，只有关于 y 轴对称、x 轴反对称的那些振型的反应不为零。因此计算中可只考虑图 3-2 中正反对称（对于 x 向水平地震）和反正对称（对于 y 向水平地震）的情况。

（4）根据“抗震规范”的规定，在计算地震反应时一般不对各地面运动分量的反应加以组合，可分别进行其反应计算，并按式（2-39）考虑 1.3 的系数后与静内力组合。如遇特殊情况必须同时考虑水平与竖向地震同时作用应按下式进行杆件内力组合：

$$\{S\} = 1.2\{S_S\} \pm 1.3\{S_{EH}\} \pm 0.5\{S_{EV}\} \tag{3-27}$$

式中 $\{S_{EH}\}$ ——水平地震内力向量；

$\{S_{EV}\}$ ——竖向地震内力向量。

二、计算模型的确定

在研究网架结构竖向地震作用时，通常将柱子及下部结构简化为网架的支座，只考虑柱子提供的竖向约束作用，即将网架支座简化为简支。如果柱子及下部结构的整体刚度较大，可将网架支座简化为固定，即对网架提供一个或两个方向的水平约束。在研究水平地震作用时，要考虑整个体系。网架结构体系的计算简图是一个如图 3-1 所示的空间铰接杆系。计算时通常采用以下三种作法：

(1) 将柱子作为杆件直接参与计算，考虑柱子的抗弯刚度和轴向刚度。柱子下端嵌固，上端与网架铰接。

(2) 考虑网架支座有水平方向弹性约束，计算下部结构的侧向刚度，作为网架水平方向弹性约束的弹簧刚度。

(3) 上述(1)与(2)结合，既考虑柱子的刚度又将其他辅助构件的刚度简化为弹性约束。

在计算网架结构体系的水平地震内力时，除了要考虑下部结构的刚度外，还有一点不可忽视的是附加质量，它对网架结构水平地震反应的影响（亦称惯性效应）是明显的。通常作法是将附着在柱子上的墙体质量集中到柱子两端结点上。其他附属构件则根据具体情况考虑。

下面介绍一个工程实例的计算模型。

【工程实例】 哈尔滨工人体育馆，跨度 50.4m×61.6m，采用正交斜放角钢板节点网架，支承在周边 40 根钢筋混凝土柱子上，网架自重 0.503 kN/m²。屋面为钢檩条，上铺铝板，荷载为上弦 1.5 kN/m²，下弦 0.55 kN/m²，其中恒荷载为上弦 0.47 kN/m²，下弦 0.31 kN/m²，见图 3-24。该体育馆看台为整体现浇并与柱子相联，具有相当大的刚度，故计算中可取看台与柱子相接处为柱子的嵌固端。周围采用加气混凝土砌块围护墙，取看台以上部分墙的 1/2 质量集中于柱顶结点。该结构体系在柱顶标高处有一道边梁，它是由四根角钢组成的空间桁架（图 3-25），与柱顶焊接，有一定的横向刚度。其折算惯性矩取为：

$$I = (A_1 y_1^2 + A_2 y_2^2) \times 0.7$$

其中 0.7 是考虑腹杆变形等因素。计算中将柱顶节点垂直于网架边界方向考虑为弹性约束；

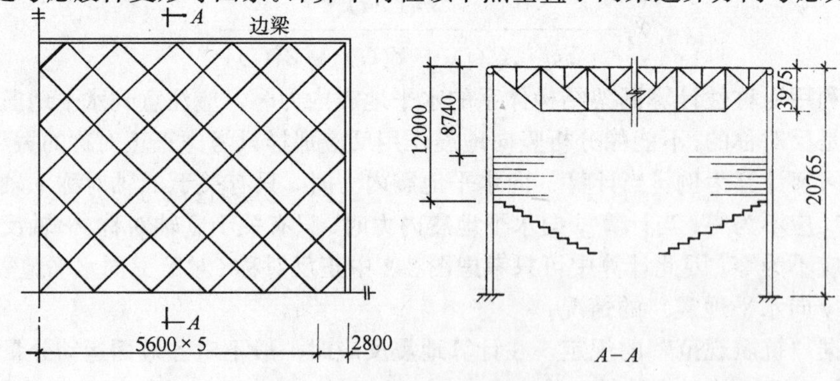

图 3-24 哈尔滨工人体育馆

边梁的抗侧移刚度作为弹簧刚度；柱顶结点沿边界方向简化为固定。

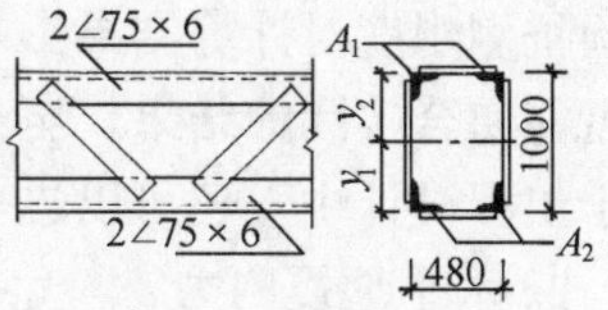

图 3-25 网架边梁

三、水平抗震特性

为讨论网架结构体系的水平抗震特性，将上述工程实例分为以下五个计算模型：

M1—不计柱子影响，视网架为简支于柱顶；

M2—计入柱子轴向变形；

M3—计入柱子侧移与轴向变形；

M4—计入柱子侧移与轴向变形并考虑边梁横向刚度，即原计算模型；

M5—在 M4 基础上将边梁截面积增大 5 倍。

1. 自由振动特性

对这五个模型进行自由振动分析，仅考虑恒荷载时各模型前四个竖向振型的周期 T 列于表 3-18，表中字母 T 的下角标表示该振型在频谱中的序号。分析与对比得出以下结论：

五个模型的前四个竖向振型周期 **表 3-18**

竖向振型	M1		M2		M3		M4		M5	
1	T_1	0.374	T_1	0.376	T_7	0.428	T_1	0.429	T_1	0.411
2	T_2	0.214	T_2	0.216	T_{16}	0.231	T_6	0.243	T_2	0.231
3	T_3	0.194	T_3	0.195	T_{18}	0.206	T_{12}	0.203	T_3	0.213
4	T_4	0.144	T_4	0.146	T_{22}	0.156	T_{21}	0.146	T_7	0.151

(1) 比较 M1 与 M2 可知，仅考虑柱子轴向变形对网架结构体系的自振特性影响极小，这是由于钢筋混凝土柱轴向刚度很大的缘故。因此通常可以忽略柱子的轴向变形。

(2) 比较 M1 与 M3 可知，考虑柱子侧移对第一竖向振型的周期影响明显，对其他三个竖向振型的周期影响很小。但是前四个竖向振型的在频谱中的序号发生明显后移，表明考虑柱子侧移时水平振型容易在低频段出现。原因在于振动时各柱顶振幅不同，而网架的方形网格又容易变形。如果柱子较柔或者是少柱支承，还可能出现整体刚体平移和转动。由本书前面的分析已知，低频段振型的贡献是地震内力组合中的主要部分，因此在分析水平地震内力时，考虑柱子侧移是必需的，它将极大地影响网架杆件的水平地震内力。

(3) 比较 M3、M4 和 M5 可以看到考虑了边梁的横向刚度以后，竖向振型对应的周期基本没有改变。但它们在频谱中的序号发生了明显变化，边梁越强竖向振型的序号越靠前。这表明下部结构越强时，水平振型越不易出现，网架竖向振动特性越明显。从整个网架结构体系分析：由于柱子较高，质量又集中于柱顶，容易引起柱子横向振动，这是出现较多水平振型的原因。而网架本身则出平面较柔，容易出现竖向振型。因此考虑整体空间工作时，当结构整体横向刚度相对于网架竖向刚度较大时，将表现为竖向振动特征；反之则表现为水平振动特征。

(4) 五个模型前四个竖向振型的形状基本上是一样的，这反映了网架自身的竖向振动特征。

以上结论说明网架结构体系的整体空间工作特征明显。在分析一个网架结构工程的水平地震效应时，必须认真研究它的计算模型，并进行整个体系的计算分析。同时由于下部结构抗侧刚度对计算结果影响将很大，所以要认真研究和测算它们的刚度取值，以期得到尽可能切合实际的结果。至于像边梁这类附属构件是否能够或者如何按抗侧移构件考虑并用于工程设计中，还可以进一步研究与探讨。

2. 水平地震内力

以原确定的计算模型（M4）为例计算分析了网架结构体系的 y 向水平地震内力，计算中考虑了重力荷载代表值、Ⅱ类场地条件，并取设防烈度 8 度。为便于比较也计算了同样条件下该结构的静内力和竖向地震内力，分别列于图 3-26、3-27、3-28。图中也标出了地震内力系数 $\xi > 5\%$ 的杆件。

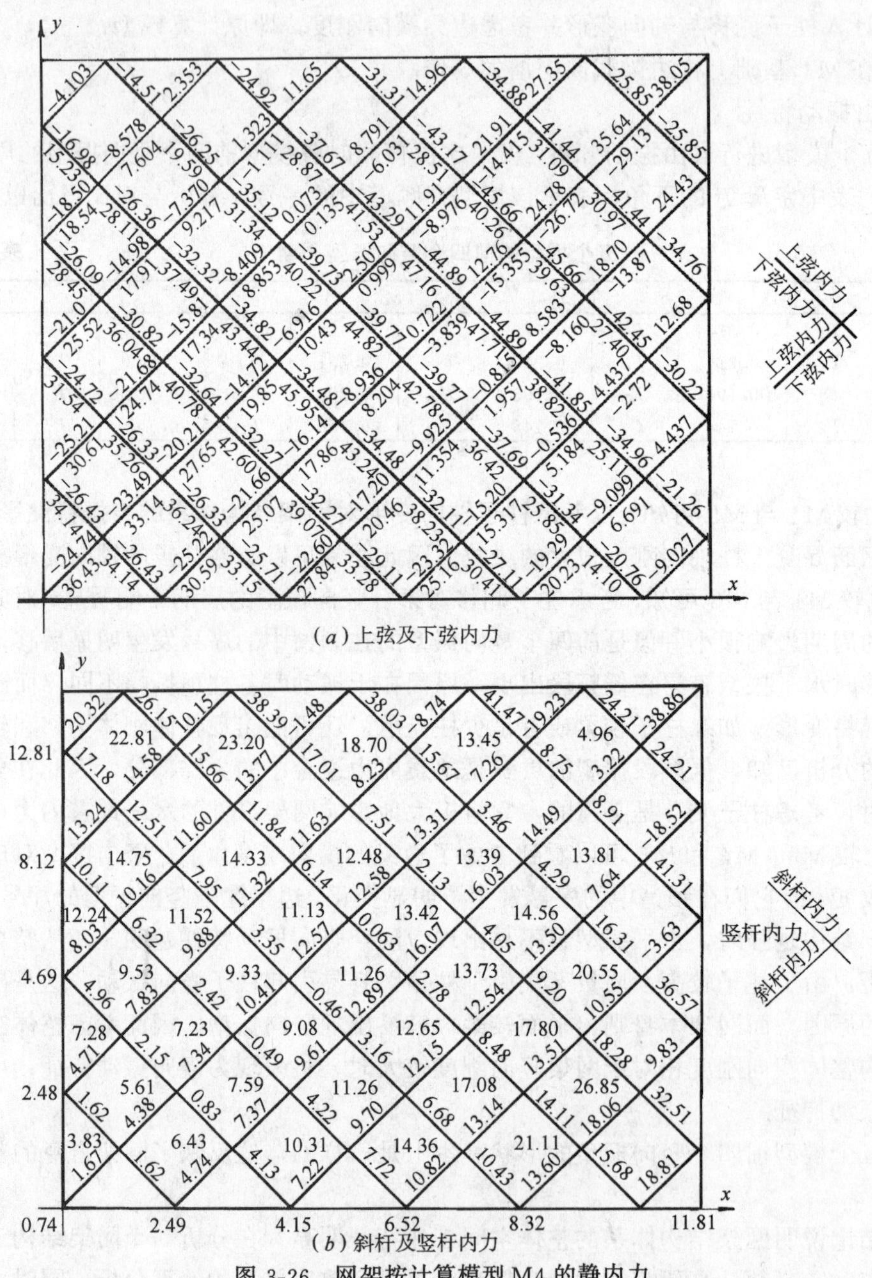

(a) 上弦及下弦内力

(b) 斜杆及竖杆内力

图 3-26 网架按计算模型 M4 的静内力

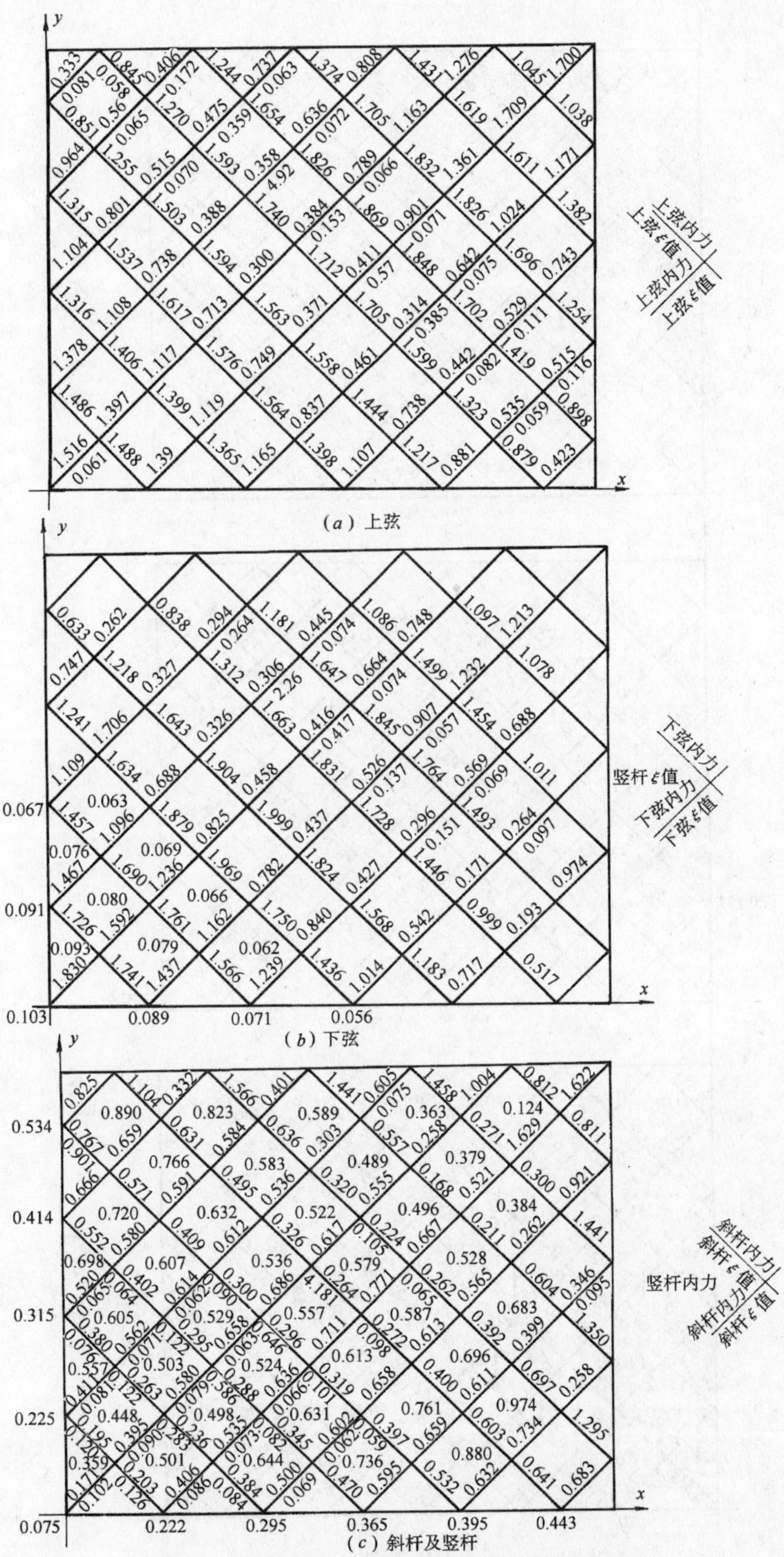

图 3-27 网架 M4 竖向地震内力及地震内力系数

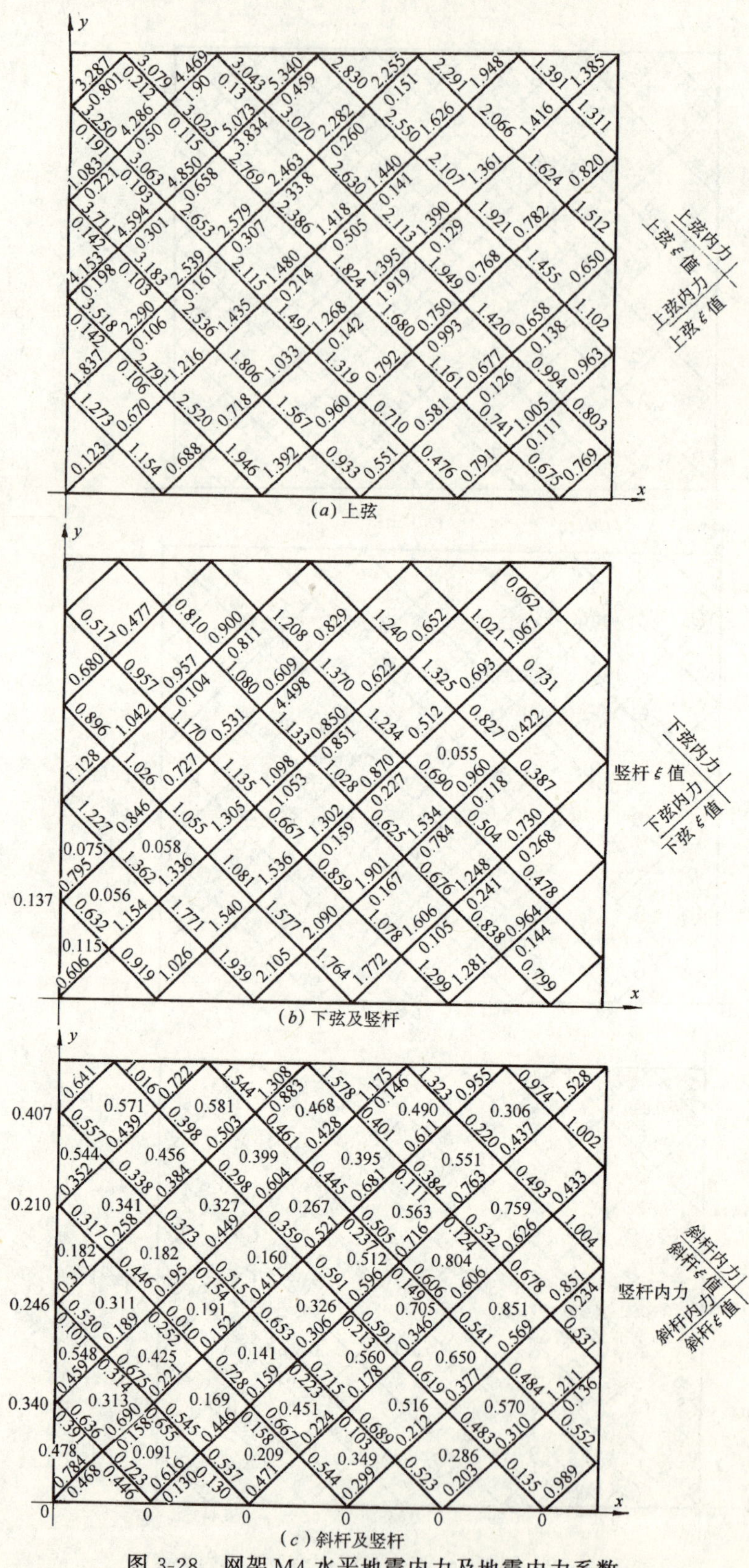

图 3-28 网架 M4 水平地震内力及地震内力系数

分析计算结果有以下规律：

(1) 水平地震内力的分布规律与竖向地震内力明显不同。如本章前面所述，网架上下弦杆的静内力和竖向地震内力一般都是跨中杆件最大，向边缘逐渐减小；腹杆则反之，边缘杆件内力较大，跨中杆件较小。而竖向地震内力系数无论弦杆还是腹杆都是跨中杆件最大，向边缘逐渐减小，呈圆锥形分布。如图 3-26、3-27 所示，M4 也基本符合这一规律，由于是两向正交斜放网架，角区有部分杆件内力变号，略特殊一些。但是，图 3-28 所示 M4 的 y 向水平地震内力则完全与之相反：上下弦杆是边缘内力最大，向跨中逐渐减小；腹杆是边缘小，向跨中逐渐增大。水平地震内力系数也不再符合圆锥形分布的规律了。

(2) 对比图 3-27 与图 3-28 可见，y 向水平地震作用下上弦杆地震内力系数 $\xi>5\%$ 的杆件比竖向地震作用时增加许多，分布于长向边界中部靠近边缘的区域。其中增大最多的一根上弦杆 y 向水平地震内力比竖向地震内力大 11 倍，但同时跨中区域的上弦杆却减小了，跨中的一根上弦杆要小 12 倍。这表明水平地震引起的质点动能由柱顶沿网架上弦向跨中传递与扩散，由于网架的变形而逐渐被吸收，到跨中就很小了。因此上弦杆地震内力的分布发生了明显变化。

(3) 对比还可知：斜腹杆的 y 向水平地震内力在跨中比竖向地震内力要大许多，但减小较快，在 y 向边缘与竖向地震内力大体差不多。下弦杆 y 向水平地震内力要小一些。

综上所述，网架结构体系的水平地震内力有其自己的分布规律。尽管较大的水平地震内力有时发生在静内力较小的部位，但是比静内力大十几倍的情况还是不可忽视的，这些部位往往就是隐患之所在。另外水平抗震验算应该包括 x 和 y 两个方向，所以上述 y 向分析的结果也适合于 x 向水平地震作用的情况。

3. 讨论

下面讨论关于网架结构体系的水平抗震设计的问题和思考。

(1) “网架规程”规定：7 度区可不进行水平方向抗震验算，8 度区对周边支承的中小跨度网架一般可不进行水平方向抗震验算。这是合适的。上述分析表明，在 8 度区，跨度稍大的或较重要的网架结构应认真进行水平方向的抗震验算。

(2) 网架结构的水平抗震验算应该对整个结构体系进行。特别是要认真研究下部支承结构，具体分析各类构件的抗侧刚度，确定合适的计算模型。由于建筑物的形式各异，网架支承系统的构造不同，不宜像竖向抗震验算那样，提出一个通用的实用计算方法，还是针对具体情况分析为好。

(3) 分析表明，水平地震内力主要由上弦承受，原因在于目前网架与柱子连接多采用如图3-29 (a) 的方式。如果采用图 3-29 (b) 的形式，并在上弦网格中增设水平支撑，使上下弦同时抵抗水平地震作用，当会有较好的效果。

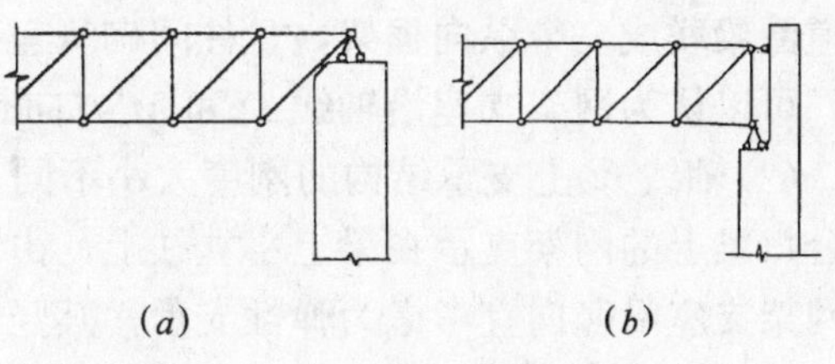

图 3-29　网架与柱连接方式

(4) 网架结构体系的水平地震反应与下部支承结构的刚度密切相关，所以在进行水平抗震设计时应将网架与下部结构一起予以考虑。通常改变下部支承结构抗侧刚度的作法有：改变柱子截面；加强边梁（圈梁）等辅助构件让其能参加工作；改变主场馆周围的附属用房的抗侧移能力等。也可以在网架平面内增加水平支撑，增强网架自身的在平面刚度。还可以在网架下增设弹性支座，以消耗水平地震产生的能量。至于下部结构是强一些好还是弱一点好，应结合具体情况以网架杆件受力合理为度。

第五节　网架地震破坏实例分析

一、乌恰县影剧院网架

新疆乌恰县影剧院在1985年发生的震害已如第一章第三节中所述。网架结构直接经受强烈地震作用在我国尚属首次，这个实例具体体现了空间网架结构具有良好的抗震性能。不仅网架结构本身能够抵御强烈的地震作用，同时它与支承结构一起发挥了很好的空间工作性能，从而使整个建筑物幸免于难，做到“大震不倒”。另一方面，从网架结构所呈现的损坏现象也说明了在地震区对结构体系的布置和设计，网架结构的抗震设计等方面尚存在改进和提高之处。这次震害为地震区采用网架屋盖提供了一个极为宝贵的经验。本节结合实际发生的震害，对该网架结构体系进行了抗震验算，分析了发生地震破坏的原因。

影剧院屋盖结构采用正放四角锥网架，设计选用的钢管截面为$\phi63.5\times2.5$、$\phi76\times3$、$\phi89\times3$、$\phi95\times4$、$\phi108\times4$、$\phi114\times6$ 等共六种。网架内力按四边简支分析。网架上弦覆盖钢筋混凝土屋面板，实际荷载为2.9kN/m^2，下弦铺设吊顶，荷载为0.4kN/m^2。

二、计算方案

1. 计算荷载

因网架结构是按原设计荷载进行静力分析和设计的，故采用上弦荷载$Q_1=2.9\text{kN/m}^2$、下弦荷载$Q_2=0.4\text{kN/m}^2$进行静力分析。以静力分析所设计的截面，取地震时实际存在的荷载，即上弦计算荷载$Q_1=1.3\text{kN/m}^2$和下弦计算荷载$Q_2=0.1\text{kN/m}^2$，按振型分解反应谱法进行抗震分析，计算各杆件地震内力。地震烈度为9度，并认为该建筑物所在为Ⅲ类场地。

2. 支承结构的弹性刚度

考虑网架结构与下部支承结构的协同工作，验算时需计入支承结构在约束方向的弹性刚度。根据工程实际支承情况确定如下：

(1) 位于轴线D和M上的网架支座坐落在钢筋混凝土柱子上。沿边界法向，考虑了柱间砖墙的作用，经计算后取柱顶的抗侧移刚度为$K_y=13\text{kN/cm}$。而沿轴线方向，柱子由三道圈梁联成一个纵向框架，且柱间砌筑有砖墙。如果网架支座与柱顶之间不出现相对位移，可以认为网架支座沿轴线D和M方向是固定的。

(2) 轴线②上支承结构的刚度大小不同，故位于轴线②上网架支座的约束情况较复杂。在台口梁上的网架支承在梁上小立柱上，由于台口梁跨度较大，位于台口梁长度范围内的各网架支座沿竖向宜考虑为弹性支承，其竖向刚度可近似地采用台口大梁位于网架支座处的竖向刚度。同时沿该轴线方向和法线方向也宜考虑为弹性支座。由于台口梁的出平面抗弯刚度很小，而舞台屋盖大梁的另一端支承于很高的山墙上，砖砌山墙的抗侧移刚度不大，所以该轴线法线方向上网架支座的约束刚度也近似地取为$K_x=13\text{kN/cm}$。

(3) 在轴线⑧，网架结构直接支承于门厅框架上，该框架也对网架支座提供较强的法向弹性刚度，而网架沿轴线方向和竖向皆可以认为是固定的。

各支座弹性刚度的近似取值见图 3-30。前节已经指出，下部结构弹性刚度的大小对整个结构体系的抗震分析是极为重要的。当然，支座弹性刚度的确定并不容易。该工程中除了观众厅外墙、台口大梁等可以相对准确地计算其刚度外，其他一些复杂的构件体系的刚度只能近似地确定。尽管如此，这也远较完全理想化的固定假定或自由假定更接近工程实际。

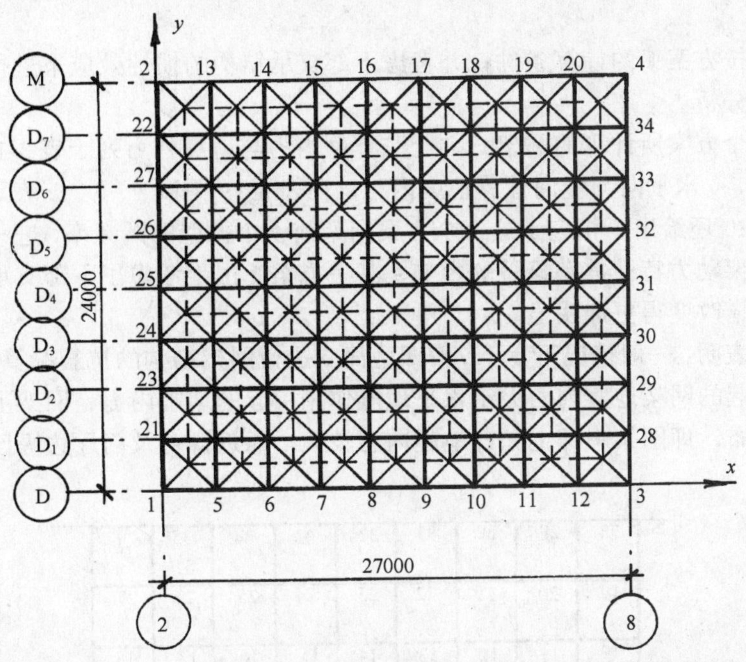

支座号	约束条件			弹性刚度（kN/cm）		
	x	y	z	K_x	K_y	K_z
1～2	固定	弹性	固定	∞	300	∞
3～4	固定	固定	固定	∞	∞	∞
5～20	固定	弹性	固定	∞	13	∞
21～22	弹性	弹性	固定	13	300	∞
23，27	弹性	弹性	弹性	13	300	100
24，26	弹性	弹性	弹性	13	300	80
25	弹性	弹性	弹性	13	300	40
28～34	弹性	固定	固定	200	∞	∞

图 3-30　支座弹性刚度取值

3. 支承结构的惯性效应

在网架支座节点处，根据与网架结构相互作用的结构布置情况计入有关下部结构的惯性效应。在轴线 D 和 M，取墙和柱的一半质量作为该轴线上网架支座的附加质量。在轴线②，也考虑屋面大梁和舞台屋盖结构有一半质量集中在网架支座上。

4. 震害验算方案

为了研究该网架体系发生震害的原因，探讨地震区合理的结构布置方案以及结构体系的合理分析和设计，对该工程采用多种方案进行了验算，并加以分析比较。

方案Ⅰ：根据原设计假定，按简支边界条件进行静动力分析，即未考虑下部支承结构的弹性刚度影响和惯性效应。

静力分析的目的是按原设计条件对网架杆件进行截面校核。这时，上弦荷载 $Q_1=$

2.9kN/m^2，下弦荷载Q_2=0.4kN/m^2。动力分析是按相同荷载及边界条件进行的抗震验算。

方案Ⅱ：根据地震时实际作用的荷载按弹性边界假定进行静动力分析。

这时，采用原设计的杆件截面进行分析。实际作用的上弦荷载为Q_1=1.3kN/m^2，下弦荷载为Q_2=0.1kN/m^2。计算时考虑下部支承结构的弹性刚度，但是未考虑下部结构的惯性效应。

方案Ⅲ：按方案Ⅱ的计算条件，并考虑下部支承结构的惯性效应来进行静动力分析。

三、震害分析

按上述三个方案所计算的网架 x 向上弦杆静内力与地震内力列于表3-19，每个方案分别按 x 水平向，y 水平向与竖向计算地震内力，在表3-19中以 x、y、z 表示。杆件编号见图3-31。表3-20还给出了相应于这三个方案网架前十个振型的圆频率，进一步说明质量和支承条件对网架动力特性具有显著的影响。其中方案Ⅲ由于考虑了下部支承体系的较大的附加质量，频谱改变得更加明显。

计算结果表明：一般情况下，可以按四边简支进行网架结构的抗震验算，即方案Ⅰ。竖向地震作用引起的网架地震内力大于水平地震作用引起的地震内力；网架上弦的地震内力符合圆锥状分布，即网架中部上弦杆地震内力较大，靠近舞台及门厅边缘区域的上弦杆地震力较小。

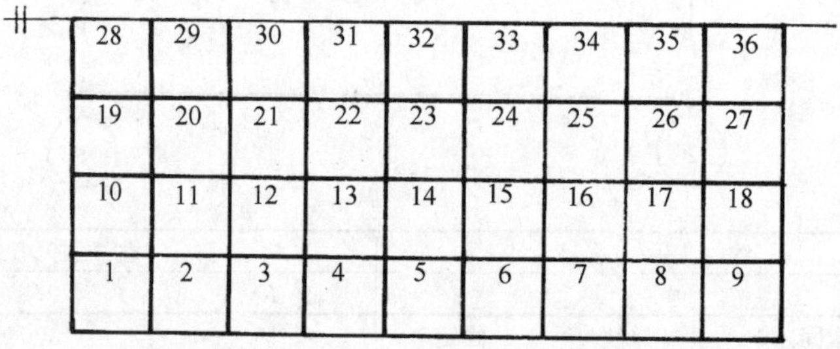

28	29	30	31	32	33	34	35	36
19	20	21	22	23	24	25	26	27
10	11	12	13	14	15	16	17	18
1	2	3	4	5	6	7	8	9

图3-31　x 向上弦杆件编号

x 向上弦杆内力（kN）　　**表3-19**

编　号	方案Ⅰ				方案Ⅱ				方案Ⅲ		
	静内力	地震内力			静内力	地震内力			地震内力		
		x	y	z		x	y	z	x	y	z
1	−13.0	2.13	1.55	2.0	−13.3	9.9	0.81	16.0	35.2	2.7	9.2
2	−28.7	3.48	1.01	5.5	−19.6	9.5	1.70	14.3	31.2	2.9	33.2
3	−31.2	3.26	0.70	7.5	−17.5	6.6	2.00	9.0	19.9	3.2	19.4
4	−32.1	2.61	1.92	8.9	−15.2	4.7	2.10	5.1	11.3	3.3	7.3
5	−32.1	0.15	2.61	8.8	−12.2	2.9	1.00	2.8	4.1	1.5	2.7
6	−32.1	2.61	1.92	8.9	−12.3	2.0	0.80	2.2	7.2	2.5	3.3
7	−31.2	3.26	0.70	7.5	−11.0	1.5	1.21	1.8	11.6	3.1	3.4
8	−28.7	3.48	1.01	5.5	−8.5	1.1	1.58	1.5	16.3	3.7	3.2
9	−13.0	2.13	1.55	2.0	−0.2	0.4	0.50	0.5	19.0	2.1	3.0
10	−26.7	0.40	0.73	5.0	−7.8	3.0	0.20	1.2	47.0	4.4	24.6
11	−65.1	2.27	0.99	13.9	−27.0	5.5	0.90	4.1	38.9	3.9	18.5
12	−81.8	3.07	0.97	20.3	−34.1	7.4	1.90	5.2	30.1	4.8	16.2
13	−81.4	2.10	0.95	22.4	−32.5	7.2	1.60	4.4	19.3	3.6	16.8
14	−82.3	0.39	1.65	23.7	−32.0	6.7	0.50	4.3	11.6	1.2	16.0
15	−81.4	2.10	0.95	22.4	−30.4	5.7	1.60	4.2	13.9	3.8	13.8

续表

编号	方案Ⅰ				方案Ⅱ				方案Ⅲ		
	静内力	地震内力			静内力	地震内力			地震内力		
		x	y	z		x	y	z	x	y	z
16	−81.8	3.07	0.97	20.3	−29.7	4.9	2.50	4.3	21.7	5.6	11.0
17	−65.1	2.27	0.99	13.9	−20.8	3.4	1.77	3.2	28.1	4.3	7.8
18	−26.7	0.40	0.73	5.0	−1.2	1.4	0.16	1.2	34.4	2.6	5.3
19	−37.3	0.34	0.40	7.5	−12.2	2.5	0.17	1.8	57.0	2.6	24.0
20	−94.1	0.92	0.70	20.6	−34.3	5.4	0.41	2.4	45.5	2.5	33.8
21	−116.0	1.11	0.72	28.0	−42.6	7.2	0.82	3.9	33.6	2.6	44.9
22	−124.5	0.97	1.24	32.3	−45.7	8.4	0.64	5.0	23.5	1.7	31.4
23	−121.4	0.50	0.87	32.4	−43.9	8.8	0.30	5.2	17.7	1.4	27.0
24	−124.5	0.97	1.24	32.3	−45.2	9.2	0.39	5.7	17.9	1.5	21.8
25	−116.0	1.11	0.72	28.0	−40.9	8.2	1.13	5.6	24.2	2.8	16.5
26	−94.1	0.92	0.70	20.6	−29.7	6.1	0.65	4.6	33.9	2.1	11.5
27	−37.3	0.34	0.40	7.5	−2.3	2.2	0.14	1.7	44.4	1.9	6.9
28	−44.1	0.49	0.23	9.3	−5.9	2.8	0.10	2.2	62.2	1.5	32.8
29	−114.7	2.12	0.59	26.6	−35.8	6.2	0.20	3.0	49.6	1.5	46.5
30	−154.1	2.60	0.73	39.4	−54.4	9.3	0.30	5.2	39.6	1.7	51.3
31	−173.0	1.99	0.66	47.4	−64.7	11.8	0.40	6.9	32.4	1.8	49.0
32	−175.6	0.75	0.58	49.4	−67.3	13.2	0.30	7.7	27.5	1.8	42.9
33	−173.0	1.99	0.66	47.4	−66.5	13.6	0.30	8.0	25.7	1.8	34.4
34	−154.1	2.60	0.73	39.4	−57.3	11.8	0.30	7.3	28.1	1.6	24.8
35	−114.7	2.12	0.59	26.6	−38.1	8.1	0.25	5.4	35.7	1.3	15.4
36	−44.1	0.49	0.23	9.3	−3.7	2.7	0.10	2.0	47.6	0.9	7.7

网架前十个圆频率 **表 3-20**

方案	ω_1	ω_2	ω_3	ω_4	ω_5
Ⅰ	15.4	17.6	17.7	30.6	34.8
Ⅱ	11.8	22.3	25.6	33.8	34.7
Ⅲ	5.3	9.2	13.8	17.0	18.5
方案	ω_6	ω_7	ω_8	ω_9	ω_{10}
Ⅰ	34.8	42.4	45.1	49.1	50.4
Ⅱ	50.1	57.1	62.1	63.0	66.9
Ⅲ	24.4	24.5	24.9	25.9	28.4

考虑下部支承结构的弹性刚度，即按方案Ⅱ采用弹性边界进行计算，其结果是：沿 x 方向的地面运动所引起的地震内力大部分已超过竖向地面运动所引起的地震内力；沿 y 方向地震作用所产生的地震内力仍普遍较小。值得注意的是方案Ⅱ的静荷载虽然不及方案Ⅰ的一半，但由于弹性支承的影响，在靠近舞台两边的杆件的竖向地震内力有明显增加，并且已经超过方案Ⅰ中相应杆件的内力。不过总的来说，对于地震发生时的实际荷载，任一方向地面运动所引起的地震内力其绝对值还是比较小的，不足以引起该网架的损坏。

把下部结构的惯性效应在抗震计算中一并考虑，即方案Ⅲ。计算结果有明显变化：地面运动的竖向分量所引起的地震内力已经有较大的增长，靠近舞台的第一、二节间内上弦杆的地震内力已超过静内力。但由于静荷载较小，竖向地震仍不足以引起这些上弦杆的失稳破坏。这时起主要作用的是沿 x 方向水平地震作用引起的地震内力，它们已经远大于沿

y 向与竖向地震作用所产生的地震内力。而且地震内力的分布规律已不呈圆锥型，在靠近舞台口及门厅部分的上弦杆地震内力大于跨中区域的上弦杆，地震内力的峰值由网架跨中向舞台口及门厅框架处移动。表 3-21 为按方案Ⅲ计算所得的靠舞台口第一网格 x 向上弦杆的实际静内力、x 向水平地震内力及 1.2 倍静内力和 1.3 倍地震内力的组合值。对网架的实际杆件截面验算表明，地震发生时这部分杆件的应力已超过考虑稳定系数 φ 以后杆件的承载力，必然产生失稳破坏。

第一网格 x 向上弦杆的内力和应力（方案Ⅲ） **表 3-21**

<table>
<tr><th>杆件编号</th><th>截面积 (cm²)</th><th>φ</th><th>静内力 (kN)</th><th>x 向地震内力 (kN)</th><th>组合内力 (kN)</th><th>杆件承载力 (kN)</th></tr>
<tr><td>28</td><td>7.97</td><td rowspan="2">0.49</td><td>−5.9</td><td>62.2</td><td>87.94</td><td rowspan="2">83.96</td></tr>
<tr><td>19</td><td>7.97</td><td>−12.2</td><td>57.0</td><td>88.74</td></tr>
<tr><td>10</td><td>6.21</td><td rowspan="2">0.31</td><td>−7.8</td><td>47.0</td><td>70.46</td><td rowspan="2">40.86</td></tr>
<tr><td>1</td><td>6.21</td><td>−13.3</td><td>35.2</td><td>61.72</td></tr>
</table>

分析以上计算结果可以得出该网架震害的主要原因。由于在结构布置时，将舞台屋面大梁与网架同时放在由台口大梁支承的圈梁之上，从而造成舞台屋面与网架上的大部分荷载都集中在同一水平位置上面，但没有抗侧力支承构件。x 向地震时，由于由钢筋混凝土板构成的舞台屋面有很大的质量，而其支承结构却没有足够的抗侧刚度，只有通过网架上弦来传递强大的惯性力。而门厅一端是刚性较大的框架结构，不能相应地发生振动，致使网架上弦杆普遍产生较大的内力，尤其是靠近舞台口的上弦杆内力急剧增加。而网架端部上弦是静内力较小之处，按静力设计的原杆件截面也是较小的。因此造成这部分杆件产生失稳破坏，导致杆件曲屈与支座脱落。

综合上述分析得出以下认识：

（1）进一步验证了网架的边界约束条件及约束的强弱对网架结构的动力反应有较大影响。而且约束越强地震内力也增大越多。对比方案Ⅱ与方案Ⅰ，舞台口及门厅两侧沿 x 方向的约束加强了，x 方向的地震内力就有较明显的增加。因此，在进行水平地震作用验算时，要对下部支承体系认真分析，确定合理的抗侧刚度。

（2）进一步表明了网架支承结构的惯性效应不容忽视。方案Ⅲ与方案Ⅱ清楚地反映了在其他条件完全相同的情况下支承结构惯性效应的作用。它被原设计忽视，形成了上下部结构设计相互脱节，也正是这次震害的主要原因。

（3）一般认为对网架结构的抗震设计主要应考虑竖向地震作用，这是针对网架结构本身而言的。对于整个结构体系来说，水平地震作用仍是不可忽视的。此例网架震害的分析表明：由于网架结构良好的空间刚度，与下部支承系统一起形成空间协同工作，从而保证了建筑物“大震不倒”。同时也看到，如果从抗震设计的角度进行结构体系的合理布置和整体设计还可以将地震损失减得更小。

第六节　立体桁架结构的自振特性与抗震计算

截面为倒三角形的立体桁架可看作是一种空间杆系结构，近年来的应用也日益广泛。静力设计中常常把它简化为平面结构来计算。这里把它归为空间结构来讨论，可以更好地了解这类结构的空间工作特性。本节结合三个工程实例来介绍立体桁架结构抗震设计的有关研究成果。

一、工程实例与计算简化

【工程实例 1】 武汉洪山体育馆为 84m×66m 的长八边形平面，屋盖采用 66m 跨度的立体桁架，间距 5.6m，屋面荷载 1.88kN/m²，吊顶作用于上弦，详见图 3-32，以下简记为 H1。

【工程实例 2】 黑龙江省滑冰馆为 64.9m×66m 近正方形平面，屋盖采用 66m 跨度的立体桁架，间距 6.0m，屋面荷载为 2.50 kN/m²，设计时考虑下弦吊顶。详见图 3-33，以下简记为 H2。与 H1 相比，H2 的腹杆较密，高度变化较小。

【工程实例 3】 日本丰岛园衣帽馆为 85m×45m 的矩形平面，屋盖采用 45m 跨度的立体桁架，屋面荷载为 1.05kN/m²，下弦有吊顶，详见图 3-34 ，以下简记为 H3。与前二个工程不同的是该立体桁架两根上弦之间无杆件联结，整个屋面由立体桁架紧密排列组成。

计算中采用如下假定：

(1) 立体桁架计算模型为空间铰接体系，在弹性阶段工作。

(2) 荷载集中于上下弦节点，杆件只受轴力。因再分杆的影响很小，如同静力计算一样，动力分析中不考虑再分杆参加工作。

(3) 对 H1、H2，由于立体桁架间距较大，故可忽略檩条对桁架的横向支撑作用，仅讨论立体桁架自身的动力特性。对 H3 ，由于立体桁架紧密排列，可认为相当于对上弦节点提供了横向约束。

(4) 根据对称性，对 H1、H2 取 1/2 结构计算，对 H3 取 1/4 结构计算。计算中只考虑正对称情况。

二、频率与振型

立体桁架结构的频率与振型的计算仍可通过子空间迭代法来完成。表 3-22 所列为三个立体桁架自由振动的圆频率和相应周期。对 H1、H2 给出了前十个正对称振型，对 H3 给出了前五个正对称振型，示于图 3-35、3-36、3-37。

立体桁架的自振频率 ω 与周期 T (s) **表 3-22**

序号	H1		H2		H3	
	ω	T	ω	T	ω	T
1	9.177	0.685	10.737	0.585	9.431	0.666
2	9.513	0.661	11.012	0.571	52.534	0.120
3	15.821	0.397	17.736	0.354	101.499	0.062
4	46.163	0.136	50.798	0.124	148.635	0.042
5	50.256	0.125	53.092	0.118	187.801	0.033
6	64.776	0.097	67.242	0.093		
7	75.806	0.083	84.042	0.075		
8	92.549	0.068	97.180	0.065		
9	100.996	0.062	114.683	0.055		
10	119.130	0.053	126.480	0.050		

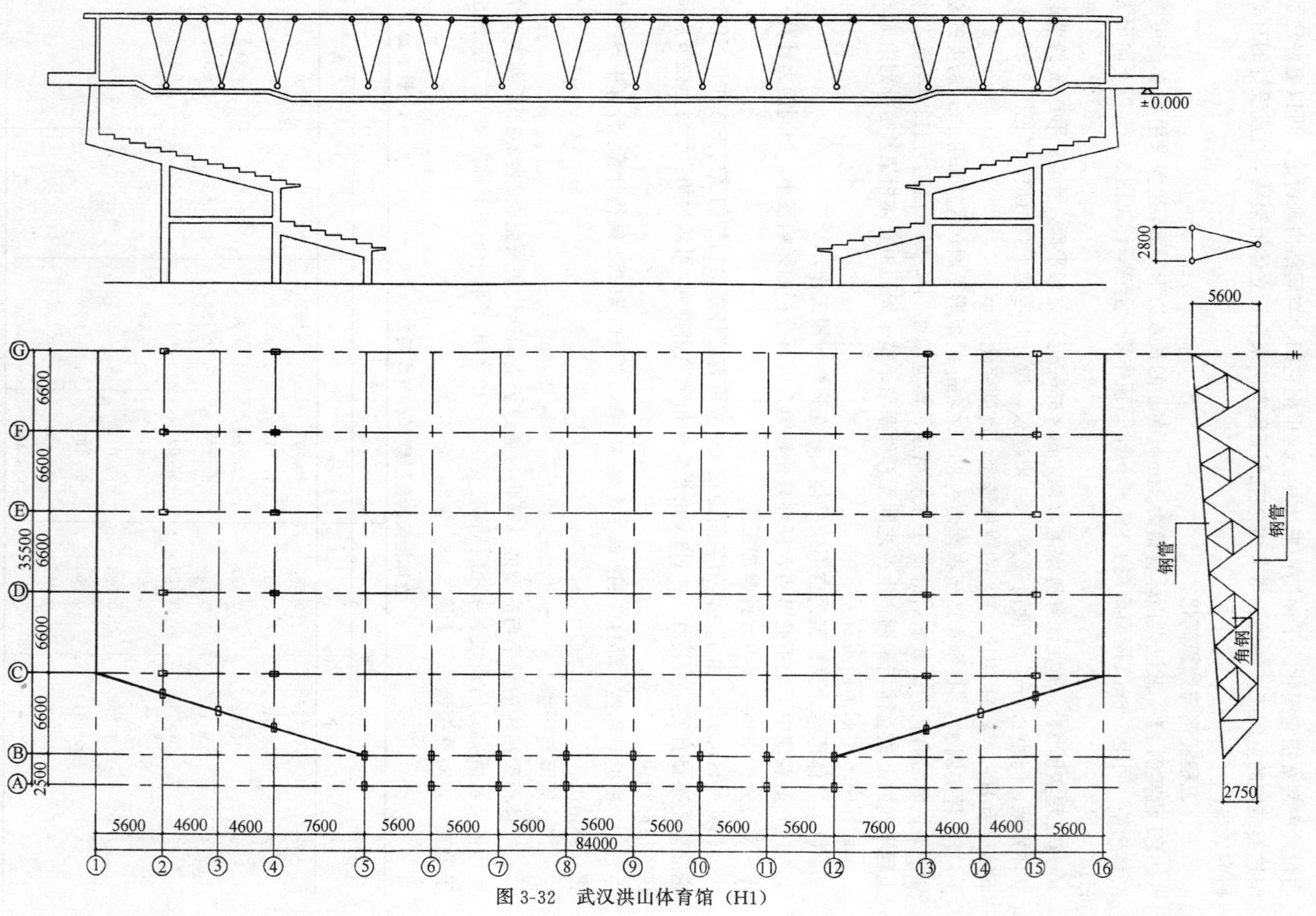

图 3-32 武汉洪山体育馆（H1）

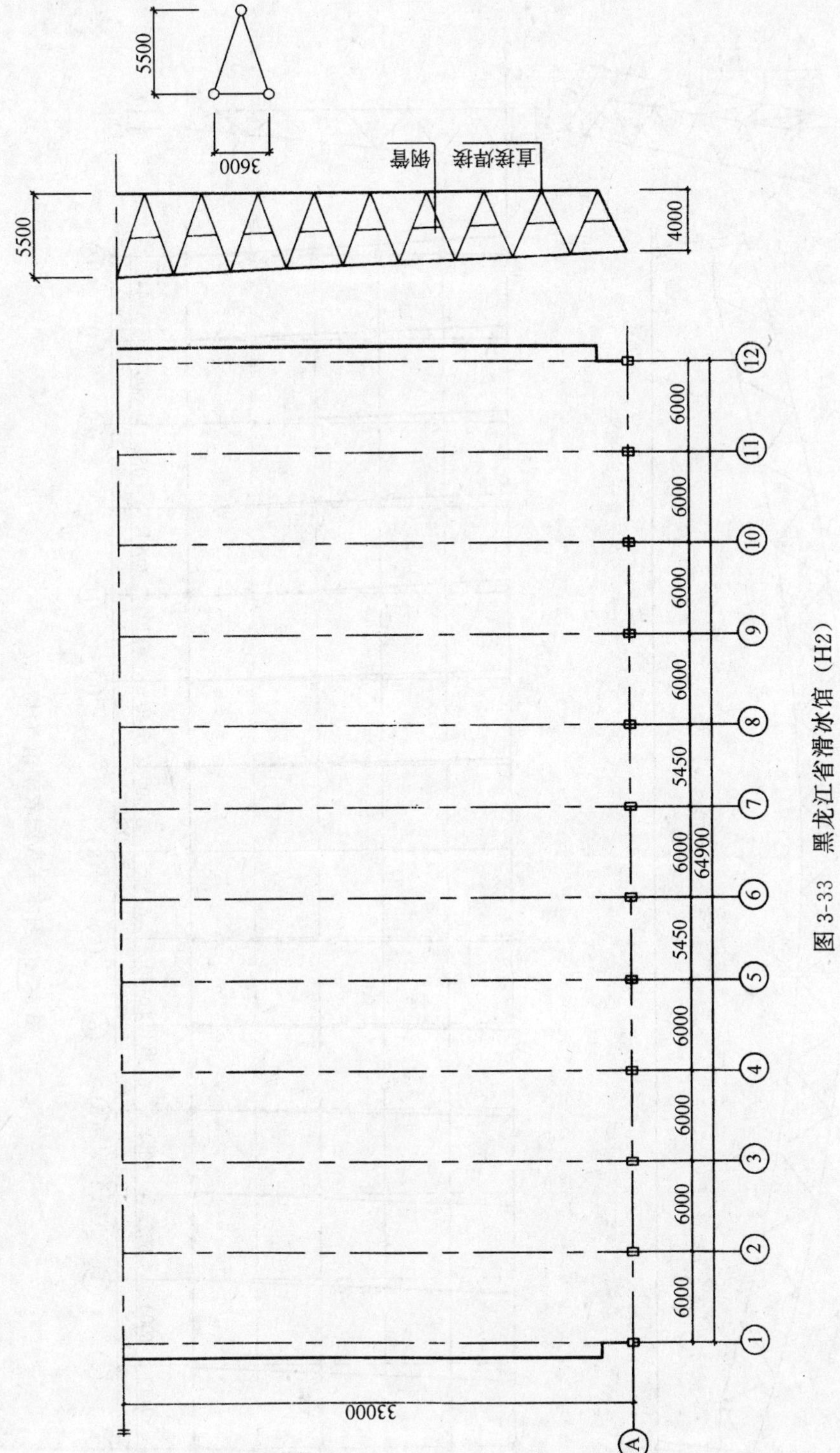

图 3-33 黑龙江省滑冰馆（H2）

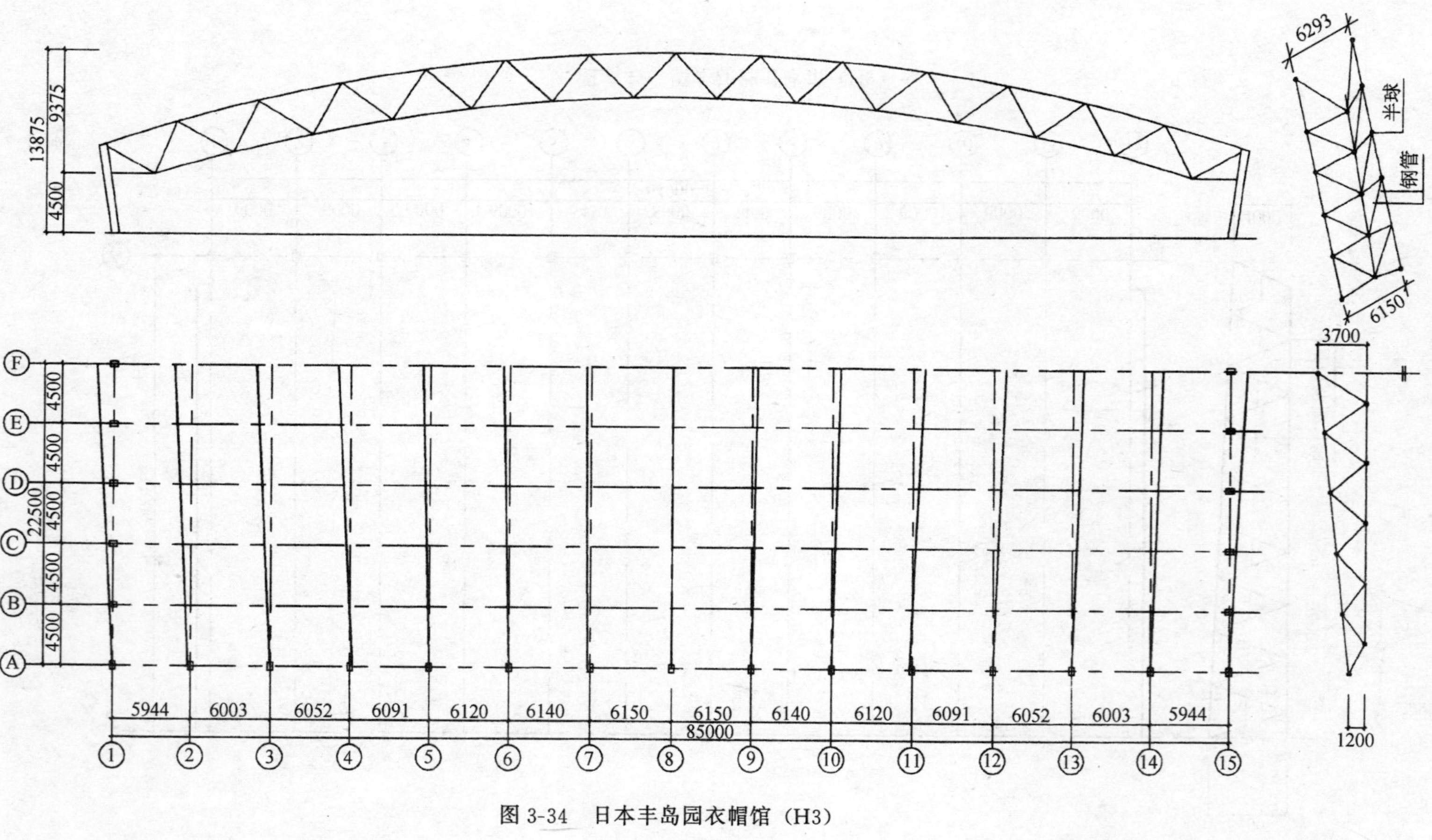

图 3-34　日本丰岛园衣帽馆（H3）

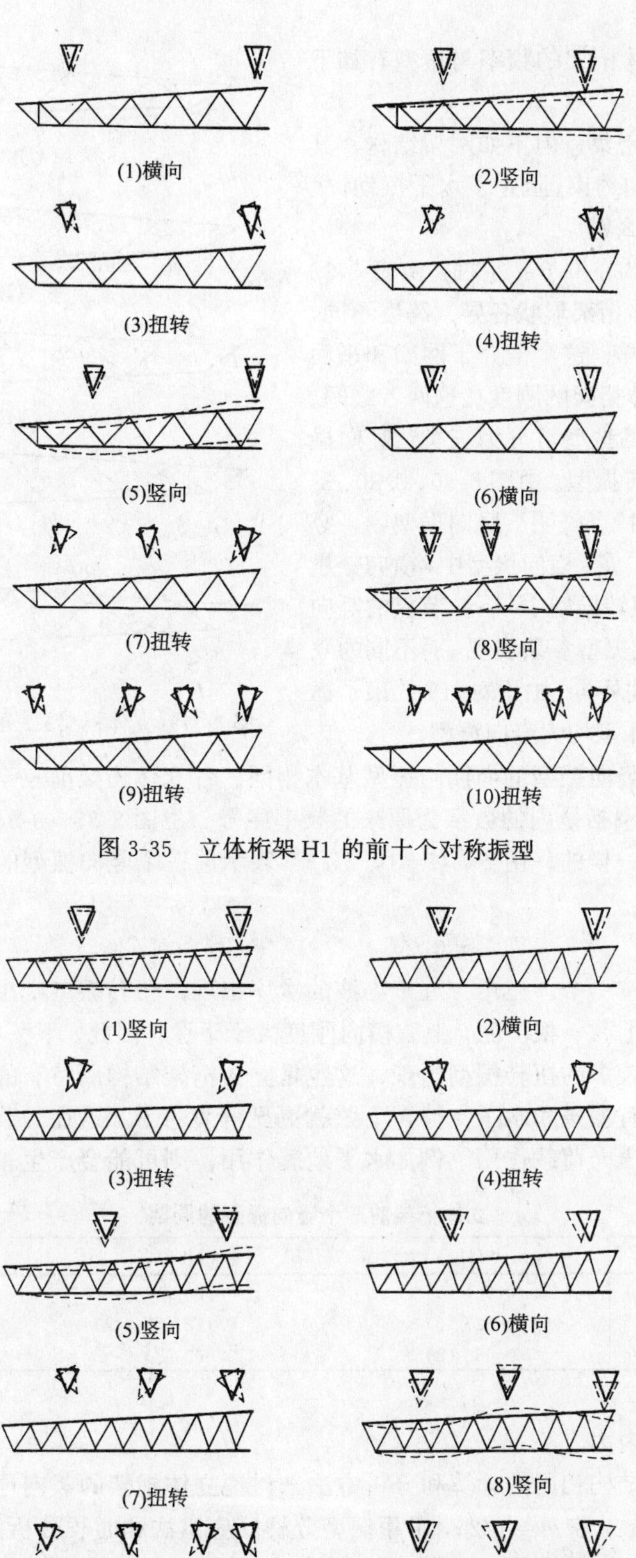

图 3-35　立体桁架 H1 的前十个对称振型

图 3-36　立体桁架 H2 的前十个对称振型

研究表明，立体桁架的频率与振型有如下特点：

（1）频谱比较密集，但不如网架结构。其中H3由于加了横向约束，阻止了水平振动，故看起来频谱不是那么密。

（2）基本周期约在0.6 s左右。由表3-22可见，尽管三个立体桁架形状各异、跨度不同，它们的基频几乎一样。这个值介于网架和平面桁架之间，表明立体桁架的刚度在这两者之间。

（3）立体桁架的振型可分为三类：竖向振型、横向振型和扭转振型。由图3-35、3-36、3-37可见，各类振型特点鲜明。竖向振型中，竖向分量远大于其他分量；横向振型中，横向分量远大于其他分量；扭转振型中，下弦节点的竖向分量基本为零。各类振型参杂出现，对不同的立体桁架出现的序号也不同。由于对H3约束了横向位移，它的所有振型均为竖向振型。

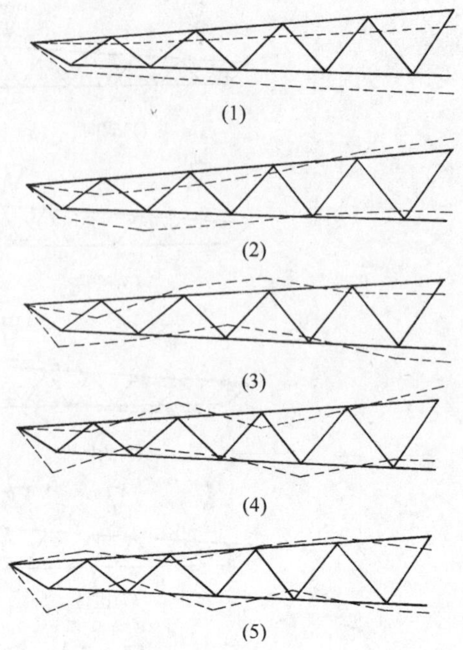

图3-37　立体桁架H3的前五个对称振型

（4）立体桁架竖向振型的周期与振型基本相同。各立体桁架前三个竖向振型对应的周期列于表3-23。表中括号内的数字为原来的频率序号。由图3-35、3-36、3-37可见，这三个振型的形状也是一样的。用T_{vi}（$i=1$，2，3）表示前三个竖向振型的周期，根据表3-23可得如下近似关系：

$$T_{v2} \approx 0.2T_{v1} \qquad T_{v3} \approx 0.1T_{v1} \tag{3-28}$$

（5）横向振型按一个、三个、五个半波的次序出现，扭转振型则出现得更多。原因在于立体桁架有两根上弦一根下弦，上弦横向刚度大于下弦。因此，下弦容易发生横向振动，而上弦不易。故有较多的扭转振型出现，这也是立体桁架结构所特有的。实际工程中，上弦之间往往还布置有檩条和水平支撑，下弦就更显得薄弱了。这在静载和竖向地震作用下影响不大，如果有横向荷载作用，例如水平地震作用，则可能会产生较大的反应。

立体桁架前三个竖向振型的周期　　**表3-23**

竖向振型	H1	H2	H3
1	0.661 (2)	0.585 (1)	0.666 (1)
2	0.125 (5)	0.118 (5)	0.120 (2)
3	0.068 (8)	0.065 (8)	0.062 (3)

三、竖向地震内力

现在用与网架结构相同的计算和分析方法来讨论立体桁架的竖向地震内力。即用图2-3给出的地震影响系数，取$\alpha_v=1/2\alpha$，采用振型分解反应谱法和时程分析法进行计算并对比。表3-24、3-25、3-26分别列出了三个立体桁架中部分杆件的竖向地震内力S_{Ei}，并计算了竖向地震内力系数ξ_i，时程法计算中未考虑常遇地震折减系数。各表中杆件序号分别见图3-38、3-39、3-40。

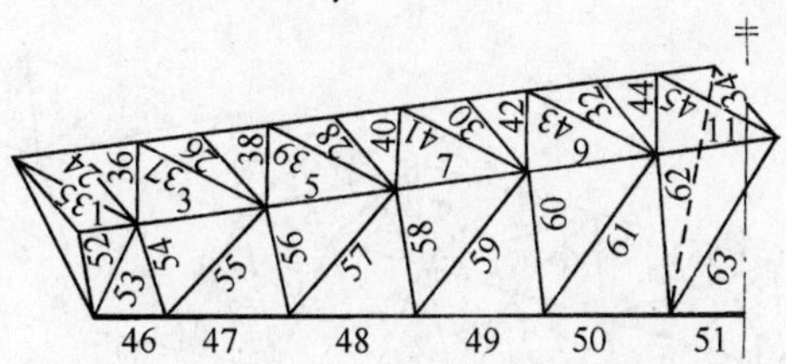

图 3-38　立体桁架 H1 杆件编号

H1 部分杆件竖向地震内力与系数（8 度）　　**表 3-24**

杆号		静内力 S_S(kN)	反应谱法								时程法			
			Ⅰ类		Ⅱ类		Ⅲ类		Ⅳ类		El Centro		天津	
			S_E(kN)	ξ	S_E(kN)	ξ	S_E(kN)	ξ	S_E(kN)	ξ	S_E(kN)	ξ	S_E(kN)	ξ
上弦	1	−176.2	4.6	0.026	6.4	0.036	9.0	0.057	12.2	0.069	13.3	0.078	19.2	0.109
	3	−301.1	8.5	0.028	11.9	0.039	16.7	0.055	22.8	0.076	24.7	0.082	34.7	0.115
	5	−474.5	14.0	0.030	19.7	0.042	27.8	0.059	37.9	0.080	40.8	0.086	56.4	0.119
	7	−560.1	17.2	0.031	24.3	0.043	34.2	0.061	46.8	0.084	50.7	0.091	57.4	0.120
	9	−585.5	18.5	0.032	26.2	0.045	36.9	0.063	50.4	0.086	55.6	0.098	71.1	0.122
	11	−567.9	18.4	0.032	25.8	0.046	36.4	0.064	49.8	0.088	55.8	0.098	70.5	0.124
上竖杆	24	15.6	0.3	0.019	0.4	0.023	0.5	0.030	0.6	0.038	0.8	0.052	1.6	0.099
	26	17.9	0.6	0.032	0.7	0.039	0.9	0.049	1.1	0.063	1.5	0.081	3.2	0.176
	28	13.2	0.5	0.034	0.6	0.044	0.8	0.059	1.0	0.076	1.2	0.093	2.4	0.182
	30	10.2	0.4	0.038	0.5	0.051	0.7	0.069	0.9	0.093	1.2	0.116	1.5	0.144
	32	8.2	0.4	0.045	0.5	0.058	0.6	0.078	0.9	0.104	1.2	0.142	1.8	0.226
	34	−16.1	0.4	0.028	0.6	0.038	0.8	0.052	1.1	0.070	1.4	0.091	2.2	0.137
上斜杆	35	1.2	0.3	0.233	0.4	0.322	0.5	0.448	0.7	0.607	0.3	0.240	0.5	0.408
	36	−0.9	0.3	0.298	0.9	0.414	0.5	0.579	0.7	0.787	0.2	0.242	0.4	0.449
	37	0.9	0.3	0.292	0.4	0.406	0.5	0.569	0.7	0.772	0.2	0.234	0.4	0.419
	38	−0.6	0.2	0.394	0.3	0.556	0.5	0.784	0.7	1.070	0.2	0.261	0.3	0.438
	39	0.6	0.2	0.378	0.3	0.556	0.5	0.751	0.6	1.025	0.2	0.253	0.2	0.382
	40	−0.4	0.2	0.555	0.4	0.772	0.4	1.081	0.6	1.471	0.2	0.436	0.3	0.738
	41	0.4	0.2	0.520	0.3	0.721	0.4	1.009	0.5	1.372	0.2	0.457	0.3	0.771
	42	−0.2	0.2	0.850	0.2	1.163	0.3	1.614	0.5	2.185	0.2	0.834	0.3	1.248
	43	0.2	0.2	0.772	0.2	1.049	0.3	1.451	0.4	1.958	0.2	0.806	0.2	1.113
	44	−0.1	0.1	1.867	0.2	2.600	0.2	3.645	0.3	4.964	0.1	1.642	0.2	2.698
	45	0.1	0.1	1.545	0.1	2.154	0.2	3.022	0.3	4.116	0.1	1.362	0.1	1.952
下弦杆	46	349.4	9.2	0.026	12.7	0.036	17.9	0.051	24.3	0.070	27.2	0.078	38.1	0.109
	47	811.6	22.7	0.028	31.8	0.039	44.7	0.055	60.9	0.075	67.4	0.083	94.4	0.116
	48	1059.4	30.8	0.029	43.4	0.041	61.2	0.058	83.6	0.079	92.1	0.087	126.0	0.119
	49	1163.6	34.9	0.030	49.3	0.042	69.6	0.060	95.1	0.082	107.4	0.092	139.4	0.120
	50	1167.1	35.9	0.031	50.5	0.043	71.2	0.061	97.3	0.084	112.7	0.097	142.9	0.122
	51	1097.6	34.1	0.031	47.9	0.044	67.5	0.061	92.1	0.084	107.9	0.098	136.6	0.124
腹杆	52	251.9	6.6	0.026	9.1	0.036	12.8	0.051	17.4	0.069	19.7	0.078	27.5	0.109
	53	−176.5	4.6	0.026	6.4	0.036	9.0	0.051	12.3	0.069	13.8	0.078	19.3	0.109
	54	187.7	5.5	0.029	7.7	0.041	10.8	0.057	14.7	0.078	16.4	0.087	22.7	0.121
	55	−170.9	5.0	0.029	7.0	0.041	9.9	0.058	13.5	0.079	15.0	0.088	20.8	0.122
	56	108.5	3.7	0.034	5.2	0.048	7.2	0.067	9.9	0.091	12.0	0.111	15.3	0.141
	57	−99.1	3.4	0.034	4.8	0.048	6.7	0.067	9.1	0.091	11.2	0.113	14.4	0.145
	58	49.7	2.5	0.050	3.1	0.063	4.2	0.084	5.5	0.111	8.0	0.162	13.1	0.264
	59	−44.5	2.3	0.051	2.9	0.064	3.8	0.085	5.0	0.112	7.4	0.167	12.4	0.278
	60	3.5	1.5	0.436	1.6	0.0451	1.7	0.481	1.8	0.521	4.3	1.230	7.9	2.250
	61	−0.4	1.4	4.017	1.4	4.087	1.5	4.223	1.5	4.260	4.1	11.69	7.1	20.07
	62	−35.0	1.2	0.033	1.5	0.044	2.1	0.060	2.8	0.080	3.3	0.095	5.4	0.153
	63	36.7	1.2	0.033	1.6	0.045	2.3	0.062	3.1	0.084	3.5	0.095	5.1	0.140

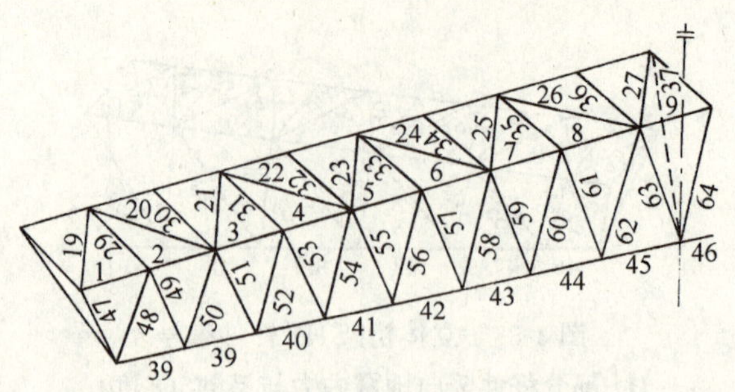

图 3-39　立体桁架 H2 杆件编号

立体桁架 H2 部分杆件竖向地震内力与系数（8 度）　　　**表 3-25**

杆号		静内力 S_S(kN)	反应谱法								时程法			
			Ⅰ类		Ⅱ类		Ⅲ类		Ⅳ类		El centro		天津	
			S_E(kN)	ξ	S_E(kN)	ξ	S_E(kN)	ξ	S_E(kN)	ξ	S_E(kN)	ξ	S_E(kN)	ξ
上弦杆	1	−91.8	2.7	0.029	3.7	0.040	5.2	0.056	6.4	0.070	10.1	0.110	9.6	0.104
	2	−253.0	7.5	0.030	10.5	0.041	14.5	0.058	18.3	0.072	28.7	0.114	27.0	0.107
	3	−382.0	11.7	0.031	16.4	0.043	23.0	0.060	28.8	0.075	44.6	0.117	41.3	0.108
	4	−482.5	15.2	0.031	21.3	0.044	30.0	0.062	37.5	0.078	57.5	0.119	51.9	0.108
	5	−557.4	18.0	0.032	25.3	0.045	35.7	0.064	44.6	0.080	67.5	0.121	58.9	0.106
	6	−609.4	20.0	0.033	28.2	0.046	39.9	0.065	49.8	0.082	75.0	0.123	65.0	0.107
	7	−640.9	21.4	0.033	30.2	0.047	42.7	0.067	53.3	0.083	80.9	0.126	70.8	0.110
	8	−653.7	22.1	0.034	31.2	0.048	44.0	0.067	55.0	0.084	84.5	0.129	74.0	0.113
	9	−649.6	22.1	0.034	31.2	0.048	44.0	0.067	55.0	0.084	85.0	0.131	74.4	0.115
上斜杆	19	0.14	0.05	0.353	0.07	0.470	0.09	0.640	0.11	0.778	0.05	0.340	0.06	0.395
	20	0.13	0.04	0.325	0.06	0.450	0.08	0.630	0.10	0.768	0.05	0.395	0.06	0.440
	21	0.13	0.05	0.363	0.07	0.492	0.09	0.678	0.11	0.830	0.04	0.333	0.07	0.507
	22	0.12	0.04	0.300	0.05	0.419	0.07	0.587	0.09	0.720	0.04	0.382	0.06	0.466
上斜杆	23	0.12	0.04	0.327	0.06	0.458	0.08	0.643	0.10	0.794	0.03	0.292	0.05	0.409
	24	0.12	0.03	0.259	0.04	0.351	0.06	0.483	0.07	0.589	0.04	0.353	0.05	0.415
	25	0.12	0.03	0.293	0.05	0.389	0.06	0.551	0.08	0.677	0.03	0.292	0.04	0.318
	26	0.11	0.02	0.161	0.03	0.219	0.03	0.305	0.05	0.371	0.04	0.353	0.05	0.459
	27	0.11	0.02	0.210	0.03	0.276	0.04	0.375	0.05	0.459	0.04	0.373	0.05	0.470
上竖杆	29	8.7	0.17	0.020	0.22	0.025	0.29	0.033	0.35	0.040	0.61	0.071	0.77	0.089
	30	7.8	0.23	0.029	0.28	0.035	0.35	0.045	0.42	0.053	0.74	0.095	1.07	0.137
	31	7.0	0.24	0.034	0.29	0.042	0.38	0.054	0.46	0.065	0.77	0.110	1.14	0.162
	32	6.3	0.22	0.036	0.29	0.046	0.39	0.061	0.47	0.075	0.84	0.133	0.96	0.153
	33	5.7	0.21	0.038	0.28	0.050	0.39	0.068	0.47	0.084	0.84	0.148	0.73	0.128
	34	5.1	0.21	0.040	0.28	0.055	0.39	0.075	0.48	0.093	0.83	0.148	0.69	0.135
	35	4.7	0.20	0.043	0.27	0.058	0.37	0.080	0.46	0.099	0.81	0.173	0.86	0.185
	36	4.3	0.22	0.052	0.28	0.066	0.38	0.087	0.46	0.107	0.82	0.191	0.93	0.218
	37	−15.0	0.5	0.033	0.69	0.046	0.97	0.064	1.2	0.081	1.9	0.126	1.64	0.110

续表

杆号		静内力 S_S(kN)	反应谱法								时程法			
			Ⅰ类		Ⅱ类		Ⅲ类		Ⅳ类		El centro		天津	
			S_E(kN)	ξ	S_E(kN)	ξ	S_E(kN)	ξ	S_E(kN)	ξ	S_E(kN)	ξ	S_E(kN)	ξ
下弦杆	38	353.3	10.5	0.029	14.3	0.040	20.0	0.057	24.9	0.071	39.4	0.112	37.2	0.105
	39	642.3	19.3	0.030	26.9	0.042	37.8	0.059	47.1	0.073	74.1	0.115	69.1	0.108
	40	870.8	26.9	0.031	37.7	0.043	53.1	0.061	66.3	0.076	102.9	0.118	94.0	0.108
	41	1045.2	33.1	0.032	46.6	0.045	65.6	0.063	82.0	0.078	125.7	0.120	111.5	0.107
	42	1171.4	37.9	0.032	53.4	0.046	75.4	0.064	94.2	0.082	143.2	0.122	122.6	0.105
	43	1254.3	41.3	0.033	58.3	0.046	82.3	0.066	102.9	0.082	156.3	0.125	136.5	0.109
	44	1298.1	43.4	0.033	61.2	0.047	86.4	0.067	108.0	0.083	166.4	0.128	145.6	0.112
	45	1306.3	44.1	0.034	62.2	0.048	87.7	0.067	109.6	0.084	170.5	0.131	149.3	0.114
	46	1282.5	43.5	0.034	61.2	0.048	86.3	0.067	107.9	0.084	168.5	0.131	147.6	0.115
腹杆	47	236.9	6.8	0.029	9.4	0.040	13.2	0.056	16.5	0.070	26.1	0.110	24.6	0.104
	48	−226.8	6.7	0.029	9.3	0.041	13.0	0.057	16.2	0.072	25.6	0.113	24.1	0.106
	49	203.2	6.2	0.031	8.7	0.043	12.3	0.060	15.3	0.075	23.9	0.118	22.2	0.109
	50	−188.3	6.0	0.032	8.4	0.045	11.8	0.063	14.8	0.078	21.1	0.121	20.8	0.110
	51	165.9	5.5	0.033	7.8	0.047	10.9	0.066	13.7	0.082	20.7	0.125	18.2	0.110
	52	−152.0	5.2	0.034	7.4	0.048	10.38	0.068	13.0	0.085	19.4	0.127	17.1	0.113
	53	131.8	4.7	0.036	6.7	0.051	9.4	0.071	11.7	0.089	18.1	0.138	16.1	0.122
	54	−118.2	4.5	0.038	6.2	0.053	8.8	0.074	10.9	0.092	17.5	0.148	15.4	0.131
	55	99.1	4.0	0.040	5.5	0.056	7.7	0.078	9.6	0.097	16.0	0.162	14.8	0.150
	56	−86.2	3.7	0.043	5.0	0.058	7.0	0.081	8.6	0.100	14.8	0.172	15.1	0.175
	57	69.0	3.3	0.047	4.3	0.062	6.0	0.085	7.3	0.105	12.6	0.183	14.4	0.209
	58	−56.4	2.9	0.052	3.8	0.067	5.1	0.090	6.2	0.110	10.8	0.192	13.5	0.240
	59	39.9	2.4	0.061	3.0	0.076	3.9	0.099	4.8	0.120	8.6	0.216	11.5	0.288
	60	−27.6	2.1	0.075	2.5	0.089	3.1	0.112	3.7	0.132	6.8	0.247	9.6	0.349
	61	12.6	1.5	0.122	1.7	0.135	2.0	0.158	2.3	0.179	5.0	0.392	6.9	0.542
	62	−0.6	1.1	1.780	1.1	1.825	1.2	1.916	1.2	1.950	4.0	6.513	4.4	7.186
	63	−14.0	0.7	0.049	0.77	0.055	0.9	0.065	1.0	0.074	2.6	0.190	3.0	0.212
	64	25.4	0.8	0.033	1.16	0.046	1.6	0.064	2.0	0.080	3.2	0.126	2.8	0.110

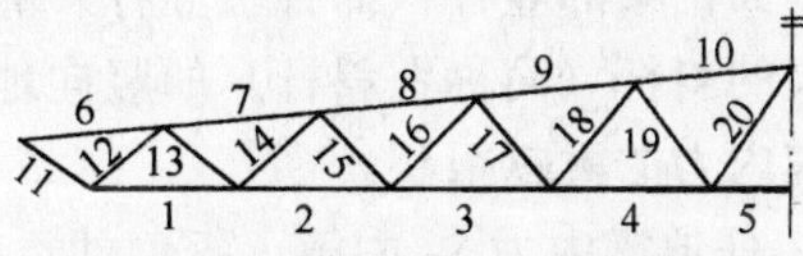

图 3-40　立体桁架 H3 杆件编号

立体桁架 H3 部分杆件竖向地震内力与系数(8 度) **表 3-26**

杆号		静内力 S_S(kN)	反应谱法								时程法			
			Ⅰ类		Ⅱ类		Ⅲ类		Ⅳ类		El centro		天津	
			S_E(kN)	ξ	S_E(kN)	ξ	S_E(kN)	ξ	S_E(kN)	ξ	S_E(kN)	ξ	S_E(kN)	ξ
下弦杆	1	377.0	9.2	0.024	12.7	0.034	17.9	0.047	24.4	0.065			35.9	0.095
	2	518.2	13.0	0.025	18.4	0.036	25.9	0.050	35.5	0.069			50.4	0.097
	3	554.4	14.5	0.026	20.5	0.037	28.9	0.052	39.4	0.071			56.9	0.103
	4	534.8	14.4	0.027	20.2	0.038	28.5	0.052	38.9	0.073			58.9	0.110
	5	481.8	13.1	0.027	18.4	0.038	25.8	0.054	35.3	0.073			54.2	0.113
上弦杆	6	−117.0	2.8	0.024	3.8	0.033	5.4	0.046	7.3	0.062			10.8	0.092
	7	−234.2	5.8	0.025	8.1	0.035	11.4	0.049	15.6	0.067			22.5	0.096
	8	−274.3	7.0	0.026	9.9	0.036	14.0	0.053	19.2	0.072			27.1	0.099
	9	−276.5	7.3	0.026	10.3	0.037	14.6	0.053	19.9	0.072			29.4	0.107
	10	−257.2	6.7	0.027	9.8	0.038	13.7	0.053	18.8	0.073			28.7	0.111
腹杆	11	206.5	4.9	0.024	6.8	0.033	9.5	0.046	12.9	0.062			19.0	0.092
	12	−134.3	3.4	0.025	4.8	0.035	6.7	0.050	9.2	0.069			13.4	0.100
	13	82.2	2.3	0.028	3.2	0.039	4.6	0.055	6.2	0.076			9.3	0.113
	14	−51.8	1.7	0.033	2.3	0.045	3.2	0.063	4.4	0.085			7.7	0.149
	15	26.5	1.2	0.047	1.6	0.059	2.1	0.078	2.7	0.102			6.2	0.233
	16	−9.7	0.90	0.101	1.1	0.114	1.3	0.135	1.6	0.165			5.0	0.517
	17	−5.1	0.74	0.147	0.74	0.147	0.7	0.148	0.7	0.146			3.3	0.661
	18	16.5	0.67	0.040	0.74	0.044	0.8	0.051	1.0	0.060			3.4	0.203
	19	−26.1	0.7	0.027	0.94	0.036	1.2	0.049	1.7	0.066			2.9	0.113
	20	35.1	0.9	0.026	1.3	0.037	1.8	0.052	2.5	0.071			3.6	0.102

$R_{ij}>10\%$的杆件数(Ⅱ类,8 度) **表 3-27**

立体桁架	振型										总杆数
	1	2	3	4	5	6	7	8	9	10	
H1	16	**73**	0	0	**15**	1	0	**7**	0	0	75
H2	**81**	9	0	0	**19**	0	0	**7**	0	0	82
H3	**19**	**4**	**0**	**0**	**0**						20

注:表中黑体数字对应竖向振型。

分析表明,立体桁架结构的竖向地震内力有如下特点:

(1) 竖向地震内力在地震过程中变号。抗震设计时,仍需注意竖向地震内力与静内力的最不利组合。

(2) 弦杆、腹杆及上弦平面桁架的竖杆(简称上竖杆)的竖向地震内力主要由前两个竖向振型贡献。上弦平面桁架的斜杆(简称上斜杆)的竖向地震内力主要由第一个横向振型贡献。扭转振型对竖向地震内力的贡献很小。

仍引入系数 R_{ij}来表示第 i 杆地震内力 S_{Ei}中第 j 振型的贡献。统计出 $R_{ij}>10\%$ 的杆件根数列入表 3-27 。表中用黑体数字表示的是竖向振型,显然第一个竖向振型的贡献最大。它对上下弦杆和大部分腹杆的贡献都在 80% 以上。第二个竖向振型的贡献主要是上竖杆和部分腹杆(如 H1 的 59～61 号杆,H2 的 57～63 号杆,H3 的 15～18 号杆等)。第三个竖向振型的贡献基本上也是这部分杆件，但最大的贡献也不超过20%。这表明，高振型的作用主要体现在立体桁架侧面和上弦平面桁架的腹杆中。H1的第一振型和H2第二振型是横向振型，它们的贡献主要是上斜杆，表明上斜杆的作用主要是抵抗横向变形。但这些杆件的静内力很小，它们不控制设计。其他振型的贡献就很小了。因此在抗震设计中，当取1/2结构计算时，至少应取前五个正对称振型组合，以保证对竖向地震内力起主要作用的前两个竖向振型参与贡献。

(3) 竖向地震内力的分布与静内力大体相同。立体桁架的静内力分布规律与一般平面桁架相同，即上下弦杆内力由支座向跨中逐渐增大，最大值在跨中。但由于立体桁架上弦杆有两根，而下弦杆只有一根，故下弦杆内力比上弦杆大许多。腹杆内力则由支座向跨中逐渐减小，支座端斜杆内力最大。由表3-24、3-25、3-26可以看出，立体桁架竖向地震内力的分布规律与静内力基本上是一样的。上斜杆和上竖杆的静内力很小，它们一般不超过20kN，这是因为只考虑竖向荷载的缘故。它们的竖向地震内力也很小。这些杆件通常都是构造设置，不控制立体桁架的设计，可不必特别地去考虑。

(4) 竖向地震内力系数由支座向跨中线性增大。分析可知，立体桁架的竖向地震内力系数ξ值随场地不同而不同。在Ⅰ类场地上最小，在Ⅳ类场地上最大。即随场地由Ⅰ类到Ⅳ类的变化而增大。进一步分析可以看出，ξ值的分布规律不管是上下弦杆还是腹杆都是从支座向跨中逐渐增大，近似呈线性分布。腹杆中有个别杆件ξ值特别大，注意到它们的静内力很小，属于构造杆件。ξ值的线性分布正好体现了立体桁架竖向地震内力以第一振型的贡献为主的特征。由表3-24、3-25、3-26还可以看出，上下弦杆的ξ值基本相同，上弦略大一点。腹杆的ξ值在支座端与弦杆相同，向跨中增大较快，跨中ξ值较上下弦要大。

应该说明的是，表3-24、3-25、3-26中时程法的计算结果，尚需乘以常遇地震折减系数后再与反应谱法结果比较，因此，时程法计算结果略小。

四、竖向地震内力的实用计算

大跨度立体桁架竖向地震内力的实用计算，仍然可以通过选择适当的ξ_i值来进行。由上述分析已知，无论是上下弦还是腹杆的竖向地震内力系数都是从支座端向跨中逐渐增大，近似呈线性分布。因此为寻求适当的ξ_i值的简化计算，就要设法确定ξ_i随跨度L线性变化的斜率以及该直线的截距。

用符号k表示斜率，表3-28统计出各立体桁架在8度时各类场地上ξ_i—L直线的斜率k。可以看到，k值随场地变化而不同。这是必然的，因为它直接反映了ξ_i的变化。注意到对于同一场地，各立体桁架上下弦杆的k值比较接近。腹杆的k值明显大于弦杆，数值上也离散一些。因此应该考虑k值按不同场地取不同的值，并分别对弦杆和腹杆取不同的值。保守一点考虑，实用中可取较大的值。

斜率k值（%） **表3-28**

立体桁架	H1				H2				H3			
场地	Ⅰ	Ⅱ	Ⅲ	Ⅳ	Ⅰ	Ⅱ	Ⅲ	Ⅳ	Ⅰ	Ⅱ	Ⅲ	Ⅳ
上弦杆	0.018	0.030	0.042	0.058	0.015	0.024	0.033	0.042	0.013	0.018	0.031	0.036
下弦杆	0.015	0.024	0.030	0.042	0.015	0.024	0.030	0.042	0.013	0.022	0.031	0.048
腹杆	0.076	0.085	0.103	0.161	0.139	0.148	0.170	0.188	0.100	0.116	0.142	0.178

竖向地震内力系数 ξ_{min} 值（%）　　表 3-29

立体桁架	H1				H2				H3			
场　地	Ⅰ	Ⅱ	Ⅲ	Ⅳ	Ⅰ	Ⅱ	Ⅲ	Ⅳ	Ⅰ	Ⅱ	Ⅲ	Ⅳ
上 弦 杆	2.6	3.6	5.1	6.9	2.9	4.0	5.6	7.0	2.4	3.3	4.6	6.2
下 弦 杆	2.6	3.6	5.1	7.0	2.9	4.0	5.7	7.1	2.4	3.4	4.7	6.5
腹　杆	2.6	3.6	5.1	6.9	2.9	4.0	5.6	7.0	2.4	3.3	4.6	6.2

表 3-29 统计出各桁架支座端第一节间各杆件的 ξ 值，亦即 ξ_{min} 或 $\xi—L$ 直线的截距。显然也可以按场地类别分别取值，而且上下弦杆和腹杆可取同一个值。

综合上述分析，在表 3-30 中给出了建议的 ξ_{min} 和 k 值。这里一方面考虑偏于安全，取了较大值，另一方面也考虑了数值尽量取得整一点便于计算。随着工程实例不断地增加，还可以统计出更为恰当的取值。

立体桁架地震内力的 ξ_{min}，k 建议值　　表 3-30

场　地	ξ_{min}（%）	k（%）	
		弦　杆	腹　杆
Ⅰ	3.0	0.015	0.14
Ⅱ	4.0	0.030	0.15
Ⅲ	5.6	0.040	0.17
Ⅳ	7.0	0.060	0.19

至此，立体桁架任一杆件的竖向地震内力系数 ξ_i 可表达为：

$$\xi_i = \xi_{min} + kL_i \quad (i = 1,2,\ldots m) \tag{3-29}$$

式中　L_i——第 i 杆中点到端支座水平距离，单位为 m。

ξ_{min}、k 可按表 3-30 选用。上竖杆、上斜杆可按弦杆采用。

大跨度立体桁架竖向地震内力的实用计算公式为：

$$\begin{aligned} S_{Ei} &= c\xi_i|S_{S_i}| \\ &= c(\xi_{min} + kL_i)|S_{S_i}| \quad (i = 1,2,\ldots m) \end{aligned} \tag{3-30}$$

式中　c——烈度系数，对 7、8、9 度分别取 0.5、1.0、2.0。

第七节　悬臂空间杆系结构的抗震性能

随着建筑事业的飞速发展，像飞机库、体育场看台挑篷以至入口雨篷需要采用悬臂结构的日益增多。空间结构由于其造型自由，可悬挑长度大，空间刚度好，自重轻，制造方便，在悬臂结构中又显示出优越性，立体桁架、网架等均被广泛采用。

大跨度悬臂结构的设计除了考虑静荷载、活荷载等常见荷载作用外，主要就是竖向地震作用了。如果建造在空旷场地上，风荷载的吸力影响也可能控制设计。本节将结合几个实际工程介绍悬臂立体桁架和网架挑篷的自振特性及其在竖向地震作用下的反应。

一、悬臂立体桁架的抗震计算

【工程实例】　福建省体育中心体育场两侧看台上的钢挑篷采用悬臂长 23.25m，后缀平衡段 6m，断面为倒三角形的悬臂立体桁架。屋面荷载为 1.56kN/m^2。最大断面的宽度 4.068m，高度 4.108m。各榀桁架轴线间距 7.1m，并设置两组水平支撑。详见图 3-41，简记为 FJ。

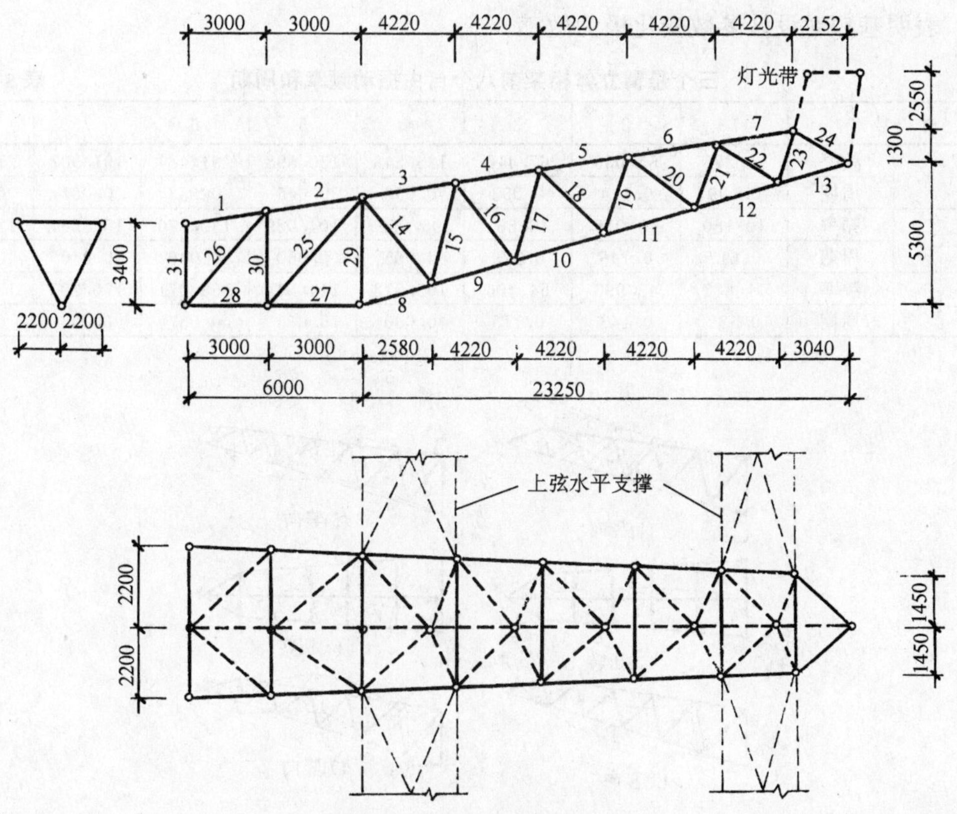

图 3-41 悬臂立体桁架 FJ

为探讨此类结构抗震特性，揭示荷载改变及悬挑长度的改变对此类结构抗震性能的影响。在原结构的基础上，改变设计参数构造了两个不同的结构：

（1）结构不变，将荷载增加到 $Q=2.10\text{kN/m}^2$，记为 FJ—Q。

（2）荷载不变，将悬挑部分增加 4.22m，即加长一个节间，记为 FJ—L。

计算中采用如下简化假定：

（1）所有节点为理想铰结，杆件汇交于节点，计算模型为每个节点有三个自由度的空间铰结杆系。

（2）荷载集中于节点上，杆件只受轴力。灯光带和上弦水平支撑仅作为荷载考虑。

（3）结构上的檩条和水平支撑提供上弦节点的横向约束，即上弦节点在桁架平面外没有位移。

1．自由振动分析

采用子空间迭代法计算结构的自由振动频率和振型。表 3-31 给出了三个悬臂立体桁架前八个自由振动频率和周期，图 3-42 给出了对应的振型。

分析计算结果，得出悬臂立体桁架的自由振动有如下规律：

（1）此悬臂立体桁架的基频为 15.375，属于中等周期结构。

（2）悬挑长度或荷载的改变，对此类结构自振频率有显著影响。一般悬挑长度增加或荷载的增大，会使结构变柔或质量变大，从而都会导致结构自振频率变小。由表 3-31 可知，荷载每改变 0.1kN/m^2，基频大约变化 0.1 左右；悬挑长度每改变 1 m，基频大约变化 0.083

左右。表明基频对设计参数变化极为敏感。

三个悬臂立体桁架前八个自由振动频率和周期 表 3-31

序号		1	2	3	4	5	6	7	8
FJ	频率	15.375	55.056	67.410	125.548	130.598	191.484	191.907	216.269
	周期	0.409	0.114	0.093	0.050	0.045	0.033	0.031	0.029
FJ—Q	频率	10.180	43.019	48.861	96.069	104.029	137.870	157.361	173.182
	周期	0.617	0.146	0.129	0.065	0.060	0.046	0.040	0.036
FJ—L	频率	11.887	43.993	54.406	105.372	114.541	168.071	170.293	179.292
	周期	0.529	0.143	0.115	0.060	0.055	0.037	0.036	0.035

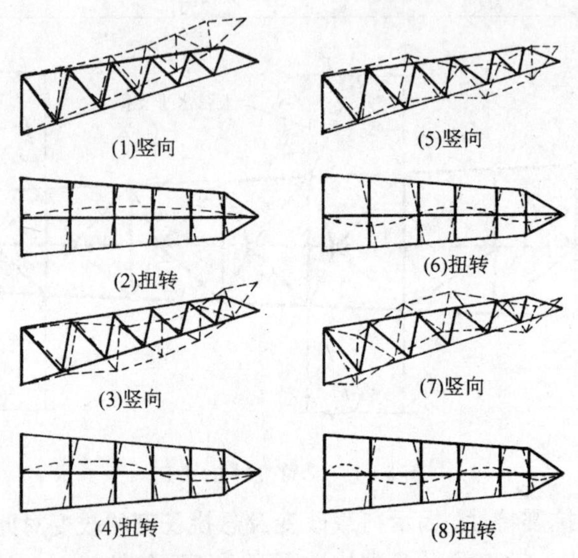

图 3-42 悬臂立体桁架 FJ 前八个振型

（3）悬臂立体桁架的振型分为两类：竖向振型和扭转振型。此类结构支座一般设在下弦节点，且上弦有较强的水平支撑及檩条，考虑了横向约束，因此不会出现横向振型。两类振型特点鲜明：竖向振型中，竖向分量远大于其他分量。扭转振型中，上弦节点的横向分量为零，纵向和竖向分量反对称于立体桁架截面的对称轴；下弦节点的竖向和纵向分量为零，横向分量较大。

（4）竖向振型和扭转振型交替出现。竖向振型以半个、一个半、两个半…波依序排列，扭转振型以一个、两个…波依序排列。

（5）荷载及悬挑长度的变化对结构振型的形状没有影响。

2．竖向地震反应分析

采用振型分解反应谱法计算结构在Ⅱ类场地上、设防烈度为 8 度时的竖向地震内力。取 $\alpha_{Vmax}=1/2\,\alpha_{max}$，$\alpha_{max}$ 按图 2-3 采用，并考虑前十个振型的组合。仍然引入竖向地震内力系数 ξ_i 来研究结构的竖向地震反应。

$$\xi_i=\left|\frac{S_{Ei}}{S_{Si}}\right| \qquad (i=1,2,3\ldots m) \tag{3-31}$$

分析计算结果可得到如下规律：

（1）竖向地震内力的分布与静内力大体相同。上下弦杆内力都是由支座向自由端逐渐减少，下弦杆内力比上弦杆大很多。腹杆静内力从支座向自由端逐渐减少，而竖向地震内力却逐渐略有增加，两者的变化幅度都不大，但在自由端附近都突然变小。图 3-43、3-44 描述了这一特点。

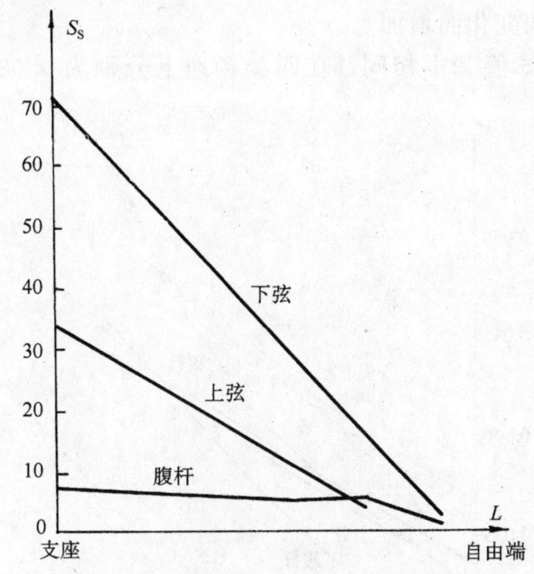

图 3-43　悬臂立体桁架 FJ 静内力分布

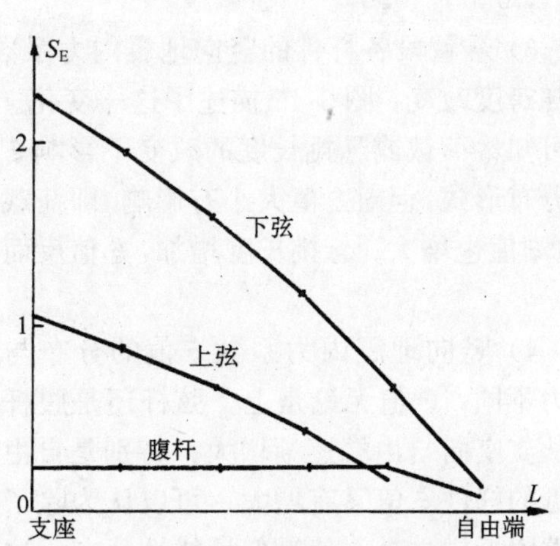

图 3-44　悬臂立体桁架 FJ 竖向地震内力分布

（2）弦杆和腹杆的竖向地震内力主要由前两个竖向振型贡献，扭转振型对竖向地震内力的贡献极小。仍然取

$$R_{ij}=\left(\frac{S_{Eij}}{S_{Ei}}\right)^2 \qquad (i=1,2,3\ldots m) \tag{3-32}$$

来表示第 i 杆竖向地震内力 S_{Ei} 中第 j 振型的贡献。统计出前八个振型中 $R_{ij}>10\%$ 杆件数列于表 3-32 。可以看到，对于第一振型几乎所有杆件的 R_{ij} 都大于 10%，所差的几根仅是次要的上弦水平杆，并且 $R_{ij}>80\%$ 的杆件就有 42 根，占 78%；这说明竖向地震内力主要是第一振型的贡献。这里，$R_{ij}>90\%$ 的杆件全是弦杆，表明第一振型对弦杆贡献最大。对于第三振型，$R_{ij}>10\%$ 的杆件有 22 根，其中腹杆 16 根，占全部腹杆的 50%，这说明第三振型的贡献主要在腹杆上。其他振型中，$R_{ij}>10\%$ 的杆件就很少了，它们对竖向地震内力的影响微弱。高振型仅对悬臂立体桁架两端的几根杆件，如 1、31、13、24 号杆的竖向地震内力略有影响，这可以认为是此类悬臂结构所特有的。因此，在抗震设计中，至少应取前三个振型组合，以保证起主要作用的前两个振型参与贡献。

$R_{ij}>10\%$ 的杆件数　　　　**表 3-32**

结　构	场　地	1	2	3	4	5	6	7	8	总杆数
FJ—Q	Ⅱ	52	0	22	0	0	0	0	0	54
	Ⅲ	52	0	22	0	0	0	0	0	54
FJ	Ⅱ	54	0	22	0	4	0	4	0	54
	Ⅲ	54	0	19	0	4	0	4	0	54
FJ—L	Ⅱ	54	0	28	0	4	0	4	0	58
	Ⅲ	54	0	22	0	4	0	4	0	58

由表 3-32 还可以看出，不同场地条件，不同荷载以及悬挑长度的变化不影响各振型对竖向地震内力的贡献规律。

（3）竖向地震内力系数有以下分布规律：

1）竖向地震内力系数随场地条件不同而不同，Ⅰ类场地上最小，Ⅳ类场地上最大。表明竖向地震内力系数随场地条件由Ⅰ到Ⅳ类的变化而增加。

2）后缀段各杆件的竖向地震内力系数 ξ 值基本相同，在四类场地上分别为 0.03，0.04，0.05，0.07。

3）悬臂段各杆件的竖向地震内力系数 ξ 值随跨度改变，图 3-45 描述了这一变化。分析可知，荷载或悬挑长度的改变不影响 ξ 值的分布形式，但对 ξ 值大小有影响。即荷载增加，ξ 值也增大；悬挑长度增加，ξ 值反而减小。

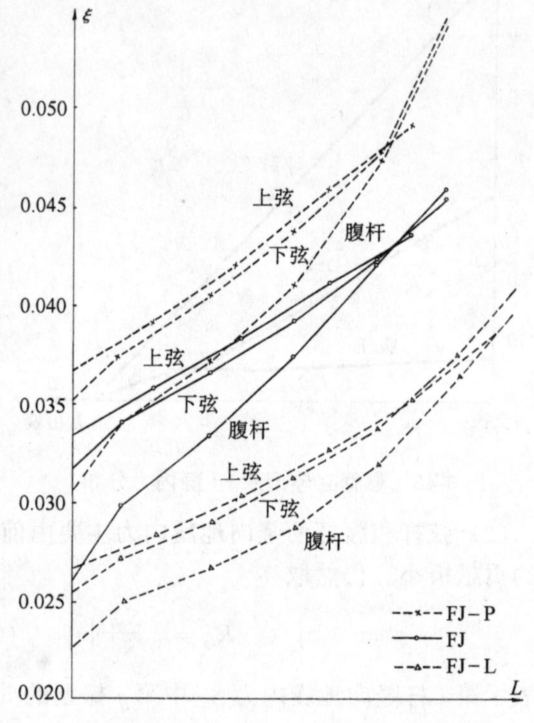

图 3-45　悬臂立体桁架 ξ—L 变化曲线

4）竖向地震内力系数 ξ 值的分布与静内力不同，ξ 值无论是上下弦杆还是腹杆都是从支座向自由端逐渐增大，特别是自由端附近的杆件 ξ 值又有增大。可以认为除了自由端附近杆件外 ξ 值近似呈线性分布，这正体现了竖向地震内力以第一振型的贡献为主的特征。而自由端附近 ξ 值的增大，可以认为是类似高层结构的“鞭梢效应”，这是悬臂立体桁架一个特点，在抗震设计中应予以特殊考虑。

3. 竖向地震内力的实用计算

由上述分析可知，从支座开始至自由端立体桁架杆件的 ξ 值随跨度可以近似看作线性分布。实用计算时可将 ξ 值的分布考虑成图 3-46 所示的折线。图中 L^* 是桁架自由端最外一个节间长度。考虑到由于“鞭梢效应”引起自由端附近杆件 ξ 值有所增大，在 L^* 范围内考虑了附加系数 b。

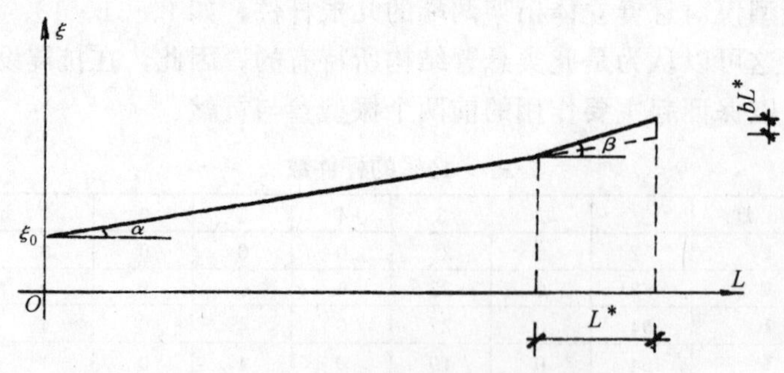

图 3-46　计算悬臂立体桁架地震内力的 ξ 值分布曲线

考虑从支座到自由端第二节间，统计该段直线的斜率 k。表 3-33 给出了在不同场地条件下斜率 k 的统计值。统计结果表明：上下弦杆的 k 值在相同场地时相差很小，即上下弦的 ξ—L 曲线可视为平行。但不同场地上的 k 值不一样，对四类场地其最大值分别为 0.047%、0.059%、0.066%、0.076%。考虑计算方便又偏于安全，上下弦杆的斜率 k 分别取值为 0.05%、0.06%、0.07%、0.08%。腹杆 k 值大于弦杆，数值上也离散一些，偏于安全由Ⅰ到Ⅳ类场地分别取值为 0.065%、0.095%、0.10%、0.12%。

斜率 k 的统计值（%） **表 3-33**

结构		场地条件			
		Ⅰ	Ⅱ	Ⅲ	Ⅳ
FJ	上弦	0.044	0.048	0.051	0.065
	下弦	0.043	0.048	0.052	0.066
	腹杆	0.051	0.077	0.089	0.100
FJ—Q	上弦	0.047	0.059	0.065	0.075
	下弦	0.046	0.059	0.066	0.076
	腹杆	0.062	0.092	0.100	0.120
FJ—L	上弦	0.040	0.046	0.050	0.056
	下弦	0.039	0.050	0.051	0.056
	腹杆	0.048	0.070	0.088	0.096

自由端附加系数 b（%） **表 3-34**

场地	Ⅰ	Ⅱ	Ⅲ	Ⅳ
b	0.020	0.025	0.030	0.040

考虑自由端最外一个节间，按各场地统计出自由端附加系数 b，建议按表 3-34 采用。

下面确定 ξ_0，即支座处第一节间杆件的竖向地震内力系数。由于 ξ 值随荷载 Q（kN/m^2）增加而增加，随悬挑长度的增加而减小，故将 ξ_0 的变化规律采用下式表示：

$$\xi_0 = \frac{aQ}{L} \tag{3-33}$$

式中 a 是待定的比例系数。根据计算结果将式（3-33）求出 a 值列于表 3-35。注意到相同场地上的 a 值相差很小。因此实用计算时建议按表 3-36 取值。

比例系数 a 值 **表 3-35**

结构		场地条件			
		Ⅰ	Ⅱ	Ⅲ	Ⅳ
FJ	上弦	0.349	0.498	0.640	0.648
	下弦	0.317	0.474	0.616	0.664
	腹杆	0.317	0.384	0.471	0.466
FJ—Q	上弦	0.0288	0.406	0.573	0.749
	下弦	0.277	0.389	0.549	0.717
	腹杆	0.286	0.340	0.431	0.524
FJ—L	上弦	0.333	0.444	0.652	0.748
	下弦	0.318	0.449	0.632	0.725
	腹杆	0.294	0.397	0.474	0.525

建议的 a 值 **表 3-36**

场地	弦杆	腹杆
Ⅰ	0.35	0.30
Ⅱ	0.50	0.40
Ⅲ	0.65	0.50
Ⅳ	0.75	0.55

综上所述，悬臂立体桁架第 i 杆竖向地震内力系数的实用计算公式可表为：

$$\xi_i = \begin{cases} \xi_0 & \text{（第 } i \text{ 杆位于支座处第一节间）} \\ \xi_0 + kL_i & \\ \xi_0 + kL_i + bL^* & \text{（第 } i \text{ 杆位于自由端最外节间）} \\ \xi_1 & \text{（第 } i \text{ 杆位于平衡段）} \end{cases} \tag{3-34}$$

式中 L_i——第 i 杆右端点到桁架右支座的水平距离，以 m 计算。

L^*——自由端最外一个节间长度，以 m 计算。

b——自由端附加系数，按表 3-34 取值。

ξ_0——支座处第一节间杆件竖向地震内力系数值，按式（3-33）计算，式中比例系数 a 值取自表 3-36。

ξ_1——后缀段杆件的竖向地震内力系数值，对Ⅰ到Ⅳ类场地分别取 0.03、0.04、0.05、0.07。

k——ξ—L 曲线的斜率，对于Ⅰ到Ⅳ类场地上下弦杆分别取 0.05、0.06、0.07、0.08，而腹杆分别取 0.065、0.095、0.100、0.120。

悬臂立体桁架的竖向地震内力可按下式方便地计算，

$$S_{Ei} = c\xi_i |S_{Si}| \quad (i = 1,2,3...n) \tag{3-35}$$

由于上述参数都是针对设防烈度 8 度的情况讨论的，因此式（3-35）中须考虑设防烈度系数 c。对于 7、8、9 度，分别取 c 为 0.5、1、2。

二、网架挑篷的抗震特性

通常网架跨度在 60m 以上时称为大跨度结构，但是对挑篷来说悬挑 10 多米就算是跨度很大了，而且悬挑结构的抗震性能又较为特殊，是需要特别关心的问题，故本小节专门对其讨论。下面结合两个工程实例来讨论网架挑篷的抗震特性。

【工程实例 1】 常州大厦入口悬挑雨篷采用正放四角锥焊接球网架，覆盖面积 11.4m×11.4m，0.85m 高。嵌固端仅用边桁架加强，离嵌固端 3.39m 处设有两柱支承。屋面荷载 1.10kN/m^2，考虑活荷载 0.5kN/m^2。记为网架 CZ，详见图 3-47。

【工程实例 2】 青岛市人事局干部培训中心雨篷采用三向网架，节点采用螺栓球。覆盖面积为 14.0m×7.68m，横断面呈弓形，高 0.7m。在嵌固端及距嵌固端 2.0m 远处用两排柱子支承，悬臂段为 12.0m。屋面荷载为 1.10kN/m^2，考虑活荷载 0.5kN/m^2。记为网架 QD，详见图 3-48。

1. 自由振动特性

用子空间迭代法分析了两个网架挑篷前十个自由振动的频率与振型，表 3-37 给出了它们的频率和周期。图 3-53、3-54 分别给出了相应的振型。

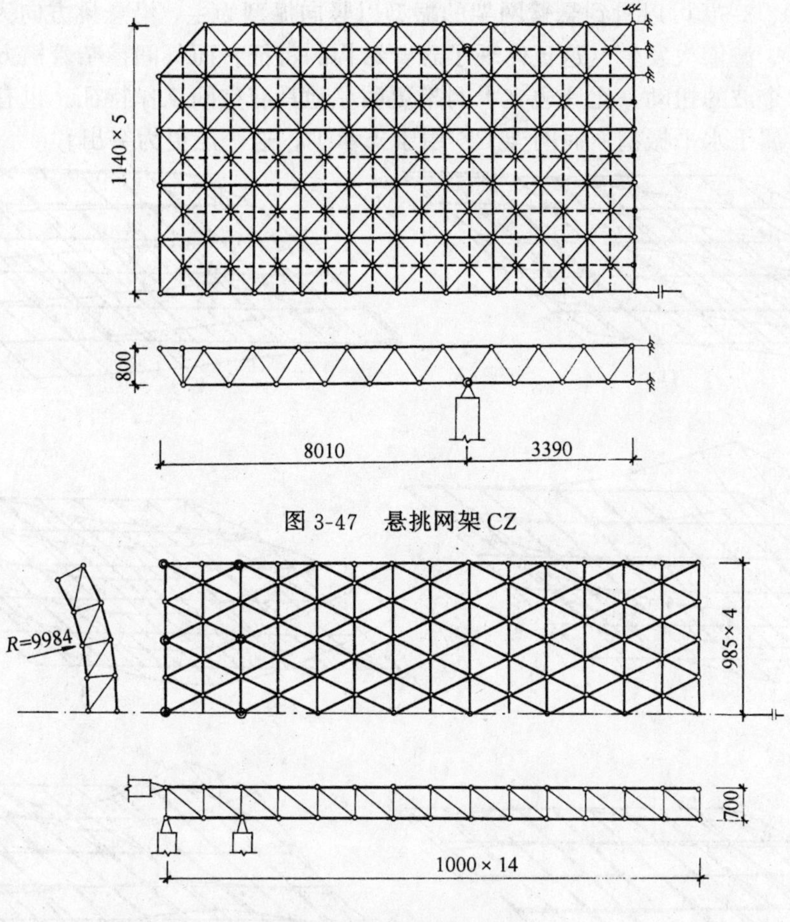

图 3-47 悬挑网架 CZ

图 3-48 悬挑网架 QD

表 3-37 揭示的悬挑网架的频谱不像前面介绍的周边支承网架那样密集。原因在于悬挑网架的约束较少，导致各竖向振型容易被激发出来。与本节介绍的悬臂立体桁架工程实例相比，两个网架的悬挑长度要短许多，但基频却不高，表明这两个悬臂网架更柔一些。这是由于建筑上美观的要求，网架高度取得较小的原因，这也是此类结构的共性。

悬挑网架前十个自由振动的频率与周期 **表 3-37**

序 号	CZ		QD	
	频 率	周 期	频 率	周 期
1	13.351	0.471	11.954	0.526
2	41.008	0.153	59.134	0.106
3	79.058	0.079	12.118	0.052
4	81.240	0.077	138.890	0.045
5	91.937	0.068	142.576	0.044
6	130.217	0.048	165.601	0.038
7	157.349	0.040	233.589	0.027
8	182.796	0.034	235.706	0.027
9	231.148	0.027	315.706	0.020
10	276.600	0.023	322.468	0.019

由图 3-49、3-50 可以看到悬臂网架的振型以竖向振型为主，沿悬挑方向为半个、一个半、二个半... 波依次发生，这正体现了悬臂结构的特征。而其间掺杂着横方向的整体平动或一个到二个波的扭动，比周边支承网架更明显地具有空间工作特征。也有的振型以水平振动为主，属于水平振型。而网架 CZ 由于支承少，这一点更为突出。

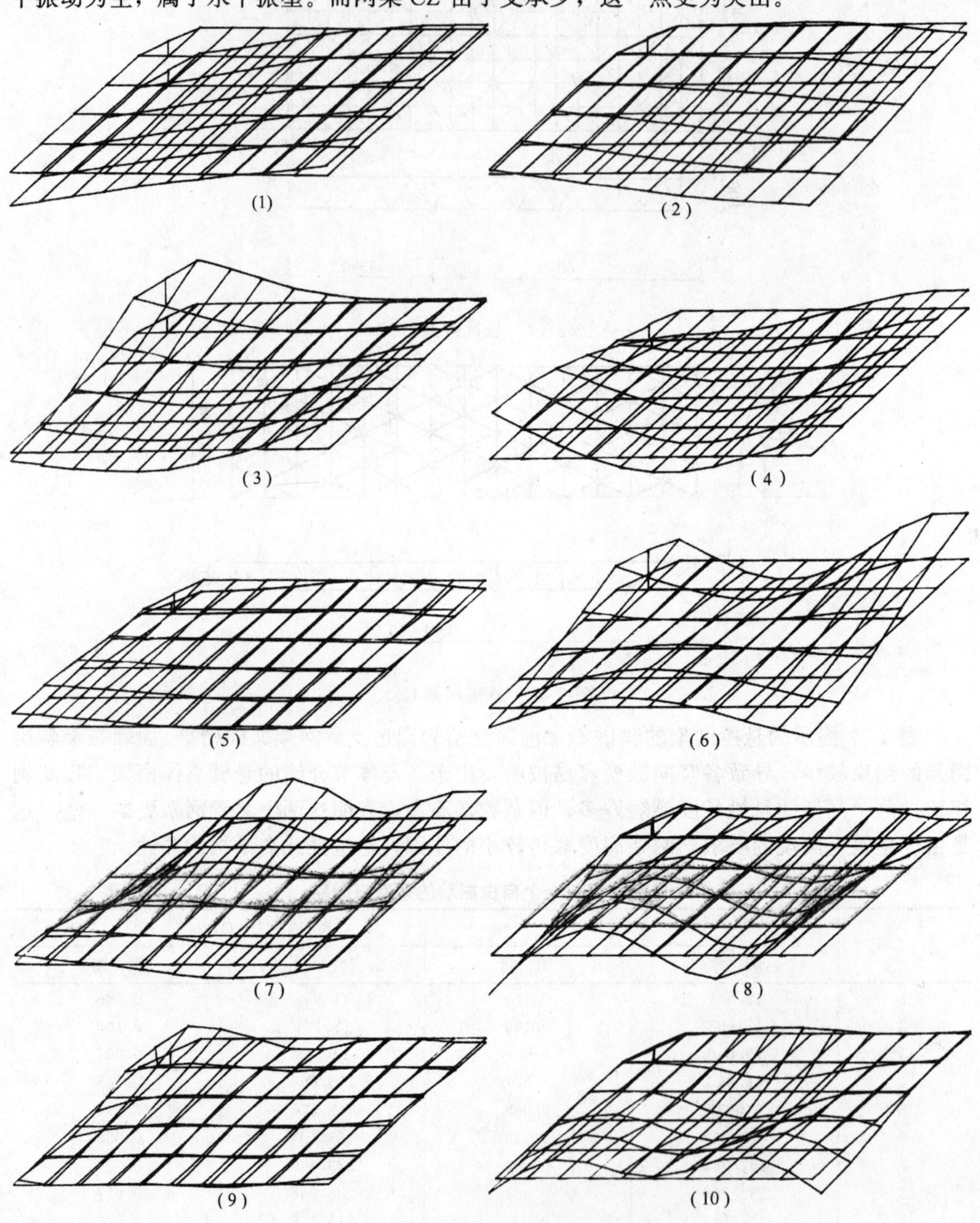

图 3-49　悬挑网架 CZ 前十个振型

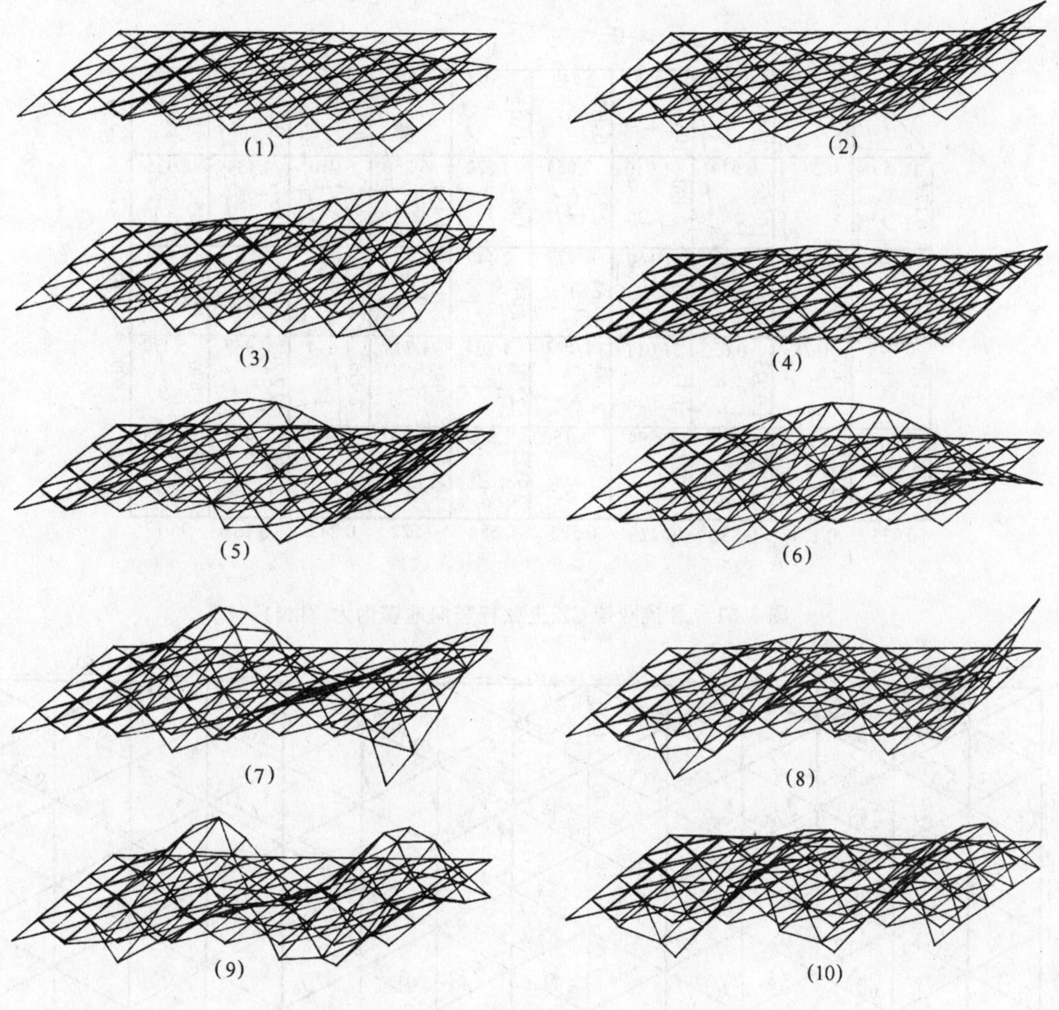

图 3-50 悬挑网架 QD 前十个振型

2. 竖向地震内力

采用振型分解反应谱法来计算两个网架挑篷的竖向地震内力及竖向地震内力系数。计算中取 $\alpha_{V\max}=\frac{2}{3}\alpha_{\max}$，$\alpha_{\max}$取自图 2-3。仍然考虑Ⅱ类场地条件和设防烈度 8 度。经分析表明各网架上下弦杆竖向地震内力的分布规律大体相同。而腹杆竖向地震内力如通常所认识是支座附近大，向远处逐渐减小。限于篇幅仅以上弦杆竖向地震内力为例来讨论。图 3-51，3-56 给出了两个网架上弦杆的竖向地震内力。

分析计算结果归纳出以下特点：

(1) 由于网架杆件布置形式不同，支承方式不同，竖向地震内力的分布规律也不相同。图 3-51，3-52 中用虚线画出了沿弦杆布置方向上的竖向地震内力分布。显然与周边支承网架的竖向地震内力分布很不相同。

(2) 沿悬挑方向悬臂网架竖向地震内力的分布规律与悬臂立体桁架一样：支座附近杆件内力最大，向自由端逐渐减小。

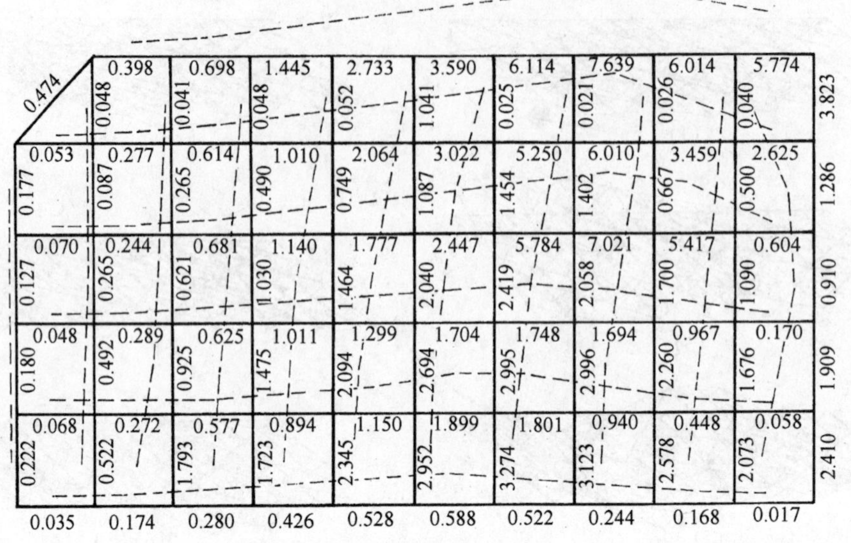

图 3-51　悬挑网架 CZ 上弦杆竖向地震内力（kN）

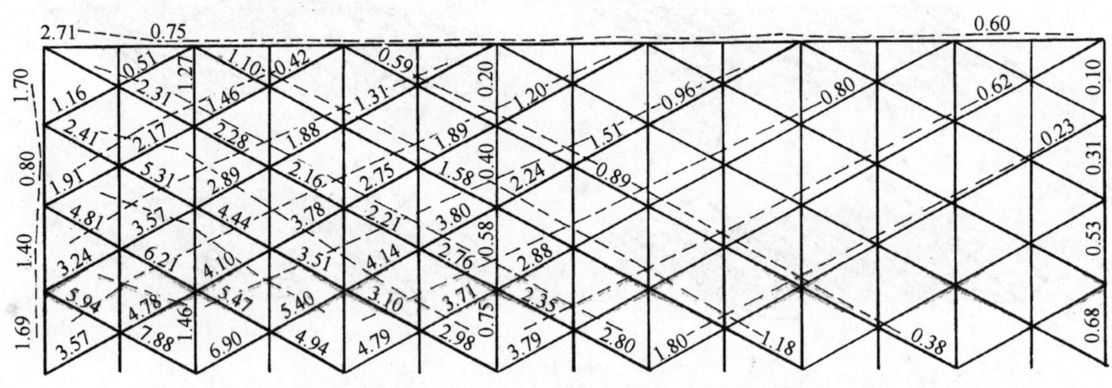

图 3-52　悬挑网架 QD 上弦杆竖向地震内力（kN）

（3）平行与支座方向的杆件，网架 CZ 同周边支承网架一样，是边缘杆件竖向地震内力小，向中间逐渐增大。而网架 QD 则相反，是边缘杆件竖向地震内力大，向中间减小。分析原因，网架 CZ 平面为方形，且仅在边桁架两端及两侧边距嵌固端不远有两根柱子支承，所以在此方向有弯曲变形倾向。而网架 QD 是因为在此方向横断面呈弓形。

3．竖向地震内力系数

图 3-53，3-54 分别给出了两个网架上弦杆的竖向地震内力系数 ξ，并用虚线画出了沿弦杆布置方向上的竖向地震内力系数的分布。由图可见：

（1）网架 CZ 上弦杆的 ξ 值在 0.053～0.344 之间，网架 QD 上弦杆的 ξ 值在 0.045～0.214 之间。两个网架 ξ 值的分布也不同。表明悬挑网架杆件的竖向地震内力系数随杆件布置和支承方式的不同而改变。而且最大的 ξ 值远远大于"抗震规范"中"8 度时，长悬臂结构的竖向地震作用可取该结构重力荷载代表值的 10％"的说法。因此对悬臂网架的抗震设计应给予重视。

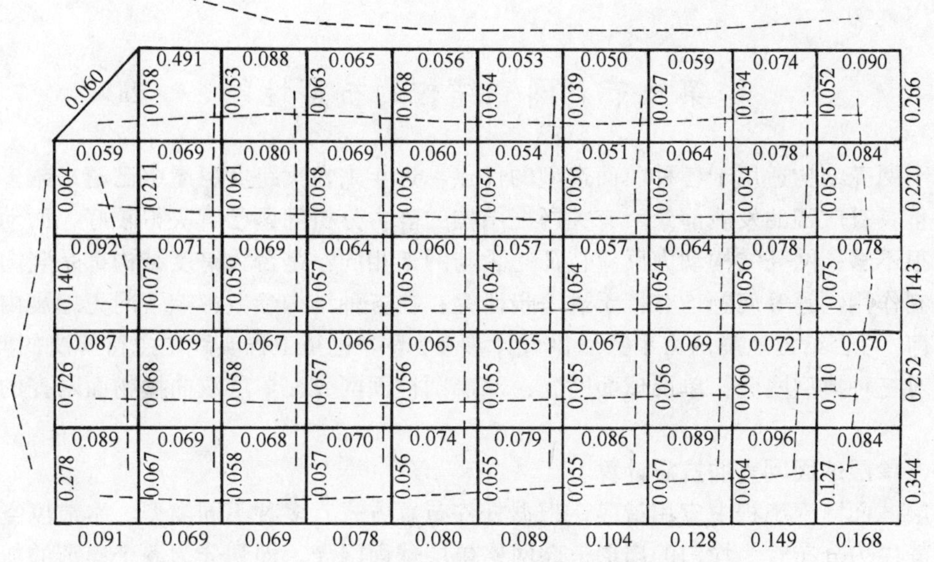

图 3-53 悬挑网架 CZ 上弦杆竖向地震内力系数

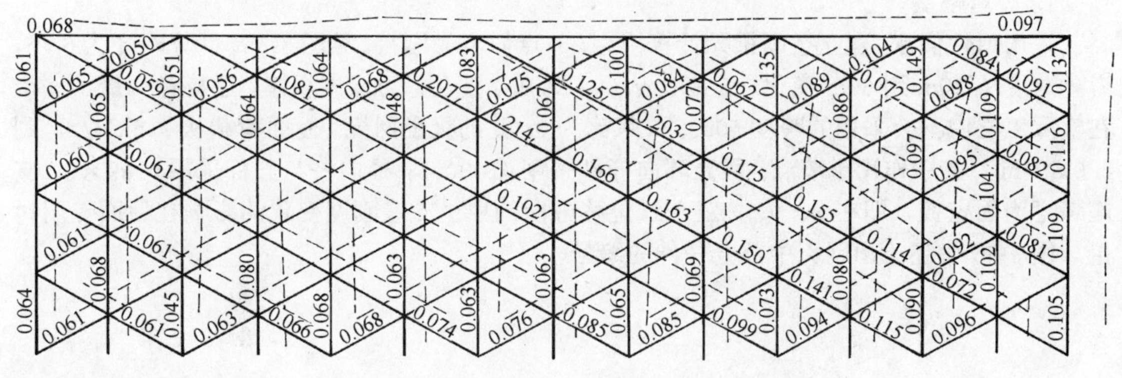

图 3-54 悬挑网架 QD 上弦杆竖向地震内力系数

(2) 网架 CZ 上弦杆的 ξ 值沿悬挑方向是嵌固端附近杆件大，向自由端逐渐减小；平行于支座方向杆件的 ξ 值较为均匀。但嵌固端边桁架及自由端则是两边缘杆件小，向跨中增大。上弦杆最大的 ξ 值在边桁架的跨中。这进一步验证了前面的分析：网架 CZ 有弯曲变形倾向。

(3) 网架 QD 上弦杆的 ξ 值沿悬挑方向是嵌固端附近杆件小，向自由端逐渐增大，这与悬臂立体桁架是一样的，表明网架 QD 悬臂结构的特征更为突出。平行于支座杆件的 ξ 值是边缘杆件小，向跨中逐渐增大。

(4) 两个悬挑网架在自由端，特别是在悬挑的角区，均有一定程度的“鞭梢效应”。

综上所述，悬挑网架结构的竖向地震内力及系数 ξ 的分布规律较为复杂，不同的网架平面形状、网格布置、支承条件对竖向地震反应影响很大，而且反应值也不小。因此作此类结构的抗震设计时应认真对待，一般应该用振型分解反应谱法详细分析计算，以获得安全合理的结果。

第八节　网壳结构的抗震性能

由于网壳结构适用于各种曲面造型的优点，近年来在大跨度房屋中已越来越多地被采用，而且具有广阔的发展前景。有关网壳结构的静力分析问题已解决得较好，而动力问题研究还很不够。网壳结构动力反应特征是否与网架相同？是否大跨度结构都是竖向地震反应起控制作用？等等问题均有待于进一步研究；在各种结构参数影响下网壳地震内力分布规律如何？可否给出地震内力系数以供设计参考？等等也是工程实践中急待解决的问题。本节介绍对三种典型网壳：单层球面网壳、双层圆柱面网壳、单层双曲抛物面网壳的研究成果。

一、单层球面网壳的抗震计算

单层球面网壳工程中应用最多，根据杆件布置方式有多种不同类型，本节以空间刚度较好、静内力分布较为均匀的扇形三向网格单层球面网壳，即划分为6个扇形的凯威特网壳（简称K6型），为讨论对象。

1. 计算模型

采用弹性假定，建立空间梁元计算模型，节点假定为刚接，见图3-55。计算网壳为6环，考虑跨度从30m到60m变化，矢跨比从0.1到0.4变化。为探索规律，还特意构造了一个在实际工程中不会采用的跨度50m、矢跨比为0.05的极扁网壳。屋面荷载从0.5kN/m^{2}到2.0kN/m^2，集中作用于节点。网壳环向杆件采用$\phi140\times5$，径向杆与斜杆采用$\phi159\times6$。支座考虑为固定铰，即在x、y、z三个线位移方向约束。支座刚度变化的影响在后面专门讨论。图3-55中还给出网壳中部分杆件的编号。

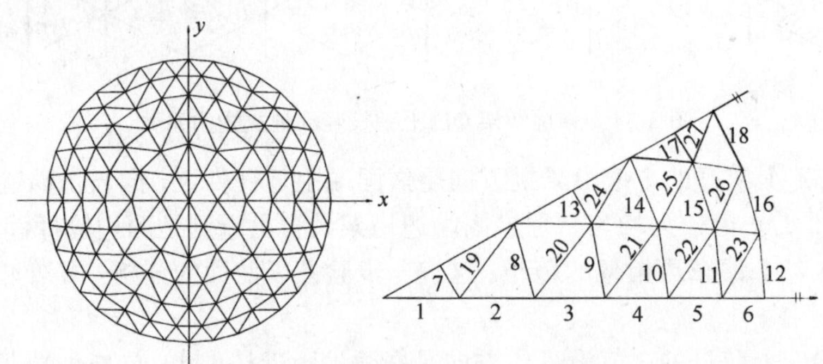

图3-55　扇形三向网格K6型网壳

2. 自由振动特性

采用子空间迭代法进行频率和振型分析，计算网壳的前25个特征对。考虑到球面网壳会有许多频率相同的振型，为保证不发生特征值遗漏，进行了Sturm序列检查。图3-56（a）所示为跨度50m、矢跨比0.3网壳的前20个自振周期与对应振型，图3-56（b）所示为跨度50m矢跨比0.05网壳的前5个自振周期与对应振型。表3-38还列出了部分网壳的基本频率。

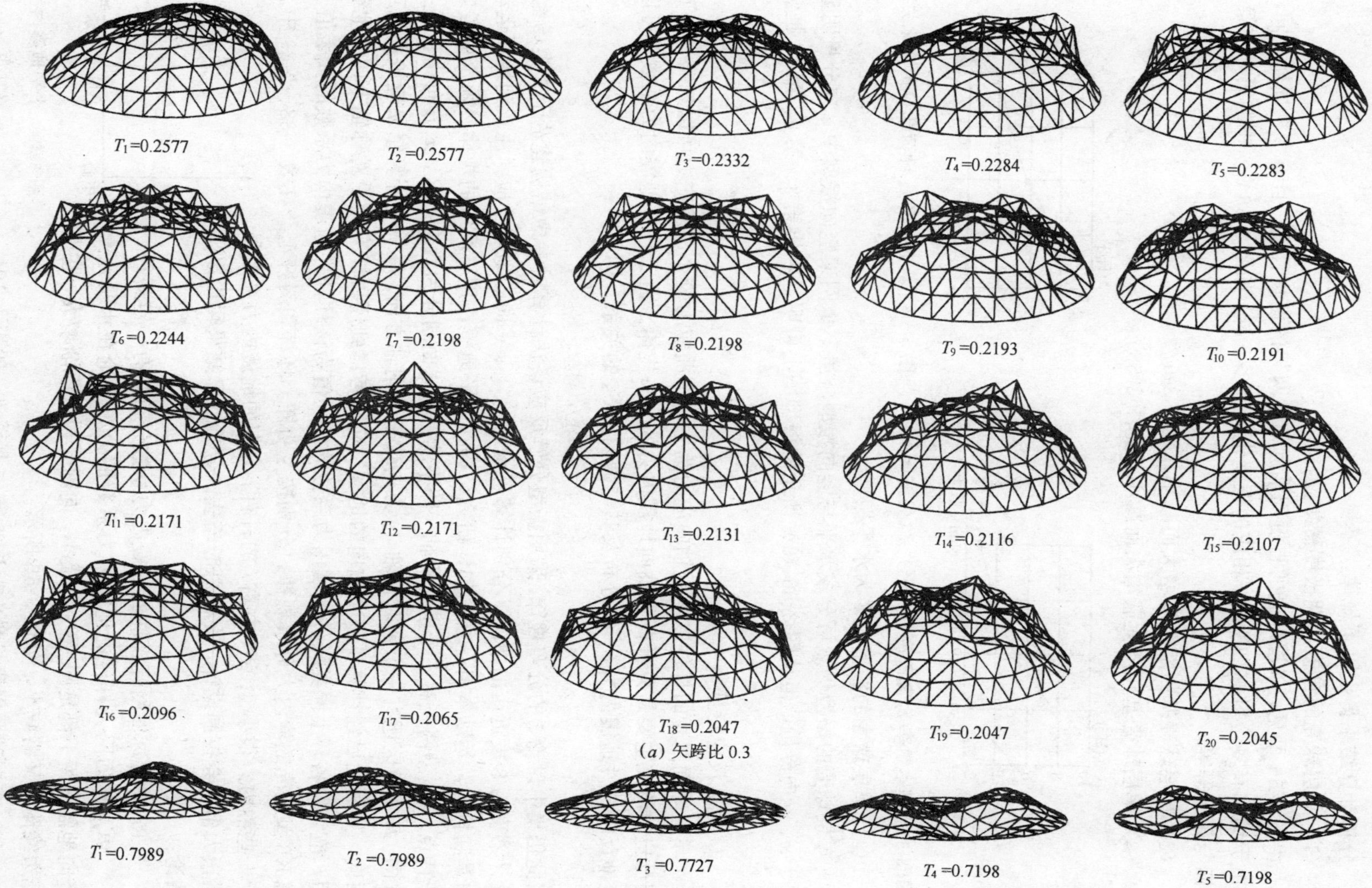

T_1=0.2577 T_2=0.2577 T_3=0.2332 T_4=0.2284 T_5=0.2283

T_6=0.2244 T_7=0.2198 T_8=0.2198 T_9=0.2193 T_{10}=0.2191

T_{11}=0.2171 T_{12}=0.2171 T_{13}=0.2131 T_{14}=0.2116 T_{15}=0.2107

T_{16}=0.2096 T_{17}=0.2065 T_{18}=0.2047 T_{19}=0.2047 T_{20}=0.2045

(*a*) 矢跨比 0.3

T_1=0.7989 T_2=0.7989 T_3=0.7727 T_4=0.7198 T_5=0.7198

(*b*) 矢跨比 0.05

图 3-56 50m 跨度 K6 型网壳周期与频率

分析计算结果得出以下规律：

（1）单层球壳的自振周期极度密集。

由图 3-56 可见，单层球壳的自振周期远超过网架的密集程度，且有多个周期相同，这是由于结构有多个对称轴所致。相应的振型也有许多一样，如图 3-56（a）中的第一与第二、第四与第五等等。

（2）单层球壳基频随跨度增大而减小，见图 3-57。

（3）单层球壳基频随荷载增大而减小，见图 3-58。

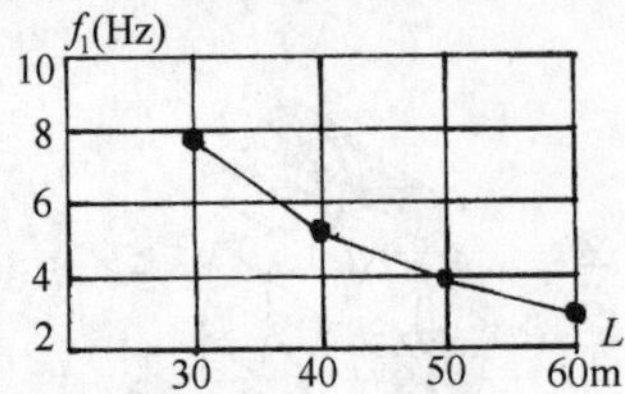

图 3-57　基本频率 f_1 随跨度的变化关系（矢跨比 0.3）

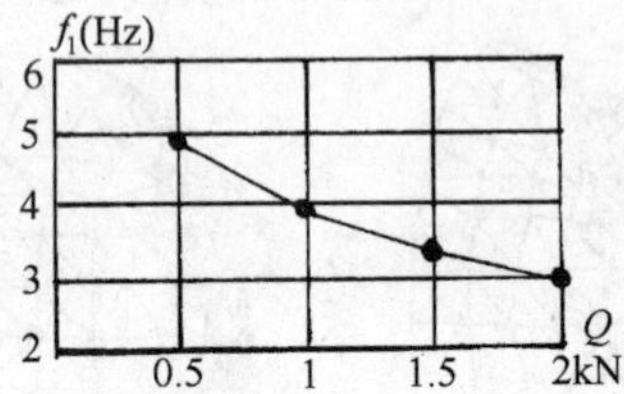

图 3-58　基本频率 f_1 随荷载 Q 的变化关系

（4）单层球壳的振型大多为水平振型。

单层球壳的振型仍然可分成水平与竖向振型。虽不像网架竖向振型中 z 向分量明显的大于 x、y 向分量，但从图 3-56（a）所示的振型图上可明显看出第 3、第 6、第 15 是竖向振型。

3. 地震反应特征

单层球面网壳的杆件以承受轴向应力为主，弯曲应力较小，剪应力可以忽略，对其地震反应的研究主要是分析杆件轴向地震内力的分布规律。由于杆件地震内力系数 ξ 可以清楚地反映杆件地震内力 S_E 的分布及其与静内力 S_S 的关系，即下式：

$$\xi = |S_E / S_S| \tag{3-36}$$

因此仍集中讨论 ξ 的分布规律。采用振型分解反应谱法计算时考虑结构建造于Ⅲ类场地上，设计烈度为 8 度近震的情况，分别计算了水平 x、y、z 向的地震反应。注意到地面运动方向是随机的，运动本身是往复的，研究结构在水平地震作用下反应的规律必须全面考虑这一特点。K6 型网壳有三个主对称轴（即主肋）将球面划分为六个扇区，x 方向代表了主肋方向。每个扇区还有一个副对称轴，y 方向代表了副轴方向。每一个计算结果应该用于正反两向，实际上已经计算了多个方向的地震反应。考虑到还可能有不沿对称轴方向的地震作用，应该取各环上同类杆件地震内力系数的最大值为该环杆件地震内力系数的代表值。考虑 K6 型网壳的静内力分布规律，分别按主肋杆、环杆和斜杆汇总在表 3-38、3-39 中。对于一些静内力很小（10kN 左右）的杆件，它们的地震内力系数虽然很大但不会控制设计，在汇总时略去。分析计算结果得出以下结论：

（1）单层球面网壳杆件的地震内力系数分布具有一定规律。

单层球面网壳杆件的地震内力系数的分布无论在水平还是竖向地震作用下都是网壳中心最小，向网壳边缘逐渐增大，在网壳边缘附近又略减小，如图 3-59 所示。

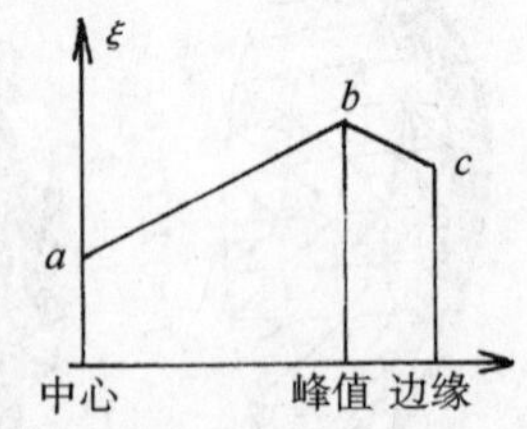

图 3-59　水平地震内力系数分布

（2）单层球面网壳杆件的竖向地震内力系数一般小于 10%。

在Ⅲ类场地上 8 度设防时单层球面网壳杆件的竖向地震内力系数 ξ 一般小于 10%。且其值变化幅度不大，仅在接近网壳边缘时略超过 10%。这基本符合通常对大跨度结构竖向抗震特性的认识。

(3) 单层球面网壳大部分杆件的水平地震内力系数远远大于竖向地震内力系数。

图 3-64 以静内力较大的 9 号环杆为例进行了对比，这表明对于网壳结构水平地震反应将控制抗震设计。由表 3-38、3-39 中环杆水平与竖向地震内力系数比较亦明显反映出此特点。

K6 型网壳水平地震内力系数(8 度、近震、Ⅲ类场地)　　**表 3-38**

h/L	L(m)	q(kN/m²)	f_1(Hz)	第一环	第二环	第三环	第四环	第五环	第六环
主肋									
0.1	50	1.0	2.250	0.00	0.04	0.04	0.05	0.06	0.12
0.2	40	1.0	4.914	0.01	0.09	0.13	0.14	0.12	0.15
0.2	50	1.0	3.100	0.01	0.10	0.15	0.15	0.13	0.16
0.2	60	1.0	2.784	0.01	0.09	0.15	0.16	0.13	0.15
0.3	30	1.0	7.749	0.03	0.06	0.07	0.07	0.04	0.18
0.3	40	1.0	5.260	0.03	0.07	0.08	0.09	0.05	0.16
0.3	50	0.5	4.887	0.03	0.08	0.09	0.10	0.07	0.15
0.3	50	1.0	3.880	0.02	0.07	0.08	0.09	0.07	0.14
0.3	60	1.0	3.020	0.02	0.08	0.08	0.09	0.08	0.13
0.4	50	1.0	3.438	0.04	0.08	0.09	0.07	0.06	0.22
环杆									
0.1	50	1.0	2.250	0.14	0.08	0.14	0.21	0.21	
0.2	40	1.0	4.914	0.23	0.35	0.44	0.50	0.48	
0.2	50	1.0	3.100	0.30	0.36	0.48	0.53	0.52	
0.2	60	1.0	2.784	0.24	0.32	0.40	0.47	0.50	
0.3	30	1.0	7.749	0.20	0.44	0.90	1.62	0.89	
0.3	40	1.0	5.260	0.18	0.43	0.90	1.54	0.79	
0.3	50	0.5	4.887	0.17	0.44	0.95	1.55	0.78	
0.3	50	1.0	3.880	0.16	0.43	0.88	1.69	0.77	
0.3	60	1.0	3.020	0.13	0.39	0.88	1.45	0.67	
0.4	50	1.0	3.438	0.18	0.50	1.26	1.48	0.72	
斜杆									
0.1	50	1.0	2.250		0.18	0.17	0.14	0.14	0.14
0.2	40	1.0	4.914		0.34	0.54	0.62	0.49	0.32
0.2	50	1.0	3.100		0.32	0.53	0.59	0.45	0.29
0.2	60	1.0	2.784		0.26	0.44	0.50	0.40	0.25
0.3	30	1.0	7.749		0.31	0.66	1.04	1.25	0.86
0.3	40	1.0	5.260		0.27	0.61	1.00	1.21	0.84
0.3	50	0.5	4.887		0.25	0.62	1.04	1.27	0.88
0.3	50	1.0	3.880		0.23	0.59	1.09	1.27	0.82
0.3	60	1.0	3.020		0.22	0.56	0.94	1.16	0.81
0.4	50	1.0	3.438		0.32	0.63	1.32	0.74	0.71

K6 型网壳环杆竖向地震内力系数(8 度、近震、Ⅲ类场地)　　表 3-39

h/L	L(m)	q(kn/m²)	第一环	第二环	第三环	第四环	第五环
0.05	50	1.0	0.03	0.04	0.05	0.03	0.05
0.1			0.02	0.05	0.06	0.04	0.06
0.2			0.02	0.03	0.07	0.06	0.12
0.3			0.04	0.06	0.09	0.20	0.14

K6 型网壳(跨度 50m、矢跨比 0.3)部分杆件前 p 个振型组合的地震内力(kN)　　表 3-40

振型数 p	杆件编号											
	1	2	3	4	5	6	13	14	15	16	17	18
15	1.29	4.93	5.15	6.00	4.65	6.67	7.23	21.71	30.43	29.43	19.24	0.00
20	1.37	5.01	5.38	6.22	4.76	6.74	8.21	21.82	30.68	29.83	19.81	0.00
25	1.37	5.08	5.53	6.35	4.83	6.78	8.67	21.88	30.75	30.00	19.93	0.00

(4)采用振型分解反应谱法计算网壳地震反应时宜取前 20 个振型参与组合。

为研究振型截断，进行了取不同振型数组合的分析。表 3-40 中列出了矢跨比为 0.3 时网壳中主肋和部分环向杆前 15、20、25 个振型组合的水平地震内力，可见取前 15 个振型最大误差还大些。对比取前 20 个振型组合与取前 25 个振型组合，大部分杆件误差小于 1%，个别杆件误差也仅达 6%。经多个网壳分析，考虑到精确度要求及计算简便，建议工程设计中，宜取前 20 个振型参与组合。

(5)单层球面网壳杆件的水平地震内力系数随矢跨比增大而明显增大。

图 3-60 所示为 9 号环杆地震内力系数随矢跨比的变化，可见竖向地震内力系数随矢跨比略增大，水平地震内力系数明显增大。这表明随着网壳矢高的增大，其水平地震反应为主的特性更加突出。可以推断，随着网壳高度的降低，应该接近于网架结构的抗震特性。图 3-60 中特意构造的矢跨比为 0.05 的网壳，其 9 号杆的水平地震内力系数就与竖向地震内力系数相近。由图 3-56(b)也可见此时网壳，的前五个振型基本上都属于竖向振型，这是由于随着网壳矢高的增大，水平刚度逐渐减弱所致。

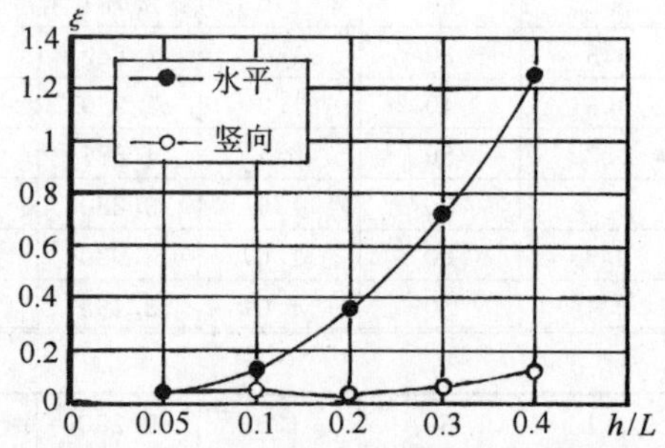

图 3-60　K6 型网壳 9 号环杆地震内力系数随矢跨比的变化关系

4. 支座刚度影响

通过改变跨度 50m、矢跨比 0.3 网壳的支座水平刚度 K 来分析支座刚度的影响。取每个支座水平半径方向的刚度 $K=2000$kN/m、800kN/m，固定铰支座相当于 K 等于无穷大。计算得出如下规律：

(1)支座刚度 K 的改变仅影响前几阶自振周期。

支座刚度的变化对周期的影响　　表 3-41

周期(S)	$K=\infty$	$K=2000$kN/m	$K=800$kN/m
1	0.25771	0.62609	0.92270
2	0.25771	0.58561	0.88079
3	0.23323	0.27461	0.28822
4	0.22838	0.24521	0.26130
5	0.22838	0.23944	0.24158

由表 3-41 可见，前两阶自振周期变化较大，第五阶以后就很接近了。随着刚度 K 的减小，前几个自振周期对应规范反应谱的下降段，因此相应的地震反应必然随之减小。

(2)水平地震内力系数随 K 减小而减小。

由表 3-42 可见地震内力系数的分布规律仍然如前所述，$K=2000$kN/m 的情况基本与固定铰支座时相同。$K=800$kN/m 的情况就明显减小了，ξ 峰值的减小尤为突出。原因在于改为弹性支座以后，边缘环参与了工作，并与边缘第二环一起形成了拉力环，使内力变化趋于缓和。由表 3-43 知，竖向地震内力系数随 K 变化不大，只是峰值随之减小。

(3)支座刚度较小时网壳部分杆件的水平地震内力与竖向地震内力接近。

对比表 3-42、3-43 中 $K=800$kN/m 时的环杆即可看出。这表明支座刚度的变化对地震内力影响明显。

支座刚度的变化对水平地震内力系数的影响　　表 3-42

支座刚度(kN/m)	主肋杆	环　杆	斜　杆
	中心—边缘	中心—峰值—边缘	中心—峰值—边缘
2000	0.04—0.15	0.12—1.48—0.37	0.18—1.38—0.43
800	0.02—0.09	0.06—0.68—0.14	0.09—0.50—0.46

支座刚度的变化对竖向地震内力系数的影响　　表 3-43

支座刚度(kN/m)	主肋杆	环　杆	斜　杆
	中心—峰值—边缘	中心—峰值—边缘	中心—峰值—边缘
2000	0.05—0.15—0.07	0.17—0.84—0.07	0.06—0.29—0.11
800	0.07—0.11—0.06	0.13—0.63—0.11	0.08—0.17—0.14

上述结果表明，网壳周边弹性支承与周边铰支情况相比，其自振周期加长，起控制作用的水平地震内力有明显降低，支座刚度的改变将改变网壳地震内力的分布。对于网壳这类大空间结构，其抗震设计特别是水平抗震设计宜与下部支承结构一起分析，并考虑网壳与支承结构共同工作。

5. 周边铰支 K6 型网壳水平地震内力系数的建议取值

工程设计中仍然希望有方便的计算网壳地震内力系数的方法，能够在静力分析基础上就可以较合理地求得地震内力。根据上述分析，对周边铰支 K6 型网壳 8 度设防区竖向地震内力系数按抗震规范取 0.1 是可以的(见表 3-39)，仅需在网壳边缘适当放大至 0.15 左右。

但对水平地震内力系数取统一的ξ值显然是不合适的。进一步分析表3-38发现，周边铰支K6型网壳杆件水平地震内力系数有如下分布规律：

(1)环杆与斜杆的ξ值较大，而主肋杆的ζ值较小。

(2)同一矢跨比各类杆件的ξ值对荷载与跨度改变不敏感。

(3)各类杆件不同矢跨比时ξ值由中心向边缘的变化率很不相同。

由表3-38可见，不同矢跨比时各类杆件最大ξ值的位置不同。以环杆为例，矢跨比为0.2时峰值在第五环，矢跨比为0.3时峰值在第四环。考察静内力分布可知，矢跨比为0.2时网壳环杆均受压力，而矢跨比为0.3时网壳第五环杆均受拉力，这正是导致ξ的峰值向上环移动的原因。同理，矢跨比为0.4时，网壳出现两环静拉力，ξ的峰值又出现进一步上移。

综合以上规律，考虑到单层网壳经过稳定设计后，杆件一般都有较大的强度储备，并注意到ξ值接近1.0的杆件其静内力一般不超过同类杆件最大静内力的二分之一，表3-44给出了周边铰支K6型网壳杆件水平地震内力系数的建议取值。

周边铰支K6型网壳杆件

水平地震内力系数的建议取值(8度、近震、Ⅲ类场地) **表3-44**

ξ	A类			B类			C类		
	主肋	环杆	斜杆	主肋	环杆	斜杆	主肋	环杆	斜杆
a	0.08	0.26	0.31	0.08	0.17	0.26	0.08	0.18	0.32
b	0.16	0.50	0.57	0.16	(1.57)	(1.23)	0.22	(1.37)	(1.32)
c	0.16	0.50	0.57	0.16	0.78	0.85	0.22	0.72	0.71

注：1. 表中A类用于环杆无静拉力情况，B类用于环杆有一环静拉力情况，C类用于环杆有二环静拉力情况。

2. 表中a用于第一环；b对于主肋和环杆用于边缘第三环，对于斜杆用于边缘第二环；c用于边环；其余各环按线性内插采用。a、b、c参见图3-59。

3. 表中括号表示参考取值。若该部位杆件静内力大时可参考采用，否则可不用。

综合以上对单层球面网壳的讨论可知，周边铰支单层球面网壳的水平地震内力远远大于竖向地震内力，而且支座刚度的改变明显影响网壳地震内力。有下部支承结构时，网壳水平抗震设计宜与其一起分析，即考虑网壳与支承结构共同工作。本节给出的8度地区周边铰支K6型网壳水平地震内力系数的建议取值，可供抗震设计参考。

二、双层圆柱面网壳的自振特性及抗震性能

双层圆柱面网壳(图3-61)也是工程应用较多的网壳形式之一。本节讨论该类网壳结构的自振特性及抗震性能。

1. 自振特性

采用弹性假定，建立空间杆元计算模型，节点假定为铰接。根据实际工程常用情况，计算中考虑了具有以下参数的双层圆柱面网壳模型：

矢宽比f/B：0.143、0.167、0.20、0.25、0.30、0.35、0.40；

跨　度L：30m、36m、42m、48m、54m、60m、66m；

宽　宽B：25m、30m、36m、42m、48m、54m；

厚　度h：0.8m、1.0m、1.2m、1.6m；

屋面荷载：1.0kN/m^2、1.5kN/m^2、2.0kN/m^2、2.5kN/m^2、3.0kN/m^2。

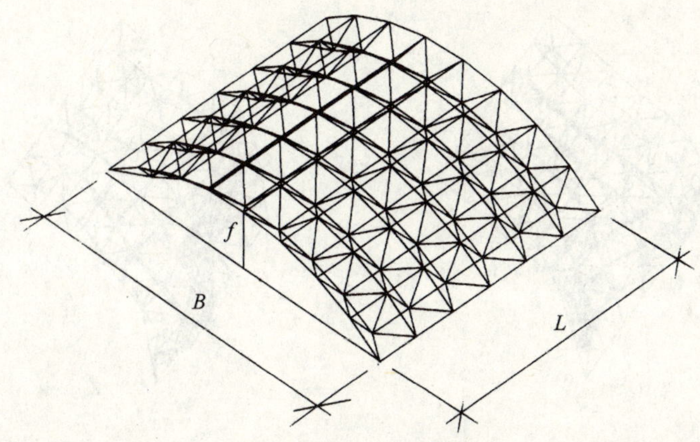

图 3-61 双层圆柱面网壳

网格布置为正放四角锥，支座考虑为两纵边上弦节点铰支，两端部上弦节点设竖向约束。用子空间迭代法系统地分析上述模型，研究各参数的影响。

(1)频率

表 3-45 表示四个不同跨度与波宽的网壳模型的前十阶频率。可以看出，双层圆柱面网壳的频谱相当密集。48m×54m 网壳基频为 $14.5s^{-1}$，而 48m×48m 网架在 $12s^{-1}$左右，即双层圆柱面网壳的基频略高于网架。表明由于曲面特点，双层圆柱面网壳的刚度略大于网架。

四个双层圆柱面网壳的前十阶频率(Hz) **表 3-45**

$B\times L$(m)	f/B	频率(Hz)									
		1	2	3	4	5	6	7	8	9	10
45×45	0.2	3.107	4.704	4.784	5.795	6.335	7.168	8.205	8.867	9.868	10.37
42×30	0.3	2.890	3.086	4.767	5.187	6.007	6.052	6.845	6.846	7.774	8.333
36×72	0.22	1.730	2.167	2.872	3.760	3.778	3.866	3.930	4.190	4.758	4.869
48×54	0.167	2.314	2.551	3.203	3.328	3.921	4.850	5.047	5.165	5.321	5.533

(2)振型

图 3-62 所示为一个双层圆柱面网壳的前 8 个振型。显然第一振型呈水平振动特征，以后的各个振型中，水平、竖向振型参差出现。

(3)参数影响分析

1)基频随矢宽比的增大而减小

图 3-63 是一个双层圆柱面网壳($B\times L$=30m×60m、h=2.0m)基频随矢宽比的变化关系。可见随矢宽比的增大基频明显降低，且呈线性变化。这是由于随矢宽比的增大，网壳竖向刚度越来越大，而水平刚度则越来越小缘故，因此基频降低。

2)基频随波宽的增大而降低

表 3-46 是保持矢高不变，仅改变波宽而计算的 6 个网壳的基频，波宽从 25m 增大到 54m 时，基频从 2.384Hz 下降到 1.274Hz，几乎降低了一半。图 3-64 给出了基频随波宽的变化关系，可见基频随波宽的增大而明显降低的规律呈线性变化。

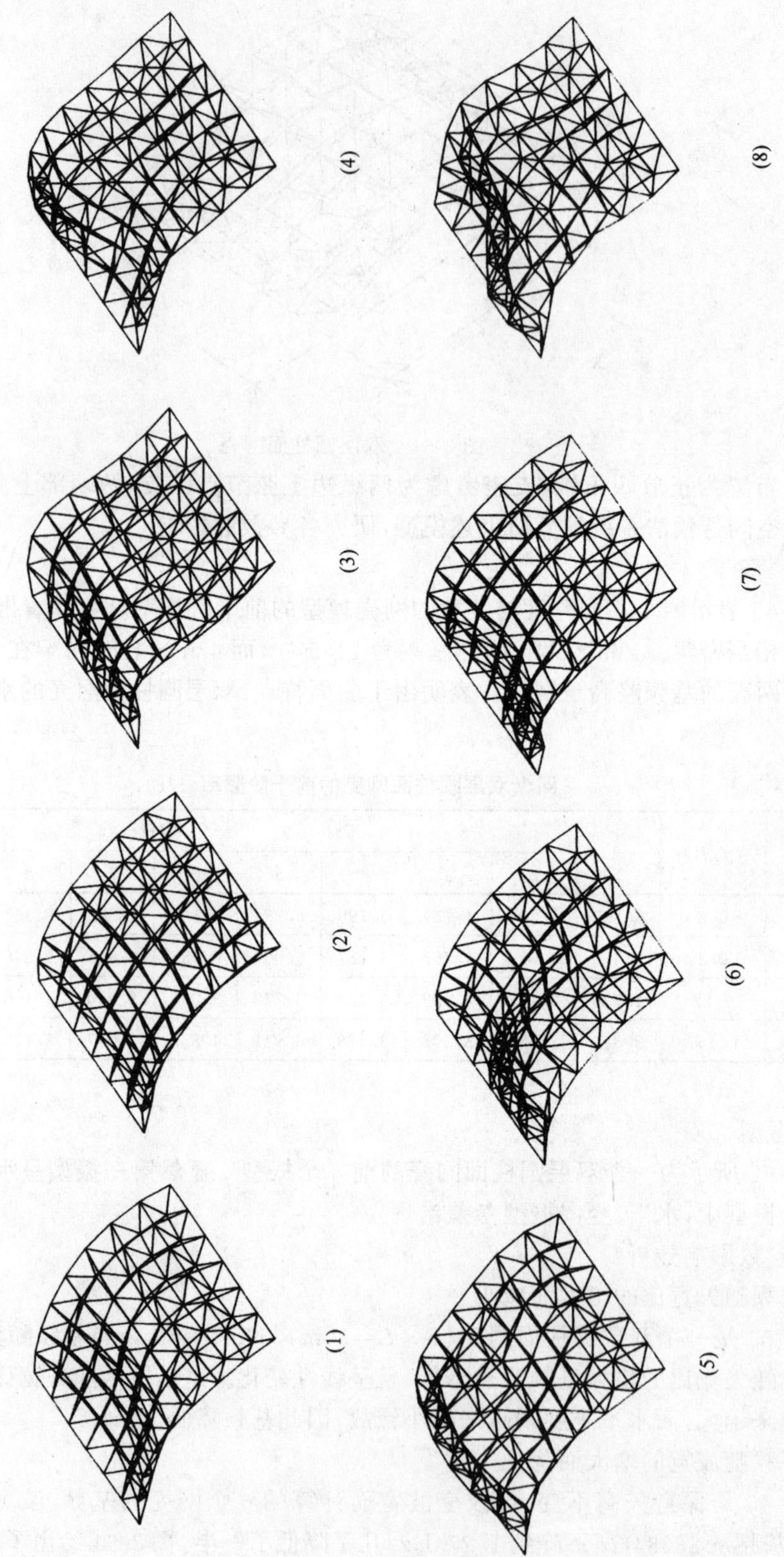

图 3-62　双层圆柱面网壳的前 8 个振型

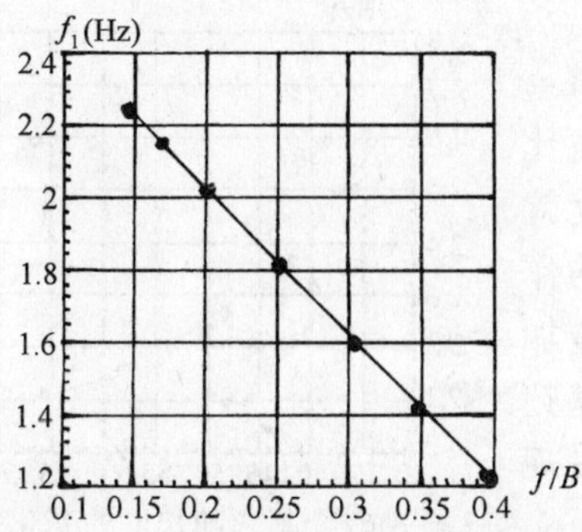

图 3-63 基频随矢宽比的变化关系

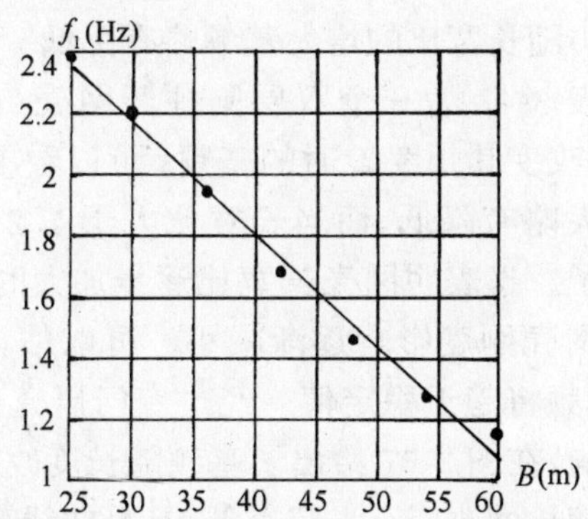

图 3-64 基频随波宽的变化关系

圆柱面网壳波宽变化对基频的影响 **表 3-46**

B(m)	f/B	f(m)	L(m)	h(m)	基频(Hz)
25	0.42	10.5	60	1.2	2.384
30	0.35				2.204
36	0.29				1.938
42	0.25				1.682
48	0.22				1.460
54	0.19				1.274

3)基频随厚度增加而增大

图 3-65 为一个双层圆柱面网壳($B \times L = 36m \times 60m$、$f/B = 0.2$)改变厚度时的基频变化曲线。显然,随着厚度增加基频呈线性增大,表明了网壳刚度的增加。

4)基频随屋面荷载增大而减小

图 3-66 反映了一个双层圆柱面网壳($B \times L = 42m \times 60m$、$f/B = 0.25$)的基频随屋面荷载增大而减小的变化曲线,它的变化关系可近似看作线性。

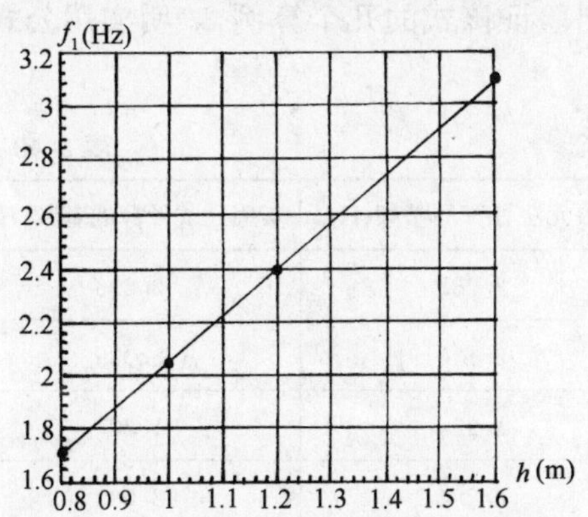

图 3-65 基频随厚度的变化关系

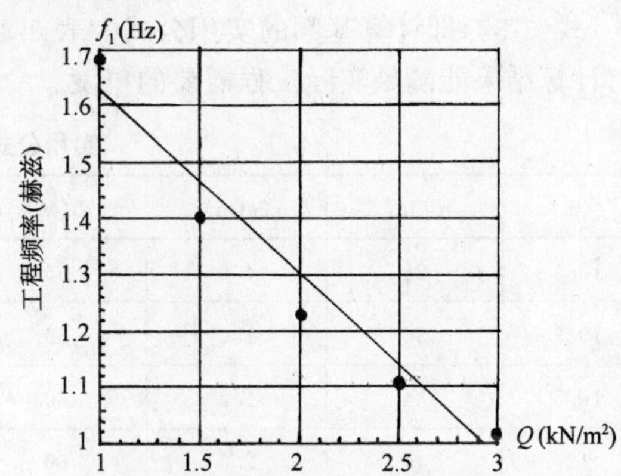

图 3-66 基频随屋面荷载的变化关系

5)随长宽比的增大基频略有降低

表 3-47 为一个双层圆柱面网壳($B=36$m、$f/B=0.25$)改变其长度 L 时的基频。可以看出,基频随长宽比的增大略有降低,而当长宽比大于 1.2 时,变化幅度就很小了。这表明网壳长宽比逐步加大时,两端约束的作用对网壳刚度影响逐渐减小。可以估计若再进一步加长,基频将趋于稳定值。经过专门研究长度变化对基频的影响,在图 3-67 给出了基频随长度改变的关系。发现基频随长度改变有一定减低,且呈曲线变化。

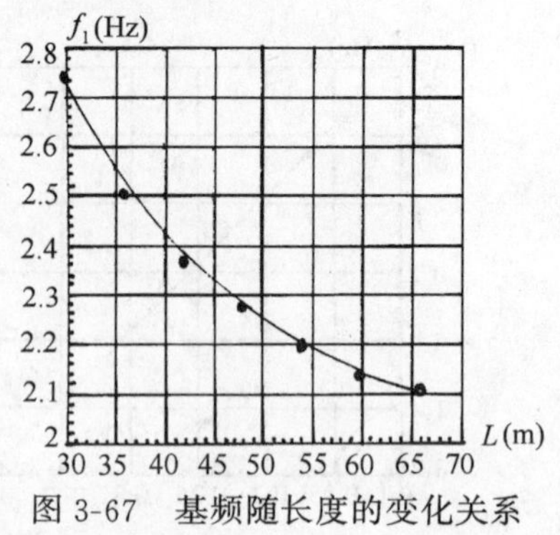

图 3-67　基频随长度的变化关系

圆柱面网壳长度变化对基频的影响　　表 3-47

L(m)	30	36	42	48	54	60	66
L/B	0.83	1.0	1.2	1.33	1.50	1.67	1.83
基频(Hz)	2.742	2.509	2.364	2.274	2.197	2.137	2.109

(4) 计算双层圆柱面网壳基频的实用公式

综合上述分析,当屋面荷载一定时,影响双层圆柱面网壳动力特性的主要参数是矢高、厚度、波宽和长度,前三者的影响近似成线性关系,而后者是非线性关系。为此,用 x_1、x_2、x_3 分别代表矢高 f、波宽 B 和厚度 h,经回归分析,用指数函数 $x_4=b_4e^{14.25/L}$模拟基频和长度的关系,可以得出以下线性回归模型:

$$\overline{y}=b_0+b_1x_1+b_2x_2+b_3x_3+b_4x_4 \tag{3-37}$$

式中　$\overline{y}$——代表网壳基频;

b_0、b_1、b_2、b_3、b_4——待定常数。

采用前面上百个模型的计算结果,容易求得计算基频的回归公式:

$$y=1.381-0.101f-0.039B+0.554h+1.848e^{14.25/L} \tag{3-38}$$

式中　y——网壳基频(Hz);

式(3-38)即计算基频的实用公式。表 3-48 给出验证该式的几个算例,表明实用公式简捷,计算结果能满足实际工程需要的精度。

实用公式的验证　　表 3-48

f(m)	B(m)	H(m)	L(M)	有限元法计算的基频(Hz)	实用公式计算的基频(Hz)
10.5	25	1.0	56	2.263	2.296
10.2	30	1.0	60	2.130	2.089
10.5	54	1.2	60	1.274	1.227
12	40	2.0	60	2.224	2.069
12	48	2.0	60	1.829	1.704
7.2	36	2.0	36	2.596	2.562

2. 地震反应

采用振型分解反应谱法分析双层圆柱面网壳的水平和竖向地震反应，重点研究矢跨比和场地条件对地震内力系数的影响。考虑到规范反应谱的阻尼比为0.05，而钢结构的阻尼比为0.02，因此采用时程法分析研究了阻尼比对网壳地震反应的影响。

(1)水平地震反应大于竖向地震反应

为比较结构的水平地震与竖向地震反应，分析了一个双层圆柱面网壳($B=36m$、$L=54m$、$h=1m$)，考虑其矢宽比 $f/B=0.143$、0.167、0.20、0.25、0.30 时，在Ⅲ类场地、设防烈度为8度的情况下，经计算所得的最大地震内力随矢宽比的变化如图3-68所示。可以看出，矢宽比小于0.16时，以竖向地震反应为主，且矢宽比越小竖向地震内力越大，直至远远大于水平地震反应。这是由于随着矢宽比减小，结构的水平刚度增大、而竖向刚度减小的缘故。当矢宽比大于0.16时，结构的水平刚度迅速下降，水平地震反应远大于竖向地震反应。鉴于工程中矢宽比小于0.16的双层圆柱面网壳极少，可以认为，双层圆柱面的网壳的抗震设计由水平地震作用控制。

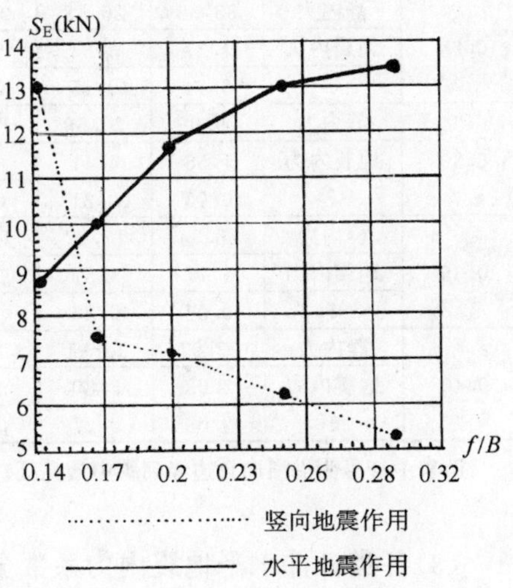

图3-68 水平与竖向地震内力随矢宽比的变化关系

表3-49所示为Ⅲ类场地、设防烈度为8度时双层圆柱面网壳($B=22.5m$、$L=60m$、$h=0.8m$、$f/B=0.33$、$q=1.0kN/m^2$)中间一环的横向上弦杆地震内力系数，显然它与上述结论是一致的。因此，本节以下仅讨论水平地震反应。

水平与竖向地震内力系数比较 **表3-49**

横向上弦杆号	1	2	3	4	5	6	7	8
竖向	0.01	0.03	0.05	0.05	0.02	0.01	0.03	0.04
水平	0.10	0.39	0.81	1.06	0.97	0.71	0.42	0.14

注：表中横向上弦杆号为沿横向自边缘到跨中最高处，共八个网格。

(2)杆件水平地震内力系数随矢宽比增大而明显增大

表3-50是Ⅲ类场地上，设防烈度为8度时双层圆柱面网壳($B=30m$、$L=60m$、$h=1.2m$，$q=1.0kN/m^2$)针对不同矢宽比计算得出的中间环横向上弦杆水平地震内力系数。图3-69为其中5号杆的ξ值随矢宽比的变化曲线。显然，随着矢宽比的增大，ξ值明显增大。

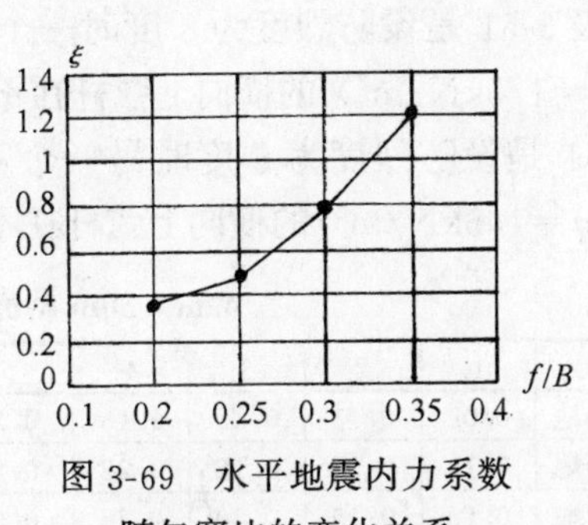

图3-69 水平地震内力系数随矢宽比的变化关系

不同矢宽比时横向上弦杆水平地震内力系数 表 3-50

f/B \ 杆号		1	2	3	4	5	6	7	8	9
0.20	静内力	40.51	33.10	27.75	24.05	21.58	20.02	19.11	18.63	18.50
	地震内力	1.35	4.05	6.22	7.52	7.80	7.02	5.29	2.85	0.01
	ξ	0.03	0.12	0.22	0.31	0.36	0.35	0.28	0.15	0.00
0.25	静内力	33.38	25.42	20.19	17.03	15.33	14.58	14.38	14.34	14.36
	地震内力	1.27	3.85	5.91	7.14	7.40	6.66	5.03	2.70	0.00
	ξ	0.04	0.15	0.29	0.42	0.48	0.46	0.35	0.19	0.00
0.30	静内力	29.09	20.56	15.27	12.44	11.34	11.28	11.77	12.32	12.56
	地震内力	1.55	4.41	6.77	8.30	8.82	8.30	6.78	4.44	1.54
	ξ	0.05	0.21	0.44	0.67	0.78	0.74	0.58	0.36	0.12
0.35	静内力	26.34	17.27	11.69	8.810	7.910	8.320	9.430	10.70	11.80
	地震内力	1.77	4.57	7.00	8.76	9.68	9.67	8.75	6.97	4.49
	ξ	0.07	0.26	0.60	0.99	1.22	1.16	0.93	0.65	0.38
0.40	静内力	23.97	13.91	7.84	4.94	4.39	5.41	7.32	9.48	11.38
	地震内力	2.03	3.80	5.63	6.99	7.72	7.76	7.07	5.70	3.71
	ξ	0.08	0.27	0.72	1.42	1.76	1.43	0.97	0.60	0.33

注：表中杆号为沿横向自边缘到跨中最高处，共九个网格。

(3)各类杆件水平地震内力系数分布规律不同

在Ⅲ类场地、设防烈度为8度的情况下，对多个双层圆柱面网壳的分析表明：

纵向弦杆的水平地震内力系数ξ从结构中部到两端逐渐减小，如果去掉静内力小于10kN的杆件，纵向弦杆的ξ分布较均匀。随矢宽比从0.167到0.30，上弦杆最大ξ值为0.24～1.0左右，下弦杆最大ξ值为0.13～0.45左右。

横向上下弦杆的ξ分布如表3-49、3-50所示，约在1/4和3/4波宽处ξ最大，边缘和跨中ξ减小。随矢宽比从0.167到0.30，上下弦杆最大ξ值为0.3～0.8。

斜腹杆主要是边缘一个网格杆件的ξ较大，向中间减小。如果去掉静内力小于10kN的杆件，中间部分腹杆的ξ分布较均匀。边缘腹杆最大ξ值为0.6～0.7，中部腹杆最大ξ值为0.3～0.4。

从数值上看，纵向上弦杆的ξ值较大，但由于该类杆件的静内力相对横向杆件要小许多，抗震设计中更应该重视横向杆件。

(4)水平地震内力系数随场地从Ⅰ类到Ⅳ依次增大

表3-51是设防烈度为8度时一个双层圆柱面网壳（$B=42\text{m}$、$L=30\text{m}$、$h=1.0\text{m}$、$f/B=0.3$、$q=1.5\text{kN/m}^2$）的横向上弦杆在不同场地上的地震内力系数。该网壳基本周期为0.346s。表3-51是设防烈度为8度时另一个双层圆柱面网壳（$B=36\text{m}$、$L=72\text{m}$、$h=1.0\text{m}$、$f/B=0.22$、$q=1.5\text{kN/m}^2$）的横向上弦杆在不同场地上的地震内力系数。该网壳基本周期为0.578s。

42m×30m 网壳在不同场地上杆件地震内力系数 表 3-51

杆件号	1	2	3	4	5	6	7	8	9	10	11	12
Ⅰ类场地	0.08	0.11	0.15	0.18	0.20	0.20	0.19	0.18	0.16	0.14	0.10	0.05
Ⅱ类场地	0.11	0.14	0.18	0.22	0.27	0.27	0.26	0.25	0.21	0.18	0.13	0.07
Ⅲ类场地	0.12	0.15	0.20	0.26	0.29	0.31	0.30	0.28	0.24	0.20	0.14	0.07
Ⅳ类场地	0.12	0.15	0.20	0.26	0.29	0.31	0.30	0.28	0.24	0.20	0.14	0.07

注：表中杆号为沿横向自边缘到跨中最高处，共十二个网格。

36m×72m 网壳在不同场地上杆件地震内力系数 **表 3-52**

杆件号	1	2	3	4	5	6	7	8	9	10
Ⅰ类场地	0.025	0.065	0.114	0.158	0.185	0.192	0.177	0.143	0.092	0.032
Ⅱ类场地	0.035	0.091	0.160	0.224	0.265	0.275	0.251	0.200	0.128	0.044
Ⅲ类场地	0.042	0.114	0.203	0.286	0.340	0.352	0.321	0.255	0.162	0.056
Ⅳ类场地	0.052	0.152	0.276	0.391	0.476	0.483	0.440	0.348	0.221	0.076

注:表中杆号为沿横向自边缘到跨中最高处,共十个网格。

可以看出,杆件的地震内力系数随场地从Ⅰ类到Ⅳ逐渐增大。其中第一个网壳杆件的地震内力系数在Ⅲ、Ⅳ类场地上一样。原因在于该网壳基本周期为 0.346s,在Ⅲ、Ⅳ类场地条件下,计算各阶振型的反应时,均取值于规范反应谱曲线的平台上,所以对Ⅲ、Ⅳ类场地上的计算结果会相同。

观察以上两个表,还可以看出Ⅱ类场地上的反应是Ⅰ类场地上的 1.35～1.43 倍,Ⅲ类场地上的反应是Ⅱ类场地上的 1.15～1.28 倍,Ⅳ类场地上的反应是Ⅲ类场地上的 1.36～1.41 倍。

(5)使用规范反应谱时,应根据阻尼比对计算的地震作用进行修正

如前所述,规范采用的反应谱是依据阻尼比为 0.05 制定的,而钢结构阻尼比一般为 0.015～0.02 左右。为研究阻尼比减小时地震反应增大多少,以双层圆柱面网壳($B=30$m、$L=60$m、$h=1.2$m、$f/b=0.3$、$q=1.5\text{kN/m}^2$)为例,分析了阻尼比从 0.02 到 0.05 改变时,横向上弦杆水平地震内力的变化,结果示于表 3-53。图 3-70 是 5 号杆地震内力随阻尼比变化的曲线。

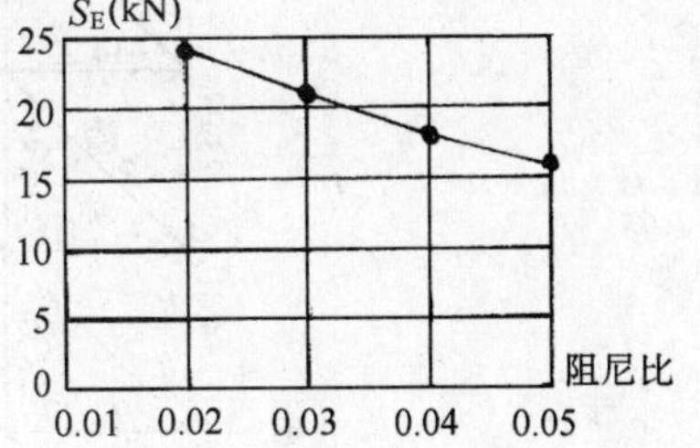

图 3-70 地震内力随阻尼比的变化关系

由表中可以看出,随着阻尼比减小,杆件地震内力明显增大,所以使用规范反应谱进行抗震计算时,应考虑阻尼比的差别对计算的地震作用进行修正。表中给出了阻尼比取 0.02 时的地震内力与阻尼比取 0.05 时的地震内力之比。可知如果对此例网壳结构取阻尼比 0.02,该修正系数为 1.52～1.56。

阻尼比变化对横向上弦杆水平地震内力 S_E 的影响 **表 3-53**

阻尼比 \ 杆号	2	3	4	5	6	7	8	9
0.02	11.1	17.7	22.1	24.0	23.3	20.0	14.6	7.70
0.03	9.50	15.3	19.1	19.1	20.1	17.3	12.6	6.60
0.04	8.20	13.3	16.6	16.6	17.4	15.0	10.9	5.70
0.05	7.10	111.5	15.4	15.5	15.1	13.0	9.50	5.00
$S_{0.02}/S_{0.05}$	1.56	1.54	1.52	1.55	1.54	1.54	1.54	1.54

注:表中杆号为沿横向自边缘到跨中最高处,共九个网格。

三、单层双曲抛物面网壳的抗震性能

单层双曲抛物面网壳（图 3-71）由于其造型活泼，而且具有直纹性，便于施工，近年来工程应用逐渐增多。为便于讨论其抗震性能，本节先介绍单层双曲抛物面网壳的静力特性，然后讨论其在地震作用下的反应。

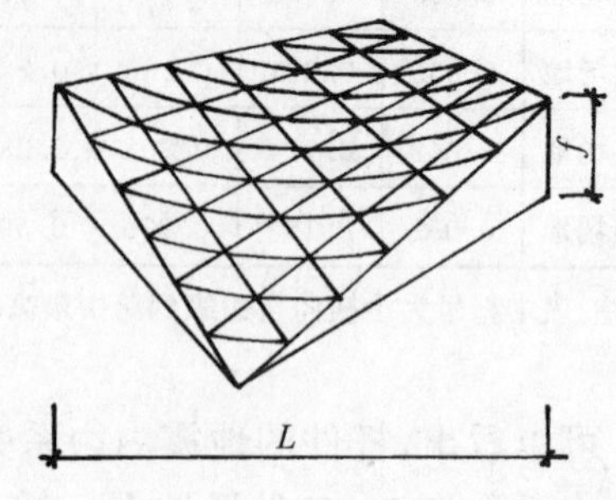

图 3-71　单层双曲抛物面网壳

1. 静力特性

图 3-72 所示为一个单层双曲抛物面网壳的平面图，跨度 L 为 15m，矢高 f 为 3m，即矢跨比 $f/L=1/5$。弦杆采用 $\phi60\times3.5$；四周边梁采用 $\phi290\times10$，其面积约为弦杆的 10 倍。屋面荷载为 $1\mathrm{kN/m^2}$，简记为N1-1。采用空间梁单元、刚节点模型，四角节点为固定铰支座，边梁节点简支。由于弯曲应力较小，剪应力可以忽略，所以主要分析杆件轴向力的分布规律。

由图 3-72 可见单层双曲抛物面网壳杆件轴向力分布的特点是：正交弦杆均受压，斜杆受拉，边梁从高点受拉逐步过渡为低点的受拉。最大拉力位于高点附近的斜杆，最大压力位于低点附近的边梁。

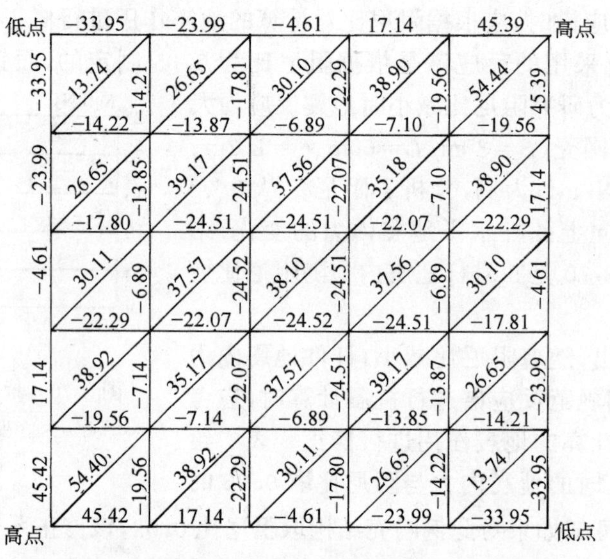

图 3-72　单层双曲抛物面网壳 N1-1 的平面与杆件内力（内力单位：kN）

为研究矢跨比对网壳杆件轴向力影响，改变上例的矢跨比为 $f/L=1/6$、1/7，分别简记为 N1-2、N1-3。内力对比列于表 3-54。显然，矢高越小杆件轴向力越大。

矢跨比变化对杆件轴向力影响　　**表 3-54**

算例	矢跨比	弦杆最大拉力（kN）	边梁最大拉力（kN）	边梁最大压力（kN）
N1-1	1/5	54.40	45.42	−33.95
N1-2	1/6	65.41	51.63	−37.80
N1-3	1/7	76.38	57.30	−41.24

进一步改变边梁的截面，在N1-1基础上分别取边梁面积为弦杆的2和5倍，简记为N1-1a和N1-1b。内力对比列于表3-55。可见边梁增强后，对弦杆最大轴向力几乎没有影响，边梁轴向力略有增大。

边梁刚度变化对杆件轴向力影响 **表3-55**

算例	边梁/弦杆	弦杆最大拉力（kN）	边梁最大拉力（kN）	边梁最大压力（kN）
N1-1a	2倍	54.82	38.99	−31.50
N1-1b	5倍	54.00	41.09	−32.66
N1-1	10倍	54.40	45.42	−33.95

考察跨度改变对杆件轴向力的影响，计算了N2-1（$L=30$m、11网格）、N3-1（$L=45$m、15网格）两个单层双曲抛物面网壳，荷载同N1-1。内力对比列于表3-56。随着跨度的增加，杆件轴向力明显增大，而且边梁内力要大于弦杆内力，即跨度增大后，最大内力都发生在边梁。

跨度变化对杆件轴向力影响 **表3-56**

算例	跨度（m）	弦杆最大拉力（kN）	边梁最大拉力（kN）	边梁最大压力（kN）
N1-1	15	54.82	38.99	−31.50
N2-1	30	160.70	218.00	−164.50
N3-1	45	320.70	523.70	−388.70

应该指出的是，上述参数改变影响了网壳内力大小，但杆件轴向力分布规律没有改变。

2. 自振特性

用子空间迭代法计算上述算例的自振周期列于表3-57，图3-73以N1-1为例给出了前十个振型。

前十个自振周期 **表3-57**

序号	N1-1	N1-1a	N1-1b	N1-2	N1-3	N2-1	N3-1
1	0.5718	0.6409	0.5879	0.5823	0.5900	0.9392	1.4454
2	0.4297	0.4660	0.4376	0.4526	0.4726	0.8177	1.2899
3	0.4019	0.4040	0.3969	0.4194	0.4367	0.6465	1.0237
4	0.3642	0.3836	0.3667	0.3700	0.3747	0.6183	0.9363
5	0.2896	0.2814	0.2808	0.2907	0.2921	0.4316	0.6818
6	0.2802	0.2747	0.2735	0.2838	0.2889	0.4306	0.6782
7	0.2611	0.2557	0.2539	0.2732	0.2863	0.3869	0.5660
8	0.2491	0.2470	0.2429	0.2684	0.2815	0.3832	0.5615
9	0.2320	0.2322	0.2279	0.2541	0.2735	0.3572	0.5330
10	0.1944	0.2045	0.2064	0.2285	0.2387	0.3121	0.4973

分析表明单层双曲抛物面网壳自由振动有如下规律：

（1）频谱密集且多为反对称振型，如N1-1中仅3、6与9为对称振型。

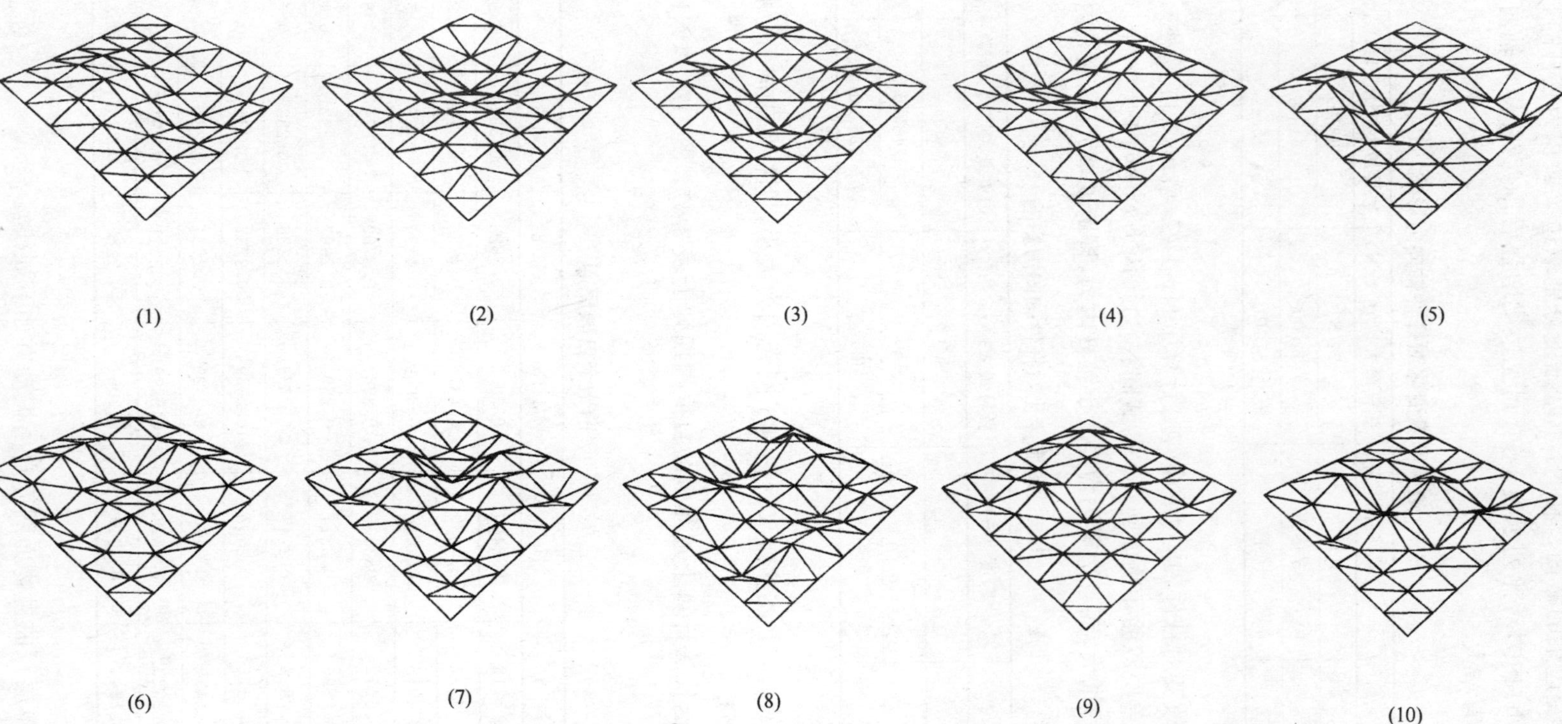

图 3-73　单层双曲抛物面网壳 N1-1 的前十个振型

(2) 基本周期较单层球面网壳和双层圆柱面网壳要长许多，说明单层双曲抛物面网壳较柔。

(3) 比较 N1-1a、N1-1b 和 N1-1 可知，随边梁刚度的增加，基本周期缩短。

(4) 比较 N1-1、N1-2 和 N1-3 可知，随矢跨比的降低，基本周期加长。

(5) 比较 N1-1、N2-1 和 N3-1 可知，随网壳跨度加大，基本周期加长。

(6) 前十个振型基本上都属于竖向振型，这是由于单层双曲抛物面网壳均有较大的边梁所致。但各振型中，节点的水平分量并不小，在水平地震作用下，仍可能发生较大反应。

3. 地震反应

采用振型分解反应谱法计算了部分算例在竖向和水平地震作用下的反应，仍然采用地震内力系数 ξ 来研究地震内力与静内力的关系。表 3-58、3-59 分别给出了网壳弦杆的竖向和水平地震内力系数最大值，这里去掉了那些由于杆件轴向力小于 10kN 而得出的很大的 ξ 值。图 3-74、3-75 分别给出了 N1-1 在竖向和水平地震作用下的地震内力系数分布。

水平地震内力系数最大值（Ⅲ类场地，8 度） **表 3-58**

算例	N1-1	N1-1a	N1-1b	N1-2	N1-3
正交弦杆	0.19	0.22	0.26	0.13	0.10
斜杆	0.30	0.23	0.24	0.21	0.16

竖向地震内力系数最大值（Ⅲ类场地，8 度） **表 3-59**

算例	N1-1	N1-1a	N1-1b	N1-2	N1-3
正交弦杆	0. 12	0. 12	0. 12	0. 10	0. 09
斜杆	0. 14	0. 13	0. 12	0. 11	0. 12

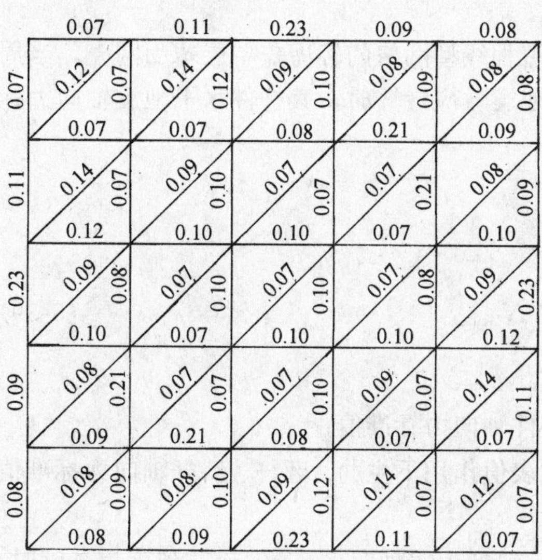

图 3-74 网壳 N1-1 竖向地震内力系数分布（Ⅲ类场地、8 度）

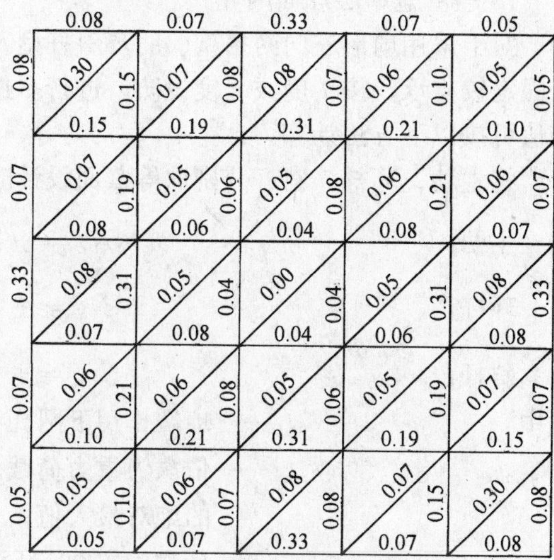

图 3-75 网壳 N1-1 水平地震内力系数分布（Ⅲ类场地、8 度）

分析表明：

（1）水平地震内力系数最大值在 0.1～0.3 之间，竖向地震内力系数最大值在 0.1～0.14 之间，即水平地震反应比竖向地震反应大近一倍。

（2）斜杆的地震内力系数一般大于正交弦杆。这是由于杆件布置方式，斜杆是主要承力杆件。

（3）边梁刚度改变对竖向地震反应影响不大；对水平地震反应有明显影响，它改变了斜杆与正交弦杆水平地震内力的分布，采用合适的边梁刚度可使两类杆件的水平地震内力系数最大值接近，并有一定程度的减小（N1-1a、N1-1b），使设计更合理。

（4）随网壳矢高的降低，水平地震内力系数最大值大大减小，竖向地震内力系数略有减小。比较 N1-3 的水平与竖向地震反应可知，当矢高降低到一定程度时，水平与竖向地震内力系数接近。这说明随网壳矢高的降低，水平地震反应减弱，竖向地震反应增强，即由水平地震反应为主逐步过渡到以竖向地震为主控制设计。

（5）由图 3-74、3-75 可见地震内力系数分布不均匀，无论竖向还是水平地震内力系数最大值都发生在靠近边缘的一、二个网格内，其他部位则相对小些。

综上所述，单层双曲抛物面网壳抗震设计时竖向地震内力系数可取 0.12～0.14 左右，而水平地震内力系数受结构参数影响明显，要针对具体情况分析。

四、网壳水平地震内力的实用计算

综合上述分析，可以认为在设防烈度为 7 度的地区，网壳结构不必进行竖向抗震计算，但须进行水平抗震验算。在设防烈度为 8 度和 9 度的地区，应进行竖向与水平抗震验算。考虑到网壳工程设计中，通常采用等截面杆件，即同一类杆件采用同样的截面，截面尺寸按其中最大的内力来确定。总结对数百个不同网壳的计算分析结果，对常用网壳可以采用以下的实用方法计算其地震轴向力。

1. 轻屋盖单层球面网壳

对于采用扇形三向网格型、肋环斜杆型及短程线型网格的轻屋盖单层球面网壳，当周边固定铰支承，按 7 度或 8 度设防，进行多遇地震效应计算时，其杆件水平地震轴向力标准值可按以下方法计算：

将主肋、环杆、斜杆分别取等截面设计时

主肋：
$$N_E = \pm c\zeta_m N_{G,max}^m$$

环杆：
$$N_E = \pm c\zeta_l N_{G,max}^l \tag{3-39}$$

斜杆：
$$N_E = \pm c\zeta_d N_{G,max}^d$$

式中 N_E——地震作用下网壳杆件轴向力标准值；

$N_{G,max}^m$、$N_{G,max}^l$、$N_{G,max}^d$——依次为重力荷载代表值作用下主肋、环杆、斜杆轴向力标准值的绝对最大值；

ζ_m、ζ_l、ζ_d——依次为主肋、环杆、斜杆地震轴向力系数。设防烈度为 7 度时，按表 3-60 采用，8 度时取表中数值 2 倍，表中系数考虑了网壳结构阻尼比为 0.02 的影响；

c——场地修正系数，按表 3-61 采用。

单层球面网壳杆件地震轴向力系数 **表 3-60**

f/L	0.167	0.200	0.250	0.300
ζ_m	0.16			
ζ_l	0.30	0.32	0.35	0.38
ζ_d	0.26	0.28	0.30	0.32

场地修正系数 **表 3-61**

场地类别	Ⅰ	Ⅱ	Ⅲ	Ⅳ
c	0.54	0.75	1.00	1.55

2. 轻屋盖单层双曲抛物面网壳

对于采用正交正放网格，斜杆为拉杆的轻屋盖单层双曲抛物面网壳，当四角固定铰支承、周边竖向铰支承，按 7 度或 8 度设防，进行多遇地震效应计算时，其杆件水平地震轴向力标准值可按以下方法计算：

除了周边杆件及抬高端 1/5 跨度范围内的斜杆外，所有弦杆与斜杆均取等截面设计时

抬高端斜杆：$N_E = \pm c\zeta N^u_{G,max}$

其他弦杆与斜杆：$N_E = \pm c\zeta N_{G,max}$ (3-40)

式中 $N^u_{G,max}$——重力荷载代表值作用下，网壳抬高端 1/5 跨度范围内的斜杆轴向力标准值的绝对最大值；

$N_{G,max}$——重力荷载代表值作用下，网壳除了上述斜杆外所有弦杆与斜杆轴向力标准值的绝对最大值；

ζ——杆件地震轴向力系数。设防烈度为 7 度时取 $\zeta=0.15$，8 度时取 0.30。

由于周边杆件实际上是刚度很大的边梁，与结构整体有关，应结合结构设计整体考虑。所以式（3-40）没有包括它们。

3. 轻屋盖正放四角锥双层圆柱面网壳

对于沿两纵边固定铰支、两端竖向约束的轻屋盖正交正放双层圆柱面网壳，按 7 度或 8 度设防进行多遇地震效应计算时，其杆件水平地震轴向力标准值可按以下方法计算：

横向上下弦杆：$N_E = \pm c\zeta_b N^b_G$

按等截面设计的纵向弦杆：$N_E = \pm c\zeta_z N^c_{G,max}$ (3-41)

按等截面设计的腹杆：$N_E = \pm c\zeta_w N^w_{G,max}$

式中 N^b_G——重力荷载代表值作用下横向上下弦杆轴向力标准值；

$N^c_{G,max}$、$N^w_{G,max}$——依次为重力荷载代表值作用下纵向弦杆、腹杆轴向力标准值的绝对最大值；

ζ_b、ζ_z、ζ_w——依次为横向上下弦杆、纵向弦杆、腹杆地震轴向力系数。根据不同类型杆件的地震反应特点划分成不同区域，再考虑阻尼比修正系数后按表 3-62采用。8 度时取表中数值 2 倍。

双层圆柱面网壳杆件地震轴向力系数 **表 3-62**

矢跨比 f/B			0.167	0.200	0.250	0.300
ζ_b	阴影部分杆件	上弦	0.22	0.28	0.40	0.54
		下弦	0.34	0.40	0.48	0.60
	空白部分杆件	上弦	0.18	0.23	0.33	0.44
		下弦	0.27	0.32	0.40	0.48
ζ_z		上弦	0.18	0.32	0.56	0.78
		下弦	0.10	0.16	0.24	0.34
ζ_w		腹杆	0.50			

应该强调的是，研究结果表明网壳的地震内力系数远较网架的大，建造在 7 度抗震设防区的网壳也必须进行抗震设计。所以各类网壳杆件地震轴向力系数是按 7 度多遇地震给出的。前面已讨论过，水平地震反应受结构刚度影响明显，因此在支承情况复杂时，应考虑其对网壳的实际约束刚度对网壳进行认真的抗震分析。

第九节　抗震构造和措施

本章的讨论表明，由于高次超静定的杆件布置和空间工作的受力特性，空间杆系结构抗震性能是较好的。尽管空间杆系结构地震反应较为复杂，仍然能够找出规律，从而使该类结构的抗震设计更加经济合理。但是仅仅依靠增加结构杆件的强度来克服地震作用下空间杆系结构产生的很大的内力和位移，将付出昂贵的代价，而有时效果并不令人满意。因此，还应该研究和寻找能够减小结构地震反应的构造措施。

研究空间杆系结构的抗震构造措施，应该从合理的支座构造、合理的结构体系和减震控制三个角度进行。本节介绍这方面的实践经验和正在进行的有关研究。

一、合理的支座构造

地震发生时，强烈的地面运动迫使建筑物基础产生很大的位移，这一作用通过与基础或支承的连接使空间杆系结构产生很大的内力和位移，严重时导致结构破坏或倒塌。显然，如果连接支座有一定的变形能力，将能够消耗一部分地震能量。根据结构动力学理论，结构变形能力的增加将导致结构基本周期加长。由图 2-3 可知，基本周期越长，离场地的卓越周期越远，地震影响系数将越小，从而降低空间杆系结构的加速度反应，减小节点位移和地震作用。本章各节关于支座刚度影响的研究已经证明了这一点。因此好的支座抗震构造应该在满足必要的竖向承载力的同时，尽量给结构提供较大的侧向位移能力。

1. 带有摩擦滑动的平板压力支座

摩擦滑动的原理是：在结构和支承面之间作摩擦滑动，在轻微地震或水平力作用下，结构在静摩擦力作用下仍能固结在支承上，而当强震发生时，静摩擦力被克服，结构作水平滑移，从而消耗地震能量。摩擦滑动层可以采用经过防腐处理的高强合金钢板做成干摩擦滑板，也可以用聚四氟乙烯或氯丁二烯在接触面上作一涂层，以提供预定的摩擦系数，也有用滑石、石墨等作为滑动垫层的。

图 3-76 为平板压力支座。将空心球或螺栓球与十字节点板焊接，通过十字节点板及底板将支承反力传至下部支承结构。在支座底板与支承面顶板间设一块连有埋头螺栓的过渡钢板，安装定位后将过渡板侧边与支承面顶板焊接，并将过渡板上的埋头螺栓与支座底板相连。它构造简单，加工方便，用钢量较省，是空间杆系结构中最常用的支座形式。为使支座节点有一定的侧移能力，可将支座底板与过渡板的接触面做成摩擦滑动层，并把支座底板上的螺栓孔做成椭圆形，这样可使支座具有一定的抗震能力。

2. 板式橡胶支座

板式橡胶支座是平板压力支座的底板与支承面顶板之间设置一块由多层橡胶片与薄钢板粘合、压制成的矩形橡胶垫板，并以锚栓相连使其成为一体（图 3-77）。橡胶片具有良好的弹性，薄钢板具有一定的强度，两者组合而成的橡胶垫板不仅可使空间杆系结构支座节点在不出现过大竖向压缩变形的情况下获得足够的承载力，而且也可产生较大的剪切变形，因此有利于减轻地震作用对结构的影响，对改善下部支承结构的受力状态也是有利的。

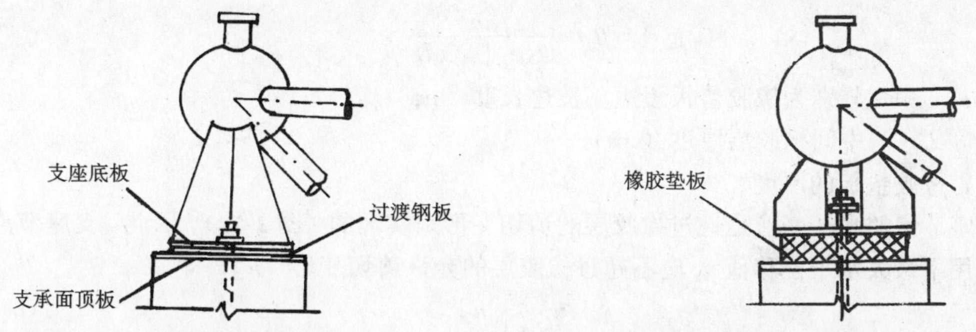

图 3-76　平板压力支座　　　图 3-77　板式橡胶支座

我国在 60 年代就已将橡胶支座应用于桥梁结构，多年的工程实践表明，它的抗震效果良好。目前已开始应用于网架与网壳结构中，对于这种橡胶垫板的设计计算也取得了一定经验。

橡胶垫板的材料性能见表 3-63。

胶料的物理机械性能　　　　表 3-63

胶料类型	硬度（邵氏）	扯断力（MPa）	伸长率（%）	300%拉伸强度（MPa）	扯断永久变形（%）	适用温度不低于
氯丁橡胶	60±5	≥18.63	≥450	≥7.84	≤25	−25℃
天然橡胶	60±5	≥18.63	≥500	≥8.82	≤20	−40℃

（1）橡胶垫板的平面尺寸

橡胶垫板的底面面积主要取决于它的抗压强度，即

$$A_e \geqslant \frac{R_{max}}{[f_c]} \tag{3-42}$$

式中 R_{max}——全部上部荷载标准值引起的最大支座反力值；

A_e——橡胶垫板承压面积；

$[f_c]$——橡胶垫板的容许抗压强度，按表 3-64 采用。

橡胶垫板的力学性能 **表 3-64**

容许抗压强度 $[f_c]$（MPa）	极限破坏强度（MPa）	抗压弹性模量 E（MPa）	剪变模量 G（MPa）	摩擦系数 μ
7.84～9.80	＞58.82	由形状系数 β 按表 3-65 查得	0.98～1.47	与钢 0.2 与混凝土 0.3

E-β 关系 **表 3-65**

β	4	5	6	7	8	9	10	11	12
E（MPa）	196	265	333	412	490	579	675	745	843
β	13	14	15	16	17	18	19	20	
E（MPa）	932	1040	1157	1285	1422	1559	1706	1863	

表中的形状系数 β 可由下式计算：

$$\beta = \frac{ab}{2(a+b)d_i} \tag{3-43}$$

式中 a、b——分别为橡胶垫板短边、长边长度（cm）；

d_i——中间橡胶层厚度（cm）。

（2）橡胶垫板的厚度

支座节点的水平变形是通过橡胶层的剪切变形来实现的（图 3-78）。因此，支座节点在地震作用下最大水平位移值 u_s 应不超过橡胶层的允许剪切变形 $[u]$，即

$$u_s \leqslant [u] \tag{3-44}$$

$[u]$ 值与橡胶层总厚度及其允许剪切角有关，即

$$[u] = d_e \text{tg}\alpha \tag{3-45}$$

式中 d_e——橡胶层总厚度。橡胶垫板中，一般上下表层橡胶片为 2.5～3.5mm 厚，中间层橡胶片为 5、8、11mm 厚。

α——允许剪切角，常用橡胶材料剪切角的极限为 35°，即 $\text{tg}\alpha = 0.7$。

因此、橡胶层总厚度 d_e 应满足以下要求：

$$0.2a \geqslant d_e \geqslant 1.43u_S \tag{3-46}$$

式中上限是为防止橡胶层厚度过大造成的支座失稳。橡胶层总厚度 d_e 确定以后，加上各胶片间薄钢板的厚度之和，就可求得橡胶垫板的总厚度。钢板可采用Q235 或Q345 钢，厚度为 2～3mm。

(3) 橡胶垫板的压缩变形

橡胶垫板的弹性模量较低，在竖向压力及支座转动时均易产生较大压缩变形，必须加以控制。假定橡胶垫板产生图 3-79 所示的不均匀压缩变形，且忽略薄钢板的变形，则支座转角 θ 为

$$\theta = \frac{1}{a}(w_1 - w_2) \tag{3-47}$$

橡胶垫板的平均压缩变形 w_m 可表为

$$w_m = \frac{1}{2}(w_1 + w_2) = \frac{R_{max}d_e}{A_c E} \tag{3-48}$$

式中 E——橡胶垫板的弹性模量，承压面积和中间层橡胶片厚度有关，一般在 190～1800MPa 之间，可由试验确定，生产厂家也会提供。

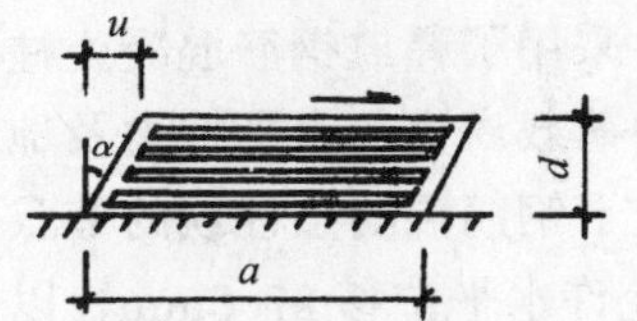

图 3-78 橡胶垫板的剪切变形

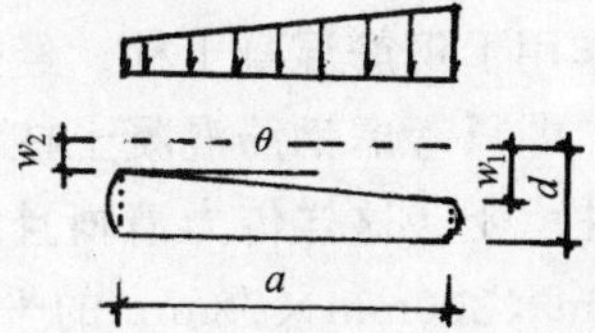

图 3-79 橡胶垫板的压缩变形

由以上两式，可得：

$$w_2 = w_m - \frac{1}{2}\theta a \tag{3-49}$$

若 $w_2 < 0$，意味着支座底面局部脱空，形成局部承压，这是不允许的。因此必须有 $w_2 \geqslant 0$，亦即平均压缩变形

$$w_m \geqslant \frac{1}{2}\theta a \tag{3-50}$$

为了不使橡胶垫板出现过大的竖向压缩变形，还应控制平均压缩变形 w_m 不超过橡胶层总厚度的 1/20，即

$$w_m \leqslant 0.05 d_e \tag{3-51}$$

(4) 橡胶垫板的抗滑移

板式橡胶支座中橡胶面直接与混凝土或钢板接触，发生水平位移 u_S 时，支座上的水平力将依靠接触面上的摩擦力平衡。为此，应保证橡胶垫板与接触面之间不产生相对滑动。此时可按下式进行抗滑移验算：

$$\mu R_g \leqslant G A_e \frac{u_s}{d_e} \tag{3-52}$$

式中 μ——橡胶垫板与其他材料接触面之间的摩擦系数，按表 3-64 采用；

R_g——乘以荷载分项系数 0.9 的永久荷载标准值引起的支座反力；

G——橡胶垫板的剪切模量，按表 3-64 采用。

橡胶垫板设计时还应考虑长期使用后因橡胶老化而需要更换的条件。为防老化，在橡胶垫板四周可以涂酚醛树脂，并粘结泡沫塑料。在安装、使用过程中应避免与油脂等类物质以及其他对橡胶有害的物质接触。

二、合理的结构体系

由于空间杆系结构多通过周边支承与下部结构或基础连接，从而形成一个整体空间工作体系。因此该体系的抗震性能好坏，不仅与空间杆系结构本身的空间工作性能、下部结构的抗侧移性能及支座抗变形能力有关，也与结构布置方案及各结构部件之间的连接构造有关。

1. 结构布置方案

由本章第四、五节的讨论已经清楚地看到，不同的结构布置方案，特别是支承系统的不同刚度明显地影响着空间杆系结构的地震反应。这里再结合一个工程实例介绍支座的合理布置。

北京体育学院体育馆（图 3-80）采用双层双曲抛物面网壳，四角由四个倒三角形的网格形斜柱支承，其余周边有钢筋混凝土柱支承。计算分析表明：由于钢筋混凝土柱提供的横向约束很强，网壳杆件将产生很大的应力。同时在竖向荷载作用下，网壳将产生极大的水平推力作用于钢筋混凝土柱。经过多种方案的比较，采用了释放钢筋混凝土柱顶水平约束的做法，即只考虑钢筋混凝土柱承受竖向荷载。竖向荷载产生的水平推力及地震作用由网格形斜柱承受。这样传力清晰且承载合理。为此，位于钢筋混凝土柱顶的节点采用了尺寸为 300mm×300mm×78mm 的平板橡胶支座，最大允许水平位移 27.5mm，以保证有较大的剪切变形来释放水平力，同时又能承受竖向荷载。网格形斜柱上端与网壳形成整体，以便保持变形一致，而下端节点采用半球形铰，以便能够承受水平和竖向荷载，但不传递弯矩。

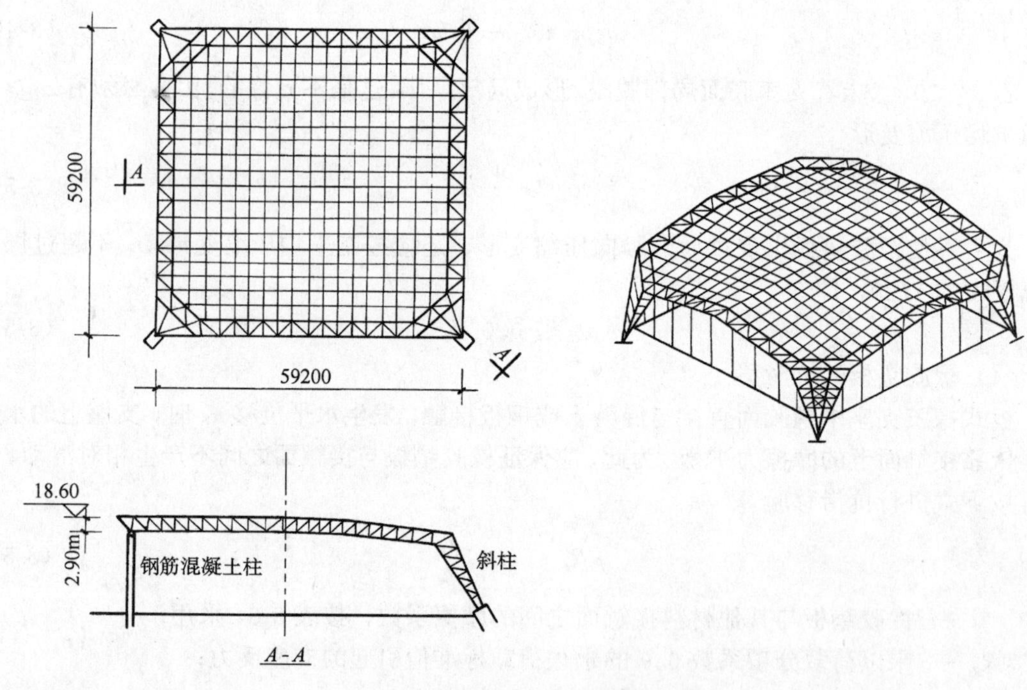

图 3-80　北京体育学院体育馆

按上述设计方案，计算了水平地震作用下的结构反应。分析表明，网格形斜柱承担了水平地震作用的 85%。由于钢筋混凝土柱有一定的水平刚度，它们也承担了一部分水平地震作用。这说明采用合理的支座布置方案可以调整的传力特征，形成有利于抗震的结构体系。

2. 结构与支座连接的构造

空间杆系结构本身具有良好的空间工作性能，且刚度分布均匀。然而，结构与支承的连接方式将明显地影响结构杆件的地震反应。第四节讨论网架结构体系水平抗震性能时，已清楚地看到，由于采用上弦支承方式，上弦杆的地震内力大于下弦杆的地震内力许多，造成杆件内力的不均匀。因此第四节中提出的采用上下弦杆同时与支承体系连接的构造（图3-29）就是一种改进的方案。上下弦杆同时承担水平力的传递，必将减小上弦杆的内力，使结构中内力分布趋于均匀。

是否还有更好的连接方式，有待于工程实践中进一步研究与发展。

三、结构减震控制

随着现代控制理论和计算机技术的发展，在结构上施加控制，减小结构在地震作用下的反应的研究，已成为一个新的研究方向。从被动地抵抗地震到主动地抑制地震反应，将是设计思想的一大转变。目前的研究主要集中在高层、高耸建筑物的抗震控制，可用于大跨度结构的减震方案则刚开始研究。

1. 结构减震控制方案

目前国内外可见到的结构减震控制方案为：

(1) 被动控制方案

通过人为附加隔离、阻尼、质量等装备，消耗、吸收震源以传送给结构的能量。这种方案较易实现，造价较低。但其缺点是在设计上灵活性小，往往只能限于针对结构的低阶振型，阻尼介质的性能随环境温度影响较大。

(2) 主动控制方案

利用计算机技术和现代自动控制理论的新成果，通过电动加力装置引入外来能源抑制结构振动变形。它的优点是设计上的灵活性大，可以对付处于宽广频率范围内的多种激振载荷作用。缺点是造价较高，所需用的大功率电源在严重地震灾害情况下无法保证提供。

(3) 主-被动混合式控制方案

兼有主动控制和被动控制二者优点，其特点是：在某些被动控制装置（如基础隔震系统、粘弹性阻尼装置等）中引入只需用小功率驱动的可控部件，使被动控制的设计参数可随时通过主动控制方式加以调节，因其不需大功率能源和性能设计上的灵活性而成为发展趋势。

2. 结构减震控制装置

不管哪一种控制方案均需在结构上附加减震控制装置，其主要原理是：

(1) 改变结构的质量或刚度

在结构上附加质量，或将某些杆件设计成可调刚度杆件，可以改变结构的质量或刚度，从而改变了结构的自振周期，使结构自振周期远离建筑场地的卓越周期，可以有效地降低结构的加速度反应。

(2) 改变结构的阻尼

利用粘性物质（如油）设计成粘性阻尼器，用铅在外力作用下的塑性变形性能可做成铅挤压阻尼器（图3-81），通过摩擦片与外筒内壁的摩擦耗能制成摩擦阻尼器（图3-82）等等，将它设置于结构的连接部位，如基础、支座、节点等处，甚至可以作成阻尼杆件。阻尼越大，结构的反应越小。尽可能增大结构的阻尼，加大地震能量的消耗，从而可降低结构的位移反应。

为保证结构能满足正常使用的要求以及在地震后能恢复到原来位置，结构减震控制装置还必须有足够的初始刚度及弹性恢复力。

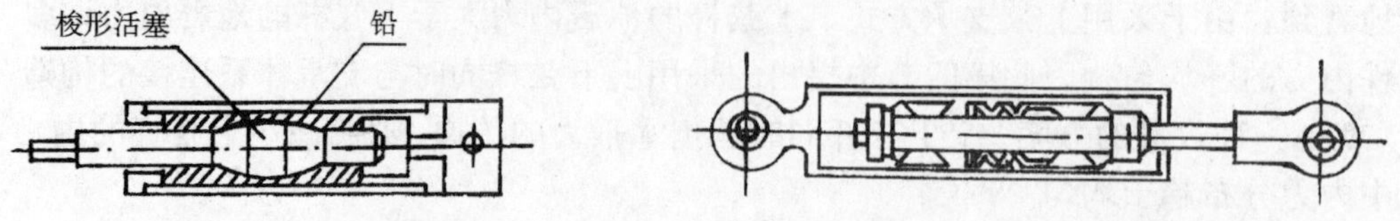

图 3-81　一种铅挤压阻尼器

图 3-82　一种摩擦阻尼器

下面介绍一个整体结构采用基础隔震系统的工程实例。图 3-83 所示是美国旧金山为迎接 21 世纪而新建的国际机场候机大厅。屋架用钢管焊接而成，支承在 40 根柱子上，像展翅的大鹏。公路从建筑物底层的中部通过，设计规模为每小时接待国际旅客 5000 人，是旧金山面向世界的"大门"。该建筑物采用了基础隔震系统。它由 267 个"摩擦摆"(Friction Pendulum) 滑动支承组成，包括凹球面的不锈钢底座和滑动关节。设计计算表明，这种滑动支承提供了 3s 的隔震周期，允许水平位移 508mm，竖向位移 50mm，预计可减小地震作用 70%。建成后，它将是世界上最大的具有减震系统的建筑物。

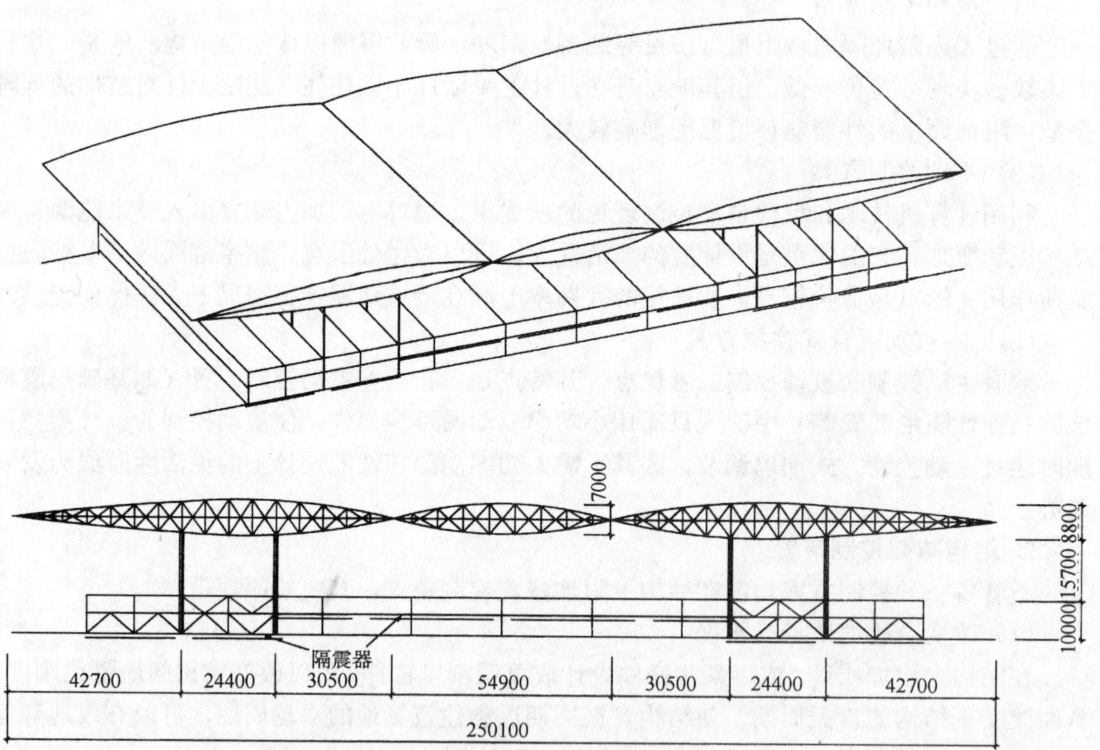

图 3-83　旧金山新建的国际机场候机大厅

第四章　悬索结构

悬索结构是以拉力索为主要承重构件的体系。前二章所讨论的平面与空间杆系结构属于刚性体系，而悬索结构则属于柔性体系。在结构分析中有一些与刚性体系所不同的特殊问题，如初始态的确定，几何非线性反应分析，如何防止索松弛等。因此，这类柔性体系的动力特性和地震反应就更为复杂。为便于读者理解，本章先从悬索结构的静力分析谈起，然后介绍它的动力分析及抗震计算。

第一节　悬索结构的静力分析

悬索结构的静力分析有许多方法：采用连续化假定可针对某种特定索系或某种特定荷载导出的解析解；采用薄膜比拟法来计算索网等。由于这些方法的计算和推导都比较复杂，国内外学者已提出了一些近似计算方法，如等效单索法、弹性地基梁法等。随着计算力学的发展，采用离散理论的假定，应用有限单元法对悬索结构进行非线性分析的方法适应面更广，便于编制计算机程序，同时又便于进行动力分析。本节将以索网及横向加劲单曲悬索结构为例，介绍这一分析理论。

一、计算简图与基本假定

索网结构系指单层的两向正交或斜交的索构成的空间索系，两方向的索分别称为主索和副索，见图 4-1。索系中相交的节点用锚夹具锚固，使之不会产生相对滑移。而横向加劲单曲悬索结构是新近发展起来的一种结构形式，它是由单向的索系与桁架（或梁）组成，即将正交索网结构中的副索换成桁架（或梁）；桁架主要起稳定作用，见图 4-2。

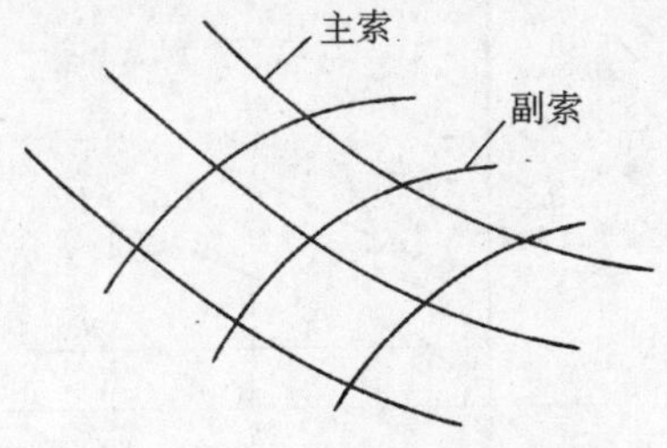

图 4-1　索网结构

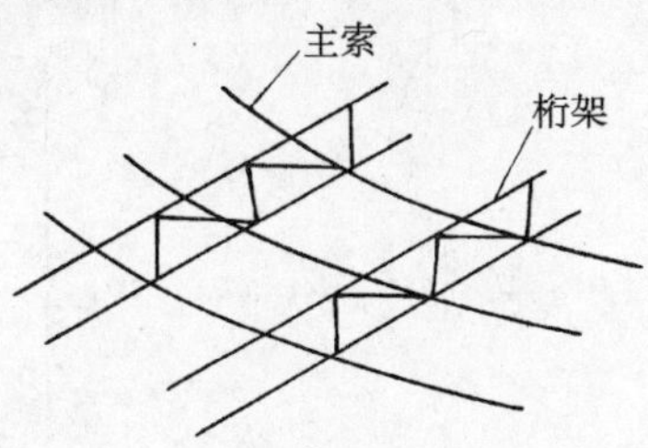

图 4-2　横向加劲单曲悬索结构

用有限元法分析时采用以下基本假定：

(1) 材料处于弹性工作，即符合虎克定律。

(2) 索为完全柔性，仅能承受轴向拉力。

(3) 将索按节点离散化为索段，每一索段视为直线的受拉杆单元，称为索元。

(4) 索段之间的节点为铰接，每个结点有三个自由度，即它可能在 x、y、z 三个方向产生线位移。

(5) 外荷载作用在各个节点上。

(6) 横向加劲单曲悬索结构中，桁架（或梁）杆件离散化为普通杆元，且桁架（或梁）与索元之间无滑移。

研究表明，以上假定是比较接近结构实际情况的。

二、索元的几何变形和应力-应变关系

现任取一个索元 ij，并规定其局部坐标系 $O'-x'$，x' 轴的正向为从 i 到 j。体系的整体坐标系为 $O\text{-}xyz$，索元 ij 的两端点在整体坐标系中的坐标为 (x_i, y_i, z_i) 和 (x_j, y_j, z_j)，见图 4-3。索元 ij 在未受力产生变形之前的初始长度为 L_{ij}，

$$L_{ij}=\sqrt{(x_j-x_i)^2+(y_j-y_i)^2+(z_j-z_i)^2} \tag{4-1}$$

当体系在外荷载作用下产生变形，索元 ij 伸长，节点 i、j 在 x、y、z 方向的线位移分别为 u_i、v_i、w_i 和 u_j、v_j、w_j。这时索元 ij 处于新的平衡位置，两端点的新坐标为 $(x_i+u_i, y_i+v_i, z_i+w_i)$ 和 $(x_j+u_j, y_j+v_j, z_j+w_j)$，索元长度为 L'_{ij}，

$$\begin{aligned}L'_{ij}&=\sqrt{(x_j+u_j-x_i-u_i)^2+(y_j+v_j-y_i-v_i)^2+(z_j+w_j-z_i-w_i)^2}\\&=\sqrt{L_{ij}^2+2[(x_j-x_i)(u_j-u_i)+(y_j-y_i)(v_j-v_i)+(z_j-z_i)(w_j-w_i)]+(u_j-u_i)^2+(v_j-v_i)^2+(w_j-w_i)^2}\end{aligned} \tag{4-2}$$

于是索元的应变 ε 为：

$$\varepsilon=\frac{L'_{ij}-L_{ij}}{L_{ij}}=\sqrt{1+2a+b}-1 \tag{4-3}$$

式中

$$a=[(x_j-x_i)(u_j-u_i)+(y_j-y_i)(v_j-v_i)+(z_j-z_i)(w_j-w_i)]/L_{ij}^2$$

$$b=[(u_j-u_i)/L_{ij}]^2+[(v_j-v_i)/L_{ij}]^2+[(w_j-w_i)/L_{ij}]^2$$

或用矩阵表示为：

$$a=\frac{1}{L_{ij}}[u_i \quad v_i \quad w_i \quad u_j \quad v_j \quad w_j]\begin{Bmatrix}-l\\-m\\-n\\l\\m\\n\end{Bmatrix}$$

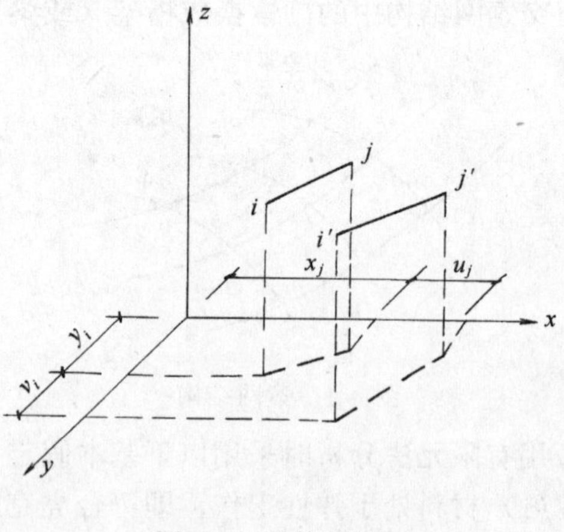

图 4-3　整体坐标系

$$b=\frac{1}{L_{ij}^2}\begin{bmatrix}u_i & v_i & w_i & u_j & v_j & w_j\end{bmatrix}\begin{Bmatrix}-(u_j-u_i)\\-(v_j-v_i)\\-(w_j-w_i)\\(u_j-u_i)\\(v_j-v_i)\\(w_j-w_i)\end{Bmatrix}$$

式中 $l=(x_j-x_i)/L_{ij}$，$m=(y_j-y_i)/L_{ij}$，$n=(z_j-z_i)/L_{ij}$分别为索元 ij 的局部坐标系 $O'-x'$ 轴对整体坐标系 $O-xyz$ 的方向余弦。

将应变表达式（4-3）按台劳（Taylor）级数展开，并略去五阶以上高阶项，可得索元的应变表达式为

$$\varepsilon=a+\frac{b}{2}-\frac{a^2}{2}-\frac{ab}{2}+\frac{a^3}{2}+\frac{3a^2b}{4}-\frac{b}{8}-\frac{5a^4}{8} \tag{4-4}$$

于是，应变的二阶量

$$\varepsilon^2=a^2+ab-a^3-\frac{3a^2b}{2}+\frac{5a^4}{4}+\frac{b^2}{4} \tag{4-5}$$

如果索元中有初始应变，则索元的总应变 ε_a 可表为：

$$\varepsilon_a=\varepsilon^0+\varepsilon \tag{4-6}$$

式中 ε^0——索元受力之前的初始应变；

ε——索元受力之后所产生的弹性应变。

最后，根据虎克定律，索元的应力-应变关系为：

$$\sigma=E\varepsilon_a \tag{4-7}$$

式中 E 为索元的弹性模量。

三、索元的单元刚度方程

采用最小总势能原理来建立单元刚度方程。先对索元 ij 写出其在节点荷载作用下的总势能泛函 Π_e，它等于该单元的应变能即内力势能和外力势能之和，即：

$$\begin{aligned}\Pi_e&=\frac{1}{2}\int_v\varepsilon_a\sigma dv-P_eU_e\\&=\frac{1}{2}\int_v E\varepsilon_a^2dv-P_eU_e\\&=\frac{1}{2}\int_v E(\varepsilon^0+\varepsilon)^2dv-P_eU_e\end{aligned} \tag{4-8}$$

式中 U_e——索元的节点位移向量，$U_e=[u_i\quad v_i\quad w_i\quad u_j\quad v_j\quad w_j]^T$；

P_e——索元的节点荷载向量，$P_e=[P_{xi}\quad P_{yi}\quad P_{zi}\quad P_{xj}\quad P_{yj}\quad P_{zj}]^T$。

由于假定索元为直线，且只承受轴向拉力，现用 A_c 表示索元的截面积，则式（4-8）可写为：

$$\begin{aligned}\Pi_e&=\Pi_{e1}+\Pi_{e2}+\Pi_{e3}-P_eU_e\\&=\frac{1}{2}EA_cL_{ij}\varepsilon^{o2}+P^0L_{ij}\varepsilon+\frac{1}{2}EA_cL_{ij}\varepsilon^2-P_eU_e\end{aligned} \tag{4-9}$$

式中 P^0——索元的初始内力。

将式（4-4）、（4-5）代入上式并分别表达前三项，得：

$$\Pi_{e1}=\frac{1}{2}EA_cL_{ij}\varepsilon^{02}$$

$$\Pi_{e2}=P^0L_{ij}\left(a+\frac{1}{2}b-\frac{1}{2}a^2-\frac{1}{2}ab+\frac{a^3}{2}+\frac{3a^2b}{4}-\frac{b^2}{8}-\frac{5a^4}{8}\right)$$

$$\Pi_{e3}=\frac{1}{2}EA_cL_{ij}\left(a^2+ab-a^3-\frac{3a^2b}{2}+\frac{5a^4}{4}+\frac{b^2}{4}\right) \tag{4-10}$$

根据总势能极值原理，在结构所有可能的变形中，真正的变形应使体系各单元的总势能为最小值，即：

$$\frac{\partial \Pi_e}{\partial U_e}=\frac{\partial \Pi_{e1}}{\partial U_e}+\frac{\partial \Pi_{e2}}{\partial U_e}+\frac{\partial \Pi_{e3}}{\partial U_e}+\frac{\partial P_eU_e}{\partial U_e}=0 \tag{4-11}$$

由于

$$\begin{aligned}
&\frac{\partial \Pi_{e1}}{\partial U_e}=0\\
&\frac{\partial \Pi_{e2}}{\partial U_e}=\frac{\partial \Pi_{e2}}{\partial a}\frac{\partial a}{\partial U_e}+\frac{\partial \Pi_{e2}}{\partial b}\frac{\partial b}{\partial U_e}\\
&\frac{\partial \Pi_{e3}}{\partial U_e}=\frac{\partial \Pi_{e3}}{\partial a}\frac{\partial a}{\partial U_e}+\frac{\partial \Pi_{e3}}{\partial b}\frac{\partial b}{\partial U_e}\\
&\frac{\partial P_eU_e}{\partial U_e}=P_e
\end{aligned} \tag{4-12}$$

分别计算上述各项，采用矩阵表示并整理，得：

$$\frac{EA_c}{L_{ij}}\begin{bmatrix} l^2 & & & & & \text{对称}\\ lm & m^2 & & & & \\ ln & mn & n^2 & & & \\ -l^2 & -lm & -ln & l^2 & & \\ -lm & -m^2 & -mn & lm & m^2 & \\ -ln & -mn & -n^2 & ln & mn & n^2 \end{bmatrix}\begin{Bmatrix} u_i\\ v_i\\ w_i\\ u_j\\ v_j\\ w_j\end{Bmatrix}+\frac{P^0}{l_{ij}}\begin{bmatrix} -l^2 & & & & & \text{对称}\\ -lm & 1-m^2 & & & & \\ -ln & -mn & 1-n^2 & & & \\ l^2-1 & lm & ln & 1-l^2 & & \\ lm & m^2-1 & mn & -lm & 1-m^2 & \\ ln & mn & n^2-1 & -ln & -mn & 1-n^2 \end{bmatrix}\begin{Bmatrix} u_i\\ v_i\\ w_i\\ u_j\\ v_j\\ w_j\end{Bmatrix}$$

$$+\frac{EA_c-P^0}{L_{ij}}\begin{Bmatrix} -(u_j-u_i)\\ -(v_j-v_i)\\ -(w_j-w_i)\\ (u_j-u_i)\\ (v_j-v_i)\\ (w_j-w_i)\end{Bmatrix}\left(a-\frac{3a^2}{2}+\frac{b}{2}\right)+\frac{EA_c-P^0}{2}\begin{Bmatrix} -l\\ -m\\ -n\\ l\\ m\\ n\end{Bmatrix}(b^2-3a^2+3ab+5a^3)+P^0\begin{Bmatrix} -l\\ -m\\ -n\\ l\\ m\\ n\end{Bmatrix}-\begin{Bmatrix} P_{xi}\\ P_{yi}\\ P_{zi}\\ P_{xj}\\ P_{yj}\\ P_{zj}\end{Bmatrix}=0 \tag{4-13}$$

式中前两项为线性项，第三、四项为高阶项，第五项为索元的初始内力，第六项为作用于索元节点上的节点力，式（4-13）可简单地表为

$$([k_E]+[k_G])\{U_e\}=\{P_e^0\}+\{P_e\}+\{R_e\} \tag{4-14}$$

上式即索元在整体坐标系中的单元刚度方程。

式中　$[k_E]$ ——索元的弹性刚度矩阵。

$$[k_E]=\frac{EA_c}{L_{ij}}\begin{bmatrix} l^2 & & & & & \text{对称} \\ lm & m^2 & & & & \\ ln & mn & n^2 & & & \\ -l^2 & -lm & -ln & l^2 & & \\ -lm & -m^2 & -mn & lm & m^2 & \\ -ln & -mn & -n^2 & ln & mn & n^2 \end{bmatrix} \tag{4-15}$$

$[k_G]$ ——索元的几何刚度矩阵。

$$[k_G]=\frac{P^0}{L_{ij}}\begin{bmatrix} 1-l^2 & & & & & \text{对称} \\ -lm & 1-m^2 & & & & \\ -ln & -mn & 1-n^2 & & & \\ l^2-1 & lm & ln & 1-l^2 & & \\ lm & m^2-1 & mn & -lm & 1-m^2 & \\ ln & mn & n^2-1 & -ln & -mn & 1-n^2 \end{bmatrix} \tag{4-16}$$

$\{R_e\}$ ——不平衡力向量，反映了应变表达式中位移的高阶项影响，是非线性项。

$$\{R_e\}=\frac{EA_c-P^0}{L_{ij}}\begin{bmatrix} -(u_j-u_i) \\ -(v_j-v_i) \\ -(w_j-w_i) \\ u_j-u_i \\ v_j-v_i \\ w_j-w_i \end{bmatrix}\left(a^2-\frac{3}{2}a^2+\frac{b}{2}\right)+\frac{1}{2}\begin{bmatrix} -l \\ -m \\ -n \\ l \\ m \\ n \end{bmatrix}\left(b-3a^2-3ab+5a^3\right) \tag{4-17}$$

$\{P_e^0\}$ ——索元的节点初始力向量。

四、结构刚度方程及其求解

将单元刚度矩阵装配成结构的总刚度矩阵并形成结构刚度方程

$$([K_E]+[K_G])\{U\}=\{P^0\}+\{P\}+\{R\} \tag{4-18}$$

式中　$[K_E]$ ——结构总弹性刚度矩阵；

$[K_G]$——结构总几何刚度矩阵；

$\{U\}$——结构总节点位移向量；

$\{P^0\}$——结构总节点初始力向量；

$\{P\}$——结构总节点荷载向量；

$\{R\}$——总不平衡力向量。

式 (4-18) 是非线性方程组，与线弹性结构的结构刚度方程相比，增加了反映几何非线性的几何刚度矩阵 $[K_G]$ 及右端的非线性项 $\{R\}$。根据结构的约束条件修正总刚度矩阵后即可求解。它的解要采用线性化的迭代算法。这里仅介绍牛顿—拉弗森 (Newton—Raphson) 法，其求解步骤如下：

(1) 假定 $\{R\}=0$；

(2) 解线性方程组 $[K^{(0)}]\{U^{(0)}\}=\{P\}$，得位移向量 $\{U^{(0)}\}$；

(3) 根据初始位移向量 $\{U^{(0)}\}$ 计算不平衡力向量 $\{R^{(n)}\}$，$(n=1)$；

(4) 修正结构各节点的坐标并重新形成弹性刚度矩阵 $[K_E^{(1)}]$ 和几何刚度矩阵 $[K_G^{(1)}]$，得：

$[K^{(n)}]=[K_E^{(n)}]+[K_G^{(n)}]$，$(n=1)$；

(5) 解线性方程组 $[K^{(n)}]\Delta\{U^{(n)}\}=-\{R^{(n)}\}$，得第 n 次线性化过程中的位移增量 $\Delta\{U^{(n)}\}$；

(6) 根据位移增量 $\Delta\{U^{(n)}\}$ 计算新的不平衡力向量 $\{R^{(n+1)}\}$；

(7) 计算结构各节点的位移向量 $\{U^{(n)}\}=\{U^{(n-1)}\}+\Delta\{U^{(n)}\}$；

(8)判别：如果 $\|R\|/\|P\|\leqslant\delta$，则解收敛，否则转至步骤(9)；

(9)计算结构各节点的坐标 $\{x^{(n+1)}\}=\{x^{(n)}\}+\Delta\{U^{(n)}\}$；

(10) 重新形成结构的弹性刚度矩阵 $[K_E^{(n+1)}]$ 和几何刚度矩阵 $[K_G^{(n+1)}]$，得：

$[K^{(n+1)}]=[K_E^{(n+1)}]+[K_G^{(n+1)}]$，$n\rightarrow n+1$ 转至步骤 (5)。

从上述可以看出，每个迭代过程中都要在结构的新的坐标位置上形成所谓切线刚度矩阵，这部分的工作量是很大的。但由算法规则，编制成计算机程序来求解还是方便的，该方法收敛也是较快的。求得结构的节点位移向量后，再根据索元的几何条件和应力-应变关系即可求得索元的内力了。

第二节 悬索结构的动力特性

悬索结构无阻尼自由振动方程为：

$$[M]\{\ddot{U}\}+([K_E]+[K_G])\{U\}=0 \tag{4-19}$$

式中 $[M]$ ——采用集中质量法，悬索体系的质量矩阵；

$\{\ddot{U}\}$ ——节点加速度向量。

静力分析结束后可得悬索体系的静力平衡位置，称为体系的静力终态。动力分析时，可取体系静力终态的内力和几何坐标来作为动力初始态，即假定体系在静力平衡位置微幅振动。仍然可采用前面介绍过的子空间迭代法来解式 (4-19) 的特征值问题。

一、频率与振型

下面通过几个算例来介绍悬索结构的自振特性。

【算例 1】 索网平面尺寸为 50m×50m，屋盖荷载 2kN/m^2，静力平衡位置的坐标曲线为：$z=3.59375\times(x/25)^2-(y/25)^2$。弹性模量 $E=1.5\times10^5\text{N/mm}^2$。单根承重索截面积 $A=30\text{cm}^2$，单根稳定索 $A=20\text{cm}^2$。承重索中预应力水平分量 $H_y=600\text{kN}$，稳定索中 $H_x=400\text{kN}$。简图见图 4-4。

计算得出该体系的前十阶频率 (Hz) 和振型示意于图 4-5。分析可见以下特点：

(1) 索网体系的频谱非常密集，各阶频率相差很小。

(2) 振型与网架结构均明显不同，第一振型呈反对称双半波，不是通常的对称半波，且第一个对称振型在较高频率（第五振型）才出现。

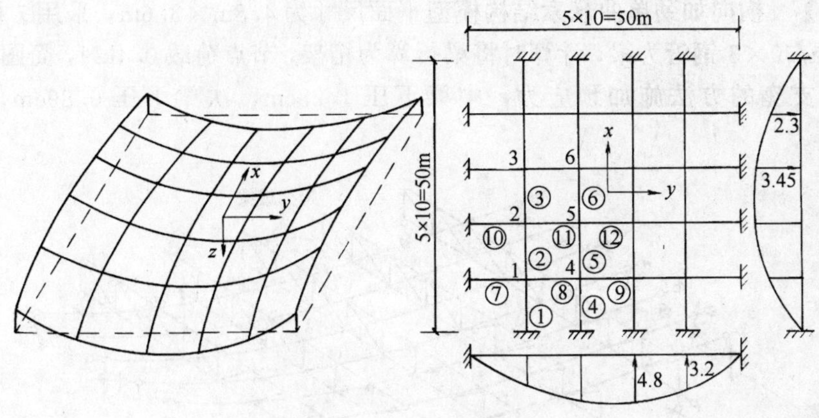

图 4-4　矩形索网计算简图

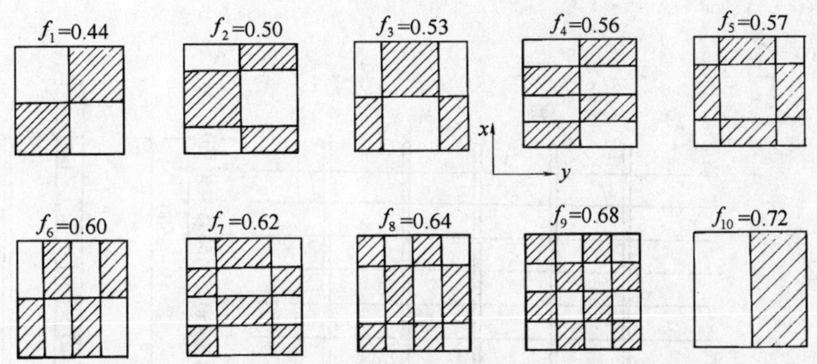

图 4-5　矩形索网前十阶频率（Hz）和振型（阴影线表示负位移）

（3）改变索中的初始预应力，观察基频的变化，可得图 4-6 所示曲线。可见基频随初始预应力的增加而增大，其变化幅度呈非线性。这显然是由于随着索中初始预应力的增加，体系的刚度增大所致。

（4）改变屋面静荷载，可见基频随着荷载的增大而减小，其变化幅度见图 4-7，也呈非线性。

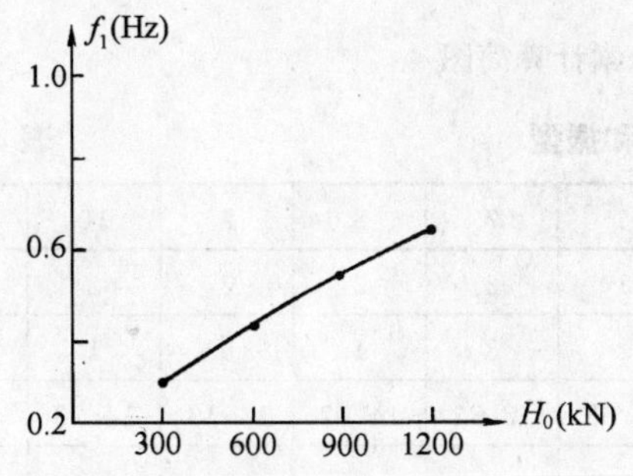

图 4-6　索网基频随初始预应力变化曲线

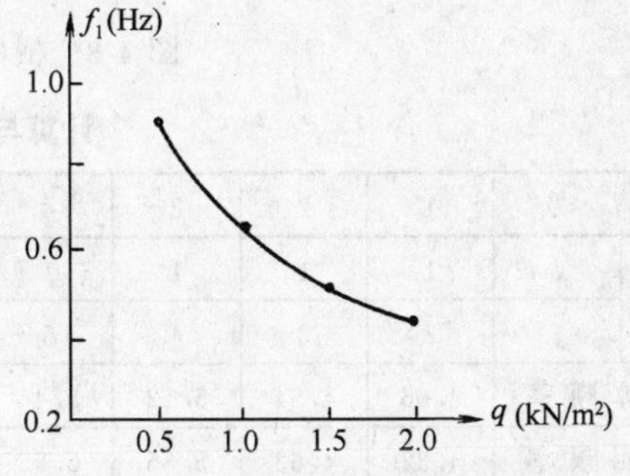

图 4-7　索网基频随荷载变化曲线

【**算例 2**】 横向加劲单曲悬索结构模型平面尺寸为 4.8m×3.6m，采用 7 根ϕ5 高强钢丝为索，5 根ϕ50×3 钢管为梁，计算时将梁折算为桁架，节点荷载 0.4kN，简图示于图4-8。用下压梁端支座的方法施加预应力，中梁下压 1.28cm，次梁下压 0.89cm，边梁下压 0.89cm。

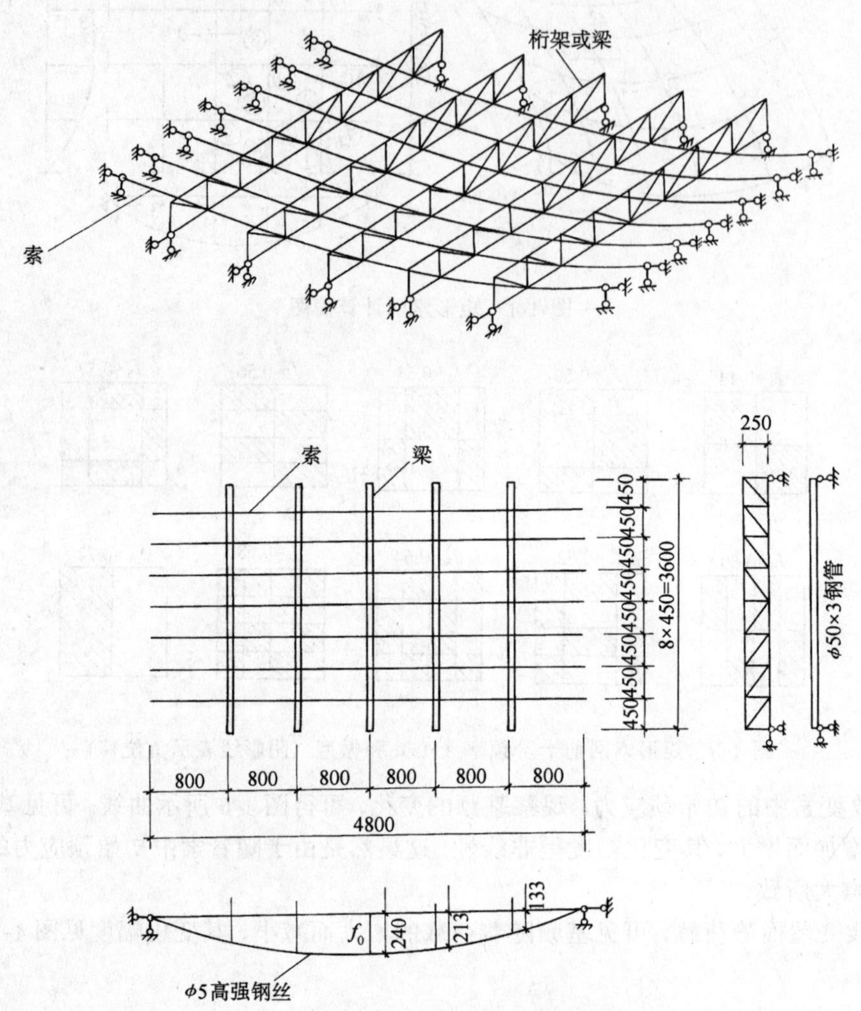

图 4-8 横向加劲单曲悬索计算简图

计算与实测的频率和振型 **表 4-1**

序号		1	2	3	4	5	6	7	8	9	10	11
振型	i	1	1	1	1	1	2	2	2	2	2	3
	j	2	3	4	5	1	2	3	4	5	1	2
计算频率		4.06	4.54	5.12	5.44	6.81	13.68	13.82	14.07	14.13	14.73	30.41
实测频率		4.32	4.63	5.35	5.55	6.35						

注：表中 i，j 分别表示该振型中 x，y 向半波数。

计算结果示于表 4-1，对此模型试验所测得的前五个频率也列于表中，所测得的对应振型绘于表 4-9 中。由表 4-1 可知，该结构仍然具有与算例 1 相同的两个特点，即频谱极为密集，第一振型为沿索方向反对称。由图 4-9 可清楚的看到体系竖向振动的空间形式。进一步分析结构自振特性还有以下特点：

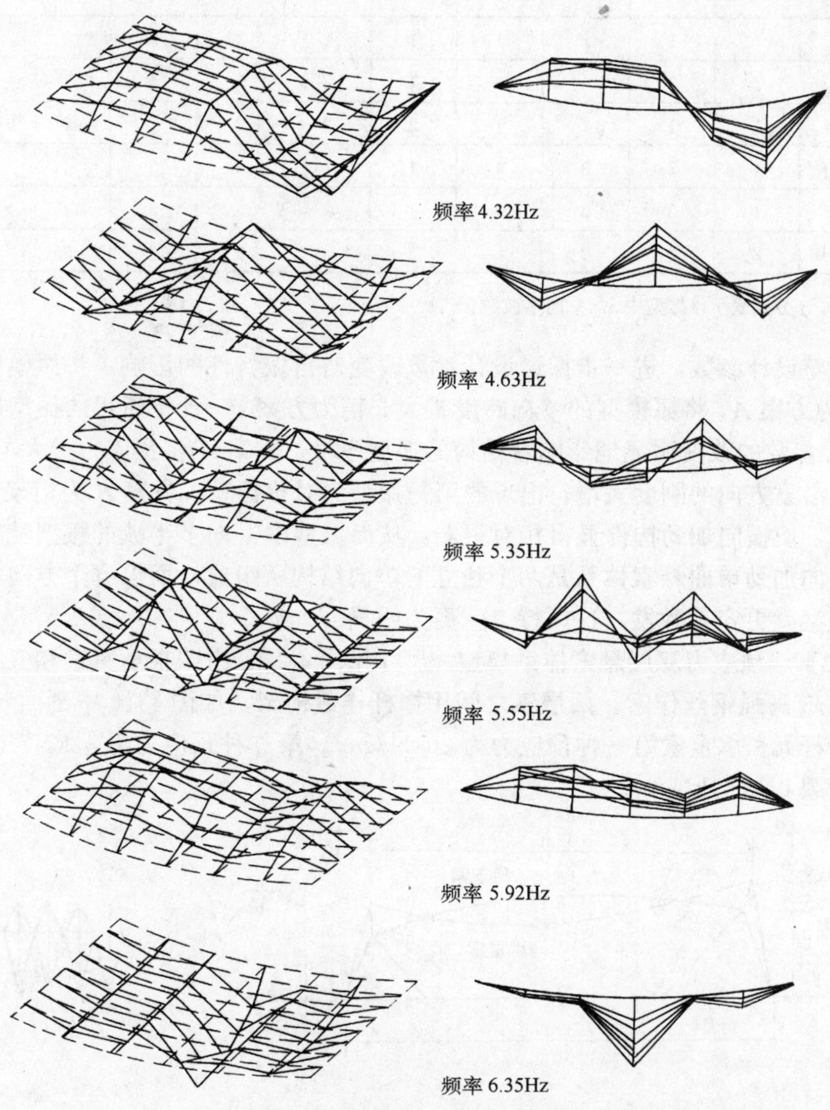

图 4-9　横向加劲单曲悬索实测振型与频率

(1) 试验值与有限元计算所得频率与振型前三阶是很贴近的，表示计算方法及计算模型的简化是较为符合实际结构的。

(2) 在频率 5.55 与 6.35 之间，还测到一个频率为 5.92 的振型，见图 4-9；它既不是对称的 5 个半波，也不是反对称的双半波，而是属于与其他振型的耦合。

(3) 频谱的密集分布是有特点的，即集中地落在几个不连贯的区间，出现跳跃现象，且在区间内，沿梁方向振动形状不变，如 1～5 与 6～10 等。显然这与梁的贡献有关，几个区间正好对应 $j=1$，2，3。也即振型沿梁方向一个，两个，三个半波变化的情况。

设计参数改变对自振特性的影响　　表 4-2

方案	振型＼序号	1	2	3	4	5	6	7	8	9	10	11
原方案	i	1	1	1	1	1	2	2	2	2	2	3
	j	2	3	4	5	1	2	3	4	5	1	2
方案 A	i	1	1	1	1	2	2	2	1	2	2	3
	j	1	2	3	4	1	2	3	5	4	5	1
方案 B	i	1	2	3	4	1	2	5	3	4	1	2
	j	2	2	2	2	3	3	2	3	3	4	4

注：表中 i，j 分别表示该振型中 x，y 向半波数。

（4）调整设计参数，进一步探讨设计参数改变对自振特性的影响。将原模型的预应力扩大 10 倍为方案 A，将原模型的 y 向跨度扩大 5 倍为方案 B。计算所得的振型序号示于表 4-2。显然，参数的改变明显地影响着结构的振型序号。方案 A 将预应力扩大 10 倍是一个极端情况，沿索方向的刚度大增，出现的第一振型为对称振型。方案 B 为桁架（梁）的跨度大大增加，使横向加劲构件显得相对更弱，从而振型中 y 向多半波的振型就容易激发出来。由于横向加劲单曲悬索体系是两个独立的单向结构所组成，所以哪个方向柔一些，哪个方向的振型就更容易激发，这一特点就更为明显。

【算例 3】　预应力双层悬索体系模型，尺寸见图 4-10，由四根承重索和五根稳定索组成，用单根ϕ5 高强钢丝作索。两层索之间用撑杆连成桁架，如图 4-10 中剖面 c-c，计算中撑杆简化为杆元。承重索第一种预应力为 30kN/cm^2，第二种预应力为 42kN/cm^2，用作对比。屋面荷载 0.4661kN/m。

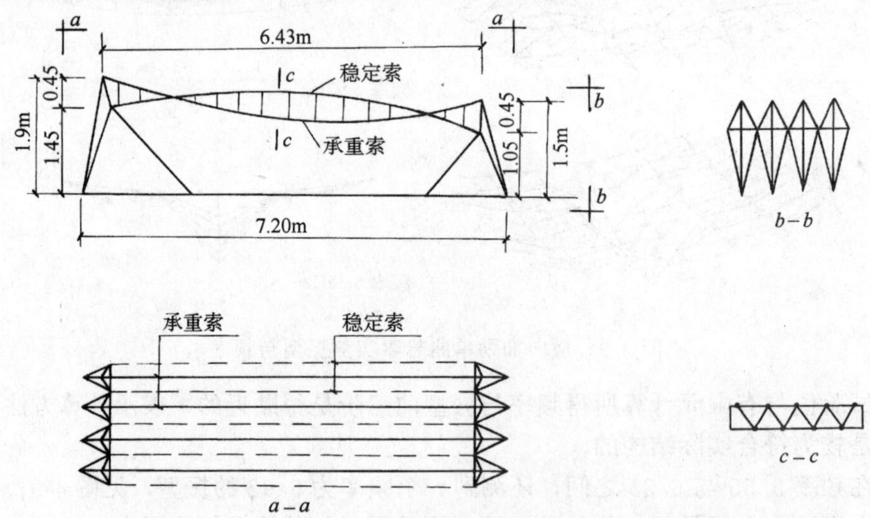

图 4-10　双层悬索计算简图

对此结构进行了计算分析及试验。其结果用图形示于图 4-11，4-12 中。图中曲线为计算所得的振型，黑点为实测值。第一种预应力时，由于第三与第四频率很接近，只测到频率为 4.50 时的振型。第二种预应力时，只测了第一振型。

由分析可知：

(1) 此结构计算值与试验值吻合得较好。

(2) 第一振型为反对称的双半波。对称的半波比基频高许多。

(3) 对称振型与反对称振型交差出现。

(4) 预应力增大，各阶频率相应增大。而且引起振型序号改变。这一点对比图 4-11 和图 4-12 可明显看出。

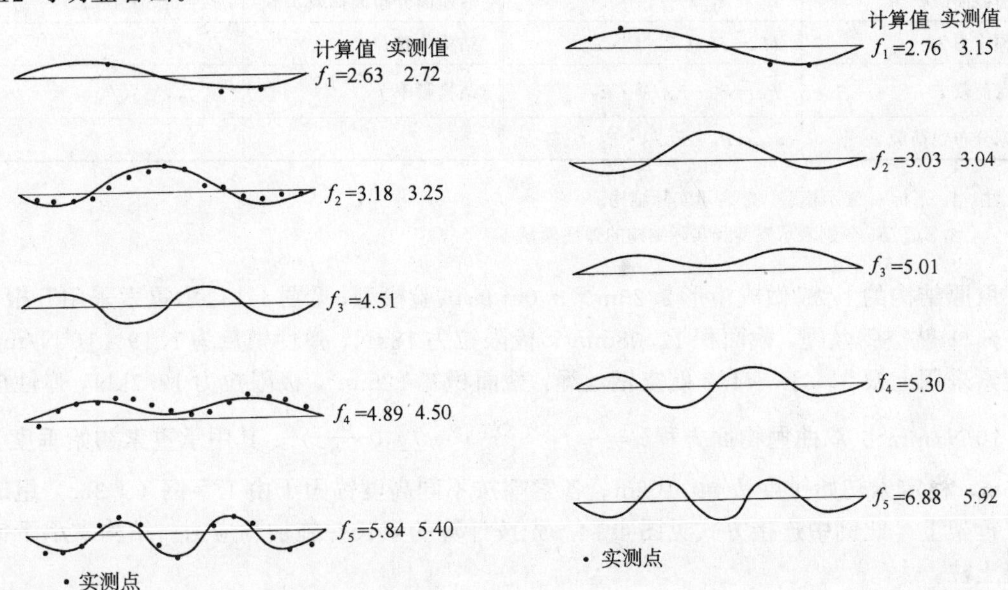

图 4-11 第一种预应力时的频率和振型　　图 4-12 第二种预应力时的频率和振型

根据上述三个不同类型结构算例的分析，可以看到悬索结构的自振特性较为复杂，但就其共性容易得出悬索结构自由振动的一般特点及变化规律为

(1) 悬索结构自由振动以竖向振型为主。

(2) 悬索结构的频谱相当密集。对于横向加劲单曲悬索体系，由桁架的刚度影响，造成频率成组出现。

(3) 一般情况下第一振型沿索方向为反对称双半波。

(4) 设计参数的改变对悬索结构自振特性的影响敏感，预应力、荷载、跨度的改变均可能改变振型的序号。

(5) 结构基频随索内预应力增大而增大，随节点荷载增大而减小。

二、动力模型试验方法

由于悬索结构是几何非线性柔性结构体系，其动力特性与常见的刚性结构有较大差别，理论计算时所作的假定都有一定的近似，所以为确保理论计算的准确性，为进一步掌握其动力特性的规律，仍需借助于模型试验。另外在进一步研究地震反应时，阻尼特性是个重要参数，也需通过试验或实测获得。在前面介绍算例时，多次提到了试验结果。下面结合一具体实例来介绍悬索结构模型试验的作法和特点。

1. 模型设计

浙江省体育馆双曲抛物面索网屋盖结构，取比例 $\lambda=25$ 的试验模型 4-1，根据关系可算得模型中各参数的值。表 4-3 给出了模型结构各物理量与实际结构相应量之间的关系。尽管由于受材料及测试方法等各种条件限制，上述相似关系往往很难满足，但应设计尽量相似的模型。

模型结构各物理量相似关系 **表 4-3**

参数	关系式	参数	关系式
索横截面面积 A	$A_m=A_p/\lambda^2$	沿屋面分布面荷载 q	$q_m=q_p\cdot E_m/E_p$
索预应力 H	$H_m=H_p\cdot E_m/\lambda^2\cdot E_p$	结构位移 U	$U_m=U_p/\lambda$
节点荷载 P	$P_m=P_p\cdot E_m/\lambda^2\cdot E_p$	结构频率 f	$f_m=f_p\cdot\sqrt{\lambda}$
沿索分布线荷载 P	$P_m=P_p\cdot E_m/\lambda\cdot E_p$		

注：1. 下标 m 表示模型，P 表示实际结构。

2. E_m，E_P 分别表示模型及实际结构的弹性模量。

取原结构的 1/25 做成矩形 2.25m×3.0m 的试验模型，见图 4-13。承重索采用五根 7×19—ϕ5.1 航空钢丝绳，截面积 12.08mm^2，极限拉力 18kN，弹性模量为 1.19×10^{5}N/mm^2。稳定索采用七根 7×19—ϕ4.2 航空钢丝绳，截面积 8.12mm^2，极限拉力 12.7kN，弹性模量 16×10^{5}N/mm^2。双曲抛物面方程 $z=-f_1\left(\frac{y}{1.5}\right)^2+f_2\left(\frac{x}{1.25}\right)^2$，其中承重索初始垂度 $f=$ 0.15m，稳定索初始拱度 $f=0.102$m。各索端按不同高度锚固于由工字钢（I 36c）组成的水平框架上，此例中连接方式见图 4-14。先按计算的索长并施加预应力。结构支承于钢筋混凝土柱。

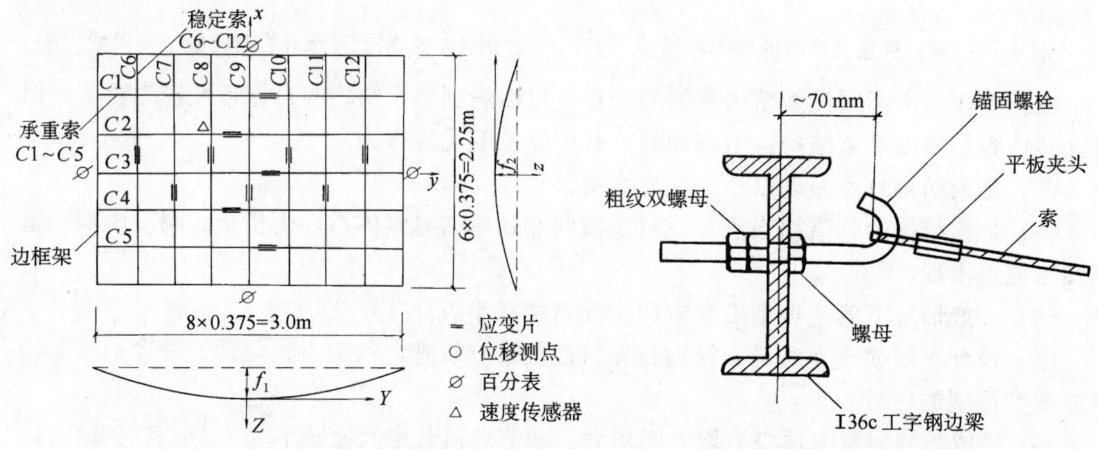

图 4-13 1/25 的试验模型及传感器布置

图 4-14 索与框架的连接

2. 仪表布置

索张力值可用应变片读值确定，由于应变片不易贴在由钢丝绳构成的索上，此例采用与索物理性能基本相同的传感铁片与索相连，将应变片贴于传感铁片上。见图 4-15。位移测点布置要注意足以反映各类振型。此例在右下 1/4 平面布满测点，左上中间布一个测点，用以反映对称与反对称振型的特性。位移测点下挂有读数的标杆，试验时可用水平仪扫描标杆读值确定位移值。有条件时可都布置电子位移传感器，记录时更方便。为考虑边框架水平侧移，在各边梁中点布置了百分表，以控制边梁侧移引起试验结果的误差。各索节点处悬挂加载盘，以便逐级加载用。另布置一个位移或速度传感器见图 4-13。

3. 试验方法

动力试验应在静力分级加载完成，达到平衡状态后进行。所以模型完成后，首先应对稳定索及承重索分别进行对称张拉，逐步调节，使张拉完成后各索受力均匀，初始态位置基本保持在原始位置。然后逐级加载到设计值，此例节点质量为 16.25kg，分三级加载完成。

本例采用锤击法，根据结构第 i 点上锤击引起的第 j 点反应等于在第 j 点上锤击引起的第 i 点反应这一原理，采用多点锤击，单点测量的方法，即锤击点移动，响应点不变，用一个位移或速度传感器即可拾得整个屋盖结构的自由振动反应了。将拾得的反应放大记录下来，用 MASPV3.10 模态分析与信号处理系统等类型仪器进行分析处理，即可得到频率、振型和阻尼系数。图 4-16 为在某点锤击时记录下来的动力响应曲线。

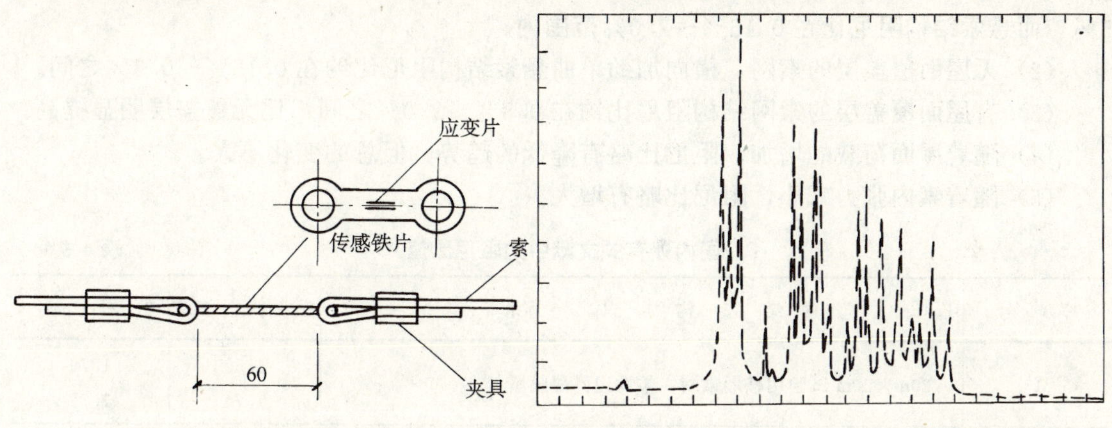

图 4-15 传感铁片的使用　　　　图 4-16 某点锤击时记录的动力响应曲线

4. 试验结果分析

表 4-4 给出了本例理论计算与试验所得的频率值对比。

理论计算与试验的频率值对比　　　　**表 4-4**

序　　号	1	2	3	4	5	6	7
理　论　值	4.85	5.27	5.68	5.93	6.20	6.56	
试　验　值	5.10	5.59			6.38		7.07

分析如下：

(1) 图 4-16 中，动力响应曲线中每一个波峰点均对应着结构的一个固有频率，表明悬索结构的频率分布极为密集。

(2) 表 4-4 中，试验值与理论值所得第一频率吻合较好。但其他频率的就不那么理想。原因在于，一方面频率极为密集，另一方面受分析仪器系统精度限制，不能识别出全部特征对，只能跳跃的识别部分特征对。或识别出的部分特征对为耦合频率和振型。但低阶特征对，特别是基频与第一振型的吻合还是相当好的。

(3) 根据国内学者所做过的动力试验研究表明，各种动力测试方法中，以白躁声频谱分析法精度最好。特别对悬索这种频谱极密的结构，应采用高精度的测试手段。

三、阻尼

阻尼是结构的主要动力特性之一，是研究动力反应时不可忽视的重要因素。阻尼特性通常用阻尼系数或阻尼比表示，在结构动力分析时可采用粘滞阻尼理论、瑞雷(Rayleigh）阻尼、复阻尼理论等，前面章节已作过介绍，这里要研究的是悬索结构阻尼系数或阻尼比的取值的确定。阻尼系数或阻尼比随材料、几何尺寸、结构型式、构造作法、荷载强度，预应力值等多种因素变化，难以从理论上研究，通常还是通过试验来确定或参考同类结构确定一个取值的范围。搜集到的国内外有关文献中通过试验或实测所得到阻尼比值列于表 4-5。表 4-6 给出本例模型试验在改变节点质量和预应力大小的情况下实测得到的结果。

分析表明：

(1) 悬索结构的阻尼比远小于常见的刚性结构。我国“抗震规范”中采用的阻尼比是5%，而悬索结构阻尼比在 0.15%～2.0%范围内。

(2) 无屋面覆盖层的索网，横向加劲单曲悬索结构阻尼比约在 0.15%～0.5%之间。

(3) 有屋面覆盖层的索网结构阻尼比约在 0.8%～2.0%之间，比无覆盖层明显提高。

(4) 随着屋面荷载的增加，阻尼比略有降低的趋势，但总的变化不大。

(5) 随着索内张力减小，阻尼比略有增大。

国内外有关文献中的阻尼比值 **表 4-5**

<table>
<tr><th>序号</th><th colspan="3">结构体系</th><th>频率 (Hz)</th><th>阻尼比 (%)</th></tr>
<tr><td>1</td><td colspan="3">20m×20m 试验用鞍形索网，柔性边界薄膜屋盖</td><td>1.59
1.74</td><td>1.79
1.75</td></tr>
<tr><td>2</td><td colspan="3">22.86m 跨试验用索桁架，槽形铝板屋盖</td><td>3.10
3.69
4.00</td><td>0.94
0.65
0.72</td></tr>
<tr><td>3</td><td colspan="3">意大利米兰体育宫鞍形索网，直径 125m</td><td>0.741
0.820
1.05
1.12</td><td>1.88
2.18
1.64
1.10</td></tr>
<tr><td>4</td><td colspan="3">2m 跨索桁模型，无覆盖屋面</td><td></td><td>0.16～0.48</td></tr>
<tr><td>5</td><td colspan="3">1.485m 方形正交索网模型，
1.485m 方形正交索网索加织物薄膜</td><td></td><td>0.16～0.48
0.8～1.6</td></tr>
<tr><td>6</td><td colspan="3">5m 方形底扇形索网，无覆盖</td><td></td><td>0.16～0.48</td></tr>
<tr><td rowspan="3">7</td><td rowspan="3">6.34m 跨预应力双层索系模型</td><td rowspan="2">无屋面覆盖</td><td>预应力 30kN/cm²</td><td>2.72
3.25
5.40</td><td>1.97
0.61
0.74</td></tr>
<tr><td>预应力 42kN/cm²</td><td>3.15
3.64
5.92</td><td>0.82
0.55
0.88</td></tr>
<tr><td colspan="2">有覆盖层</td><td>3.73
6.04</td><td>1.3
1.2</td></tr>
</table>

模型实测阻尼比　　　　表 4-6

序　号	节点质量（kg）	中间承重索张力（kN）	中间稳定索张力（kN）	频　率（Hz）	阻尼比（%）
1	6.25	4.11	2.81	7.28 8.40 10.31	0.432 0.333 0.173
2	11.25	4.51	2.54	5.46 6.24 7.40	0.374 0.379 0.137
3	11.25	3.82	1.81	5.29 5.81 6.75	0.455 0.257 0.176
4	11.25	3.62	1.62	5.25 5.68 6.55	0.489 0.416 0.188
5	16.25	4.81	2.25	4.55 5.15 6.02	0.319 0.206 0.207
6	16.25	4.08	1.37	4.39 4.75 5.35	0.443 0.367 0.269

注：表中频率不一定对应前三个振型。

（6）同一悬索结构中其高振型对应的阻尼比低振型略小。这在选择阻尼计算理论时应给予注意。但如果对各种振型采用不同阻尼比，计算较为复杂。为简化，工程设计中往往仍用一个统一的阻尼比。

四、频率与振型的简化计算方法

用有限元非线性分析能较好地计算悬索结构的动力特性，但仍是较复杂的。工程设计中常常需要较快的估计一个结构的自振频率与振型，仍希望有实用的手算方法。国内外学者对此作了许多研究，这里介绍两种简化计算方法：一种是基于原理的实用计算方法；一种是基于伽辽金法的简化计算。

1. 能量法

能量法的原理是将悬索体系视为连续体，所有支座均视为固定铰支座，并据此假定统一的振型形式得出能量表达式，然后依瑞雷-利兹（Rayleigh-Ritz）法得出频率的计算公式。该方法概念清楚，公式简单，能满足实用精度。

（1）索元应变表达式

在体系中取出索元微段 AB，假定它位于 y-z 平面内，忽略横向位移，变形后移到 $A'B'$，见图 4-17。此处，w 表示竖向位移，θ 表示索段与 y 轴夹角。经推导，索元应变可近似表达为：

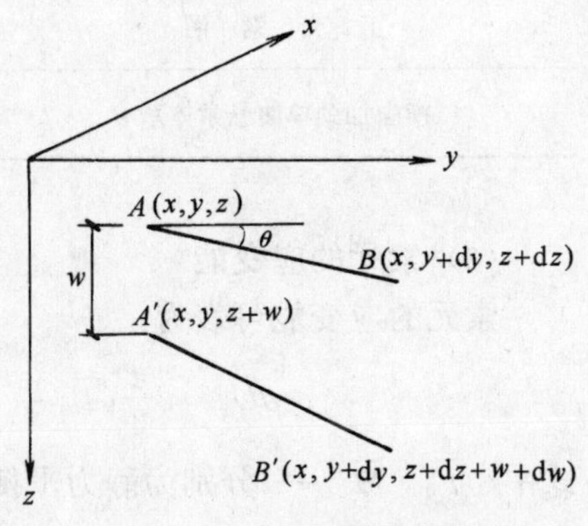

图 4-17　索元微段变形

$$\varepsilon = \left[\frac{\partial z}{\partial y}\cdot\frac{\partial w}{\partial y}+\frac{1}{2}\left(\frac{\partial w}{\partial y}\right)^2\right]\cos^2\theta = K\cdot\cos^2\theta \tag{4-20}$$

式中　$K=\frac{\partial z}{\partial y}\cdot\frac{\partial w}{\partial y}+\frac{1}{2}\left(\frac{\partial w}{\partial y}\right)^2$

(2) 体系的静力平衡方程

索网和横向加劲单曲悬索体系在荷载作用下的受力状态可如图 4-18 (*a*)、(*b*) 表示，图中 q 为结构表面均匀分布荷载；$\overline{M}$为每单位宽度梁或桁架的弯矩；$\overline{Q}$为每单位宽度梁或桁架的竖向剪力，可表示为$\overline{Q}=-\overline{D}\frac{\partial^3 w}{\partial x^3}$；$\overline{D}$为每单位宽度梁的抗弯刚度或桁架的等效抗弯刚度；$\overline{H}_0$、$\overline{H}_{0x}$、$\overline{H}_{0y}$分别为每单位宽度索张力的水平分量；$z$ 为结构曲面在静力平衡时的竖向坐标；w 为位移函数。通过考虑图示状态的平衡，可以得到体系的静力平衡方程，列于表4-7。

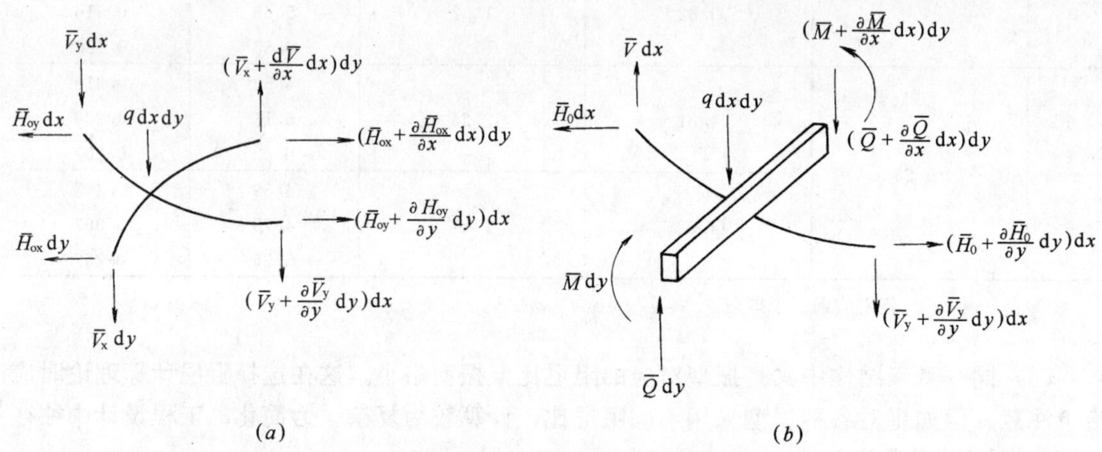

图 4-18　悬索体系在荷载作用下的受力状态

(*a*) 索网；(*b*) 横向加劲单曲悬索体系

悬索结构体系的静力平衡方程　　**表 4-7**

结　构　型　式	静　力　平　衡　方　程
单　索	$\overline{H}_{0y}\frac{\partial^2 z}{\partial y^2}+q=0$
正 交 索 网	$\overline{H}_{0x}\frac{\partial^2 z}{\partial x^2}+\overline{H}_{0y}\frac{\partial^2 z}{\partial y^2}+q=0$
横向加劲单曲悬索体系	$-\overline{D}\frac{\partial^4 w}{\partial x^4}+\overline{H}_0\frac{\partial^2 z}{\partial y^2}+q=0$

(3) 索元的应变能

索元的应变能可表为：

$$dU_e = \frac{\varepsilon}{2}(\overline{T}_0+\overline{T})dx\cdot\frac{dy}{\cos\theta} = \frac{\varepsilon}{2\cos^2\theta}(\overline{H}_0+\overline{H})dxdy \tag{4-21}$$

式中　$\overline{T}_0$、$\overline{H}_0$——分别为静力平衡时的张力及相应的水平分量；

$\overline{T}$、$\overline{H}$——分别为振动过程中索的张力及相应的水平分量。

将式 (4-20) 代入上式，可得索元应变能表达式，见表 4-8；梁元及杆元应变能表达式也列于表中。

应变能表达式 表4-8

索　元	$dU_e=\frac{1}{2}(\overline{H}+\overline{H}_0)\cdot K\mathrm{d}x\mathrm{d}y$
梁　元	$dU_b=\frac{1}{2}\overline{D}\cdot\left(\frac{\partial^2 w}{\partial x^2}\right)^2\mathrm{d}x\mathrm{d}y+\frac{\alpha_s\overline{D}^2}{2GA}\cdot\left(\frac{\partial^3 w}{\partial x^3}\right)^2\mathrm{d}x\mathrm{d}y$
杆　元	$dU_r=\frac{E\overline{A}}{2}\cos^3\theta\cdot\left(\frac{\partial z}{\partial x}\cdot\frac{\partial w}{\partial x}\right)^2\mathrm{d}x\mathrm{d}y$

(4) 频率的简化计算公式。

振动过程中，竖向位移函数可假定为：

$$w=\sum_i\sum_j C_{ij}\cdot\sin\frac{i\pi x}{L_x}\cdot\sin\frac{j\pi y}{L_y}\sin\omega t \tag{4-22}$$

式中 L_x、L_y——分别为 x 轴及 y 轴方向的跨度。此位移函数满足边界条件。

用 U 表示体系的总应变能，可表示为：

$$U=\int_0^{L_x}\int_0^{L_y}(\mathrm{d}U_x+\mathrm{d}U_y)\mathrm{d}x\mathrm{d}y \tag{4-23}$$

用 V 表示外力在体系相应位移上的总功：

$$V=\int_0^{L_x}\int_0^{L_y}q\cdot w\cdot\mathrm{d}x\mathrm{d}y \tag{4-24}$$

则体系的总势能泛函可表达为：

$$\Pi=U-V \tag{4-25}$$

体系的总动能 T 为：

$$T=\int_0^{L_x}\int_0^{L_y}\frac{1}{2}\overline{m}\cdot\left(\frac{\partial w}{\partial t}\right)^2\mathrm{d}x\mathrm{d}y \tag{4-26}$$

式中 $\overline{m}$——单位面积上的均布质量。

用 A_c 表示每单位宽度索的横截面积，则索张力水平分量的增量为：

$$\sigma_c=\frac{\overline{T}}{\overline{A}_c} \tag{4-27}$$

根据虎克定律有：

$$\sigma_c=E_c\cdot\varepsilon \tag{4-28}$$

振动时索张力的水平分量的增量可表示为：

$$\overline{H}-\overline{H}_0=(\overline{T}-\overline{T}_0)\cdot\cos\theta=E_c\overline{A}_c\cdot K\cdot\cos^3\theta \tag{4-29}$$

当假定的位移函数接近某一振型时，得到的频率就是振型对的频率近似值。假设振型形式为：

$$F(x,y)=\sin\frac{i\pi x}{L_x}\sin\frac{j\pi y}{L_y} \tag{4-30}$$

考虑 $\sin\omega t=1$ 时体系的最大位能 U_{max}，$\cos\omega t=1$ 时体系的最大动能 V_{max}，对 U_{max}、V_{max} 进行积分。积分时忽略高阶无穷小，近似将 $\cos\theta$ 取为常数 $\cos\theta_0$，并注意到三角函数的正交性及静力平衡方程，则可分别得到 Π_{max} 及 T_{max} 的表达式，它们均为 C_{ij} 的函数。根据瑞雷-李兹法，应有下式成立：

$$\frac{\partial(U_{\max}-V_{\max})}{\partial C_{ij}}=0 \tag{4-31}$$

于是可得到结构的圆频率表达式 ω_{ij}，体系的频率应为 $f_{ij}=\omega_{ij}/2\pi$。经推导，表 4-9 给出了三种悬索体系频率的近似表达公式：

悬索体系频率的近似计算公式 **表 4-9**

单　　索	$f_{ij}=\frac{1}{2}\sqrt{j^2B+\frac{1}{j^2}C\cdot(1-\cos j\pi)^2}$
正交索网	$f_{ij}=\frac{1}{2}\sqrt{j^2B_y+i^2B_x+\frac{1}{j^2}C_y(1-\cos j\pi)^2\cdot\frac{1}{i^2}C_x(1-\cos i\pi)^2}$
横向加劲单曲悬索体系	$f_{ij}=\frac{1}{2}\sqrt{i^4A+i^6A'+j^2B+\frac{1}{j^2}C(1-\cos j\pi)^2}$

表 4-9 中的 A、B、C 等项可按下式计算：

$$\left.\begin{aligned}
&A=\frac{\pi^2\overline{D}}{mL_x^4};\qquad A'=\frac{\alpha_s\pi^4\overline{D}^2}{mL_x^6GA}\\
&B=\frac{\overline{H}_0}{mL_y^2};\qquad B_y=\frac{\overline{H}_{0y}}{mL_y^2};\qquad B_x=\frac{\overline{H}_{0x}}{mL_x^2}\\
&C=\frac{128f_0^2E_c\overline{A}_c\cos^3\theta_0}{\pi^4\overline{m}L_y^4};\\
&C_y=\frac{128f_{0y}^2E\cdot\overline{A}_y\cos^3\theta_{0y}}{\pi^4\overline{m}L_y^4}\\
&C_x=\frac{128f_{0x}^2E\cdot\overline{A}_x\cos^3\theta_{0x}}{\pi^4\overline{m}L_x^4}
\end{aligned}\right\} \tag{4-32}$$

式中　f_0、f_{0x}、f_{0y}——索的垂度或拱度；

$\overline{A}_c$、$\overline{A}_x$、$\overline{A}_y$——每单位宽度索的横截面积。

$$\cos\theta_0=\cos\theta_{0y}=\frac{1}{\sqrt{1+\left(\frac{h}{L_y}\right)^2}}$$

$$\cos\theta_{0x}=\frac{1}{\sqrt{1+\left(\frac{h}{L_x}\right)^2}}$$

h 为索两端支座的高度差。

与频率 f_{ij} 相对应的振型为

$$F_{ij}=\sin\frac{i\pi x}{L_x}\sin\frac{j\pi y}{L_y} \tag{4-33}$$

显然，上式中的 i 值即等于振型沿 x 方向的波数，j 值为振型沿 y 方向的波数。

(5) 讨论

用上述方法重新计算本节算例 1、2 与有限元分析的对比示于表 4-10 及表 4-11。由表中结果及频率计算公式可以看出：

算例1正交索网结构频率对比 表4-10

频率序号		1	2	3
振型	i	2	2	3
	j	2	3	2
有限元法		0.871	0.991	1.04
能量法		0.886	1.164	1.37

注：屋面均布荷载取500kN/m²

算例2横向加劲单曲悬索体系频率对比 表4-11

频率序号		1	2	3	4	5	6	7	8	9	10
振型	i	1	1	1	1	1	2	2	2	2	2
	j	2	3	4	5	1	2	3	4	5	1
有限元法		4.06	4.45	5.12	5.44	6.81	13.68	13.82	14.07	14.13	14.73
能量法		4.03	5.09	5.55	6.56	6.72	13.66	14.01	14.18	14.61	14.68

1）用能量法近似分析的结果与有限元分析及试验结果吻合较好，特别是第一频率。

2）由频率近似计算公式中各个参数的表达式可以看出：当索的张力$\overline{H}_0$、$\overline{H}_{0x}$、$\overline{H}_{0y}$，垂度f_0、f_{0x}、f_{0y}，索或桁架（梁）的刚度$\overline{D}$、$E\overline{A}_c$、$E\overline{A}_x$、$E\overline{A}_y$增大时，频率值将增大；当结构的跨度L_x、L_y和质量$\overline{m}$增加时，频率值将减小。这与本节前面得出的规律是一致的。

3）由式（4-29）可知，频率近似计算公式中参数C、C_x、C_y对应着索的张力变化，表明振动过程中索的张力变化不容忽视。

4)结构频率及振型的排列顺序与结构参数的变化有关。以横向加劲单曲悬索体系为例，频率公式可进一步表述为

$$f_{ij}=\begin{cases}\dfrac{1}{2}\sqrt{i^4A+i^6A'+j^2B+4C/j^2} & (j=1,3,5\cdots)\\ \dfrac{1}{2}\sqrt{i^4A+i^6A'+j^2B} & (j=2,4\cdots)\end{cases}$$

显然，与结构参数直接相关的A、A'、B及C各项在公式中所占的比例不同，结构频率的大小不同，振型排列次序也不会相同。令$i=1$，$j=1$，2，可得：

$$f_{11}=\frac{1}{2}\sqrt{B+4C}\qquad f_{12}=\frac{1}{2}\sqrt{4B}$$

如果令$f_{11}<f_{12}$则比较可知必有$4C<3B$，将结构参数代入可推得：

$$\overline{H}_0>\frac{512}{3\pi^4}\left(\frac{f_0}{L_y}\right)^2\cdot E_c\overline{A}_c\cos^3\theta_0 \tag{4-34}$$

当结构参数满足式(4-34)时，体系的第一振型将是对称单半波，其他振型序号也随之改变。

综上所述，用能量法导得的频率近似公式不仅计算简单，而且概念清楚，能反映悬索结构的各种特性。其计算结果对于工程应用已有足够精度。

2. 伽辽金法

这种方法原理是用多项正弦函数来逼近振型函数，再用伽辽金法求解振型与频率，导

出的计算公式概念明确、计算简捷、有相当好的精度。

(1) 多参数振型的伽辽金法求解

对于图 4-19 所示的单索结构，其自由振动平衡方程为：

$$H\frac{\mathrm{d}^2w}{\mathrm{d}x^2}+\Delta H\frac{\mathrm{d}^2z}{\mathrm{d}x^2}-m\frac{\mathrm{d}^2w}{\mathrm{d}t^2}=0 \tag{4-35}$$

式中 H——索静力平衡时的索水平力；

ΔH——索微幅振动时索力的变化值；

z——索静力平衡时的曲线方程；

w——索微幅振动时的振型函数；

m——索的分布质量。

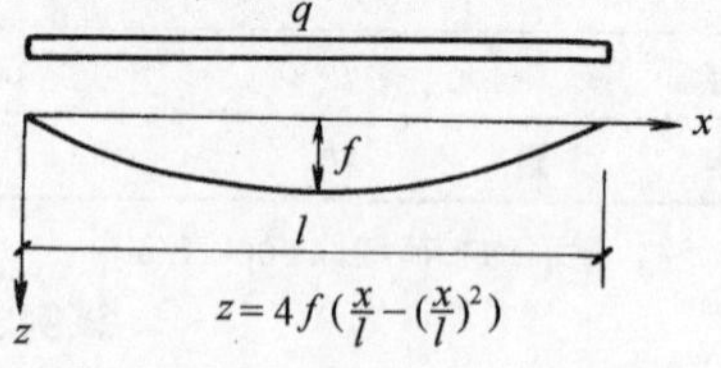

图 4-19 单索结构

根据索位移的几何关系，略去振型 w 的高阶微量，得索在 w (x) 振型下的索力变化值为

$$\Delta H=\frac{EA}{l_e}\int_0^l\frac{\mathrm{d}z}{\mathrm{d}x}\cdot\frac{\mathrm{d}w}{\mathrm{d}x}\mathrm{d}x \tag{4-36}$$

式中 E——索的弹性模量；

A——索截面积；

l_e——索长度；

l——索的跨度。

对于振型函数，根据伽辽金法以 k 个线性独立函数来组合，并考虑满足边界条件，可设振型函数为：

$$w=\left(\sum_{j=1}^{p}a_j\sin\frac{j\pi}{l}\right)\sin\omega t \tag{4-37}$$

将式 (4-37) 代入式 (4-36) 即可得索力增量为：

$$\Delta H=\begin{cases}\dfrac{16EAf^2}{l_e l\pi}\left(\sum\limits_{j=1}^{p}a_j\dfrac{1}{j}\right)\sin\omega t & (j=1,3,5\cdots)\\ 0 & (j=2,4,6\cdots)\end{cases} \tag{4-38}$$

式(4-38) 所示当索按反对称振动时索力增量为零，而按对称振型振动时索力将发生变化，将式 (4-37)、(4-38) 一并代入式 (4-35)，整理后可得不平衡力 q (w)

$$q(w)=\begin{cases}\dfrac{H\pi^2}{l^2}\left[\sum\left(j^2-\dfrac{m\omega^2l^2}{H\pi^2}\right)a_j\sin\dfrac{j\pi}{j}x+\dfrac{2}{\pi^3}\dfrac{64EAf^2}{l_e lH}\left(\sum a_j\dfrac{1}{j}\right)\right] & (j=1,3,5\cdots)\\ \dfrac{H\pi^2}{l^2}\left[\sum\left(j^2-\dfrac{m\omega^2l^2}{H\pi^2}\right)a_j\sin\dfrac{j\pi}{j}x\right] & (j=2,4,6\cdots)\end{cases} \tag{4-39}$$

记 $\lambda^2=\dfrac{64EAf^2}{l_e lH}$，$\bar{\omega}^2=\dfrac{m\omega^2l^2}{H\pi^2}$，式 (4-39) 简化为：

$$q(w)=\begin{cases}\sum(j^2-\bar{\omega}^2)a_j\sin\dfrac{j\pi}{j}x+\dfrac{2}{\pi^3}\lambda^2\left(\sum a_j\dfrac{1}{j}\right) & (j=1,3,5\cdots)\\ \sum(j^2-\bar{\omega}^2)a_j\sin\dfrac{j\pi}{j}x & (j=2,4,6\cdots)\end{cases} \tag{4-40}$$

按伽辽金法，令不平衡力 q (w) 对可能位移的积分为零，得：

$$\int_0^l q(w)\sin\frac{\pi}{l}x\mathrm{d}x = 0$$

$$\int_0^l q(w)\sin\frac{2\pi}{l}x\mathrm{d}x = 0$$

$$\cdots\cdots \tag{4-41}$$

$$\int_0^l q(w)\sin\frac{j\pi}{l}x\mathrm{d}x = 0$$

$$\cdots\cdots$$

$$\int_0^l q(w)\sin\frac{p\pi}{l}x\mathrm{d}x = 0$$

对式（4-41）积分，并考虑振型的对称性得：

对称振型（p 为奇数）：

$$(1-\overline{\omega}^2)a_1 + \frac{8\lambda^2}{\pi^4}\sum\frac{1}{j}a_j = 0$$

$$(3^2-\overline{\omega}^2)a_3 + \frac{8\lambda^2}{\pi^4}\sum\frac{1}{j}a_j = 0$$

$$\cdots\cdots \qquad (j = 1,3,5,\cdots p) \tag{4-42a}$$

$$(j^2-\overline{\omega}^2)a_j + \frac{8\lambda^2}{\pi^4}\sum\frac{1}{j}a_j = 0$$

$$\cdots\cdots$$

$$(p^2-\overline{\omega}^2)a_{\mathrm{p}} + \frac{8\lambda^2}{\pi^4}\sum\frac{1}{j}a_j = 0$$

反对称振型（p 为偶数）：

$$(2^2-\overline{\omega}^2)a_2 = 0$$

$$(4^2-\overline{\omega}^2)a_4 = 0$$

$$\cdots\cdots \qquad (j = 2,4,6\ldots p) \tag{4-42b}$$

$$(j^2-\overline{\omega}^2)a_j = 0$$

$$\cdots\cdots$$

$$(p^2-\overline{\omega}^2)a_{\mathrm{p}} = 0$$

由式（4-42b）可得反对称振型的频率

$$\overline{\omega}_2 = 2;\overline{\omega}_4 = 4;\cdots\cdots\overline{\omega}_{\mathrm{p}} = p \quad (p\ \text{为偶数}) \tag{4-43}$$

对于式（4-42a）作变换整理，对称振型频率的求解化为一个高次方程：

$$\frac{1}{1-\overline{\omega}^2} + \frac{1}{3^3(3^2-\overline{\omega}^2)} + \cdots\frac{1}{j^3(j^2-\overline{\omega}^2)} + \cdots\frac{1}{p^3(p^2-\overline{\omega}^2)} = \frac{\pi^4}{8\lambda^2} \tag{4-44}$$

其振型各系数可由下式求解：

$$a_j = \frac{1-\overline{\omega}^2}{j^2(j^2-\overline{\omega}^2)} \tag{4-45}$$

该式是一元高次方程，可用迭代方法求解。

（2）二参数振型的简化计算

对于前述的伽辽金法来说，若选取的振型函数的参数越多，则结果越逼近精确解，求解也越繁琐。为便于工程应用，根据振型特点，选取二个参数即取二个正弦函数组合。设第 i 阶对称振型函数为：

$$w_i = \left(a_1 \sin \frac{\pi}{l} x + a_i \sin \frac{i\pi}{l} x\right) \sin \omega t \tag{4-46}$$

由伽辽金法得：

$$\left(1 - \overline{\omega}_i^2 + \frac{8\lambda^2}{\pi^4}\right) a_1 + \frac{8\lambda^2}{\pi^4} \cdot \frac{1}{i} a_i = 0$$

$$\frac{8\lambda^2}{\pi^4 i} a_1 + \left(i^2 - \overline{\omega}_i^2 + \frac{8\lambda^2}{\pi^4} \frac{1}{i^2}\right) a_i = 0 \tag{4-47}$$

由行列式为零得：

$$\overline{\omega}_i^4 - \left(1 + i^2 + \frac{1}{l^2} \cdot \frac{8\lambda^2}{\pi^4} + \frac{8\lambda^2}{\pi^4}\right) \overline{\omega}_i^2 + i^2 \left(1 + \frac{8\lambda^2}{\pi^4}\right) + \frac{8\lambda^2}{i^2 \pi^4} = 0 \tag{4-48}$$

求解一元二次方程，即得第 i 阶对称振型的频率值。对于通常的索结构，其频率值的真实解须满足下式：

$$i - 1 < \overline{\omega}_i < i + 1 \tag{4-49}$$

对于第一对称振型，其频率的计算公式为：

$$\overline{\omega}^4 - 10\left(1 + \frac{8\lambda^2}{9\pi^4}\right) \overline{\omega}^2 + 9 + \frac{82}{9} \cdot \frac{8\lambda^2}{\pi^4} = 0 \tag{4-50}$$

其振型函数项参数为：

$$a_1 = 1$$

$$a_3 = -\frac{3\pi^4}{8\lambda^2}\left(1 - \overline{\omega}^2 + \frac{8\lambda^2}{\pi^4}\right) \tag{4-51}$$

综上所述，二参数振型的简化计算对频率仅需解一元二次方程，振形计算简单直观，在工程计算中应用是相当简捷的。

(3) 算例验证

为验证二参数振型的简化计算方法的准确性，以单索为例与非线性有限元计算结果进行了对比。表 4-12 列出了 λ^2 从零到无穷大情况下，前 5 阶对称振型的频率。显然二参数振型的简化计算方法有相当好精度。

前 5 阶对称振型的频率对比 **表 4-12**

λ^2	计算方法	$\overline{\omega}_1$	$\overline{\omega}_3$	$\overline{\omega}_5$	$\overline{\omega}_7$	$\overline{\omega}_9$
0.01	A	1.0004	3.0000	5.0000	7.0000	9.0000
	B					
4	A	1.1519	3.0063	5.0013	7.0005	9.0002
	B					
$4\pi^2$	A	2.0058	3.0950	5.0150	7.0051	9.0023
	B	2.0337	3.0763	4.9310	6.7091	8.3087
$16\pi^2$	A	2.7452	4.1078	5.1063	7.0258	9.0106
	B	2.7601	4.9992	5.0239	6.7238	8.3118

续表

λ^2	计算方法	$\bar{\omega}_1$	$\bar{\omega}_3$	$\bar{\omega}_5$	$\bar{\omega}_7$	$\bar{\omega}_9$
$36\pi^2$	A	2.8250	4.6907	5.8605	7.1030	9.0313
	B	2.8382	4.7478	5.9496	6.8332	8.3378
$64\pi^2$	A	2.8439	4.8395	6.6275	7.6819	9.0968
	B	2.8557	4.8204	6.5874	7.8366	8.4823
$100\pi^2$	A	2.8515	4.8720	6.8444	8.5453	9.5412
	B	2.8600	7.8334	6.6334	8.2329	9.5238
$256\pi^2$	A	2.8591	4.8956	6.9114	8.9131	10.9873
	B	2.9004	4.8934	6.7218	8.3763	9.8133
∞	A	2.8634	4.9065	6.9307	8.9451	10.9545
	B	2.9638	5.0152	6.9527	8.5755	10.0235

注：表中A——二参数的伽辽金法计算结果；

B——40 个等分单元的非线性有限元计算结果。

(4) 悬索结构自振频率和振型的简化计算

根据上述原理，可以针对不同类型的常用索系分别推导出计算自振频率和振型的简化公式。系统地整理如下：

1) 平行布置的单层、双层索系

对于平行布置的单层、双层索系，其第 i 个自振频率 f_i 可以近似按下式计算：

$$f_i = \frac{\bar{\omega}_i}{2l}\sqrt{\frac{H}{m}} \tag{4-52}$$

其中无量纲化圆频率 $\bar{\omega}_i$ 为：

$$\bar{\omega}_i^2 = i^2 \qquad i = 2,4,6\cdots$$

$$\bar{\omega}_i^2 = \frac{1}{2}\left\{1 + i^2 + \left(\frac{1}{i^2}+1\right)\frac{8\lambda^2}{\pi^4} \pm \sqrt{(1-i^2)\left[(1-i^2)+2\left(1-\frac{1}{i^2}\right)\frac{8\lambda^2}{\pi^4}\right]+\left(\frac{1}{i^2}+1\right)^2\left(\frac{8\lambda^2}{\pi^4}\right)^2}\right\} \quad i = 3,5,7\cdots \tag{A}$$

用下标 b 表示承重索，下标 s 表示稳定索，式中参数 λ 为：

对于单层索系 $$\lambda^2 = \frac{64EA_{\mathrm{b}}f_{\mathrm{b}}^2}{l^2H} \tag{B}$$

对于双层索系 $$\lambda^2 = \frac{64EA_{\mathrm{b}}f_{\mathrm{b}}^2}{l^2(H_{\mathrm{b}}+H_{\mathrm{s}})} + \frac{64EA_{\mathrm{s}}f_{\mathrm{s}}^2}{l^2(H_{\mathrm{b}}+H_{\mathrm{s}})} \tag{C}$$

在用式（A）的第二式计算无量纲化圆频率 $\bar{\omega}_i$ 时，将得到两个解。当该对称振型的二个频率解均在前后二个反对称振型频率解之间时，该对称的二个频率解均为真实解，否则只有一个真实解。

平行布置的单层、双层索系的振型 W 可近似按下式计算：

$$W=\left\{\left|\sin\frac{\pi}{2}i\right|\sin\frac{\pi}{l}x+\alpha_i\sin\frac{i\pi}{l}x\right\}\sin\omega_i t \quad i=2,3,4,5\cdots \tag{4-53}$$

式中 $\omega_i=\frac{\pi}{l}\sqrt{\frac{H}{m}}\bar{\omega}$

$a_i=-i\left[1-(\bar{\omega}_i^2-1)\frac{\pi^4}{8\lambda^2}\right] \quad i=3,5,7\cdots$

2）正交矩形索网

对于正交矩形索网，用 i 表示沿承重索方向序列，j 表示沿稳定索方向序列，其自振频率 f_{ij} 可以近似按下式计算：

$$f_{ij}=\frac{1}{2}\sqrt{\frac{H_b}{m}\left(\frac{\bar{\omega}_i}{l_x}\right)^2+\frac{H_s}{m}\left(\frac{\bar{\omega}_j}{l_y}\right)^2} \tag{4-54}$$

其中无量纲化圆频率为：

$\bar{\omega}_i^2=i^2 \qquad i=2,4,6\cdots$

$$\bar{\omega}_i^2=\frac{1}{2}\left\{1+i^2+\left(\frac{1}{i^2}+1\right)\frac{8\lambda_b^2}{\pi^4}\right.$$

$$\left.\pm\sqrt{(1-i^2)\left[\left(1-i^2\right)+2\left(i-\frac{1}{i^2}\right)\frac{8\lambda_b^2}{\pi^4}\right]+\left(\frac{1}{i^2}+1\right)^2\left(\frac{8\lambda_b^2}{\pi^4}\right)^2}\right\} \quad i=3,5,7\cdots \tag{D}$$

$\bar{\omega}_j^2=j^2 \qquad j=2,4,6\cdots$

$$\bar{\omega}_j^2=\frac{1}{2}\left\{1+j^2+\left(\frac{1}{j^2}+1\right)\frac{8\lambda_s^2}{\pi^4}\right.$$

$$\left.\pm\sqrt{(1-j^2)\left[(1-j^2)+2\left(1-\frac{1}{j^2}\right)\frac{8\lambda_s^2}{\pi^4}\right]+\left(\frac{1}{j^2}+1\right)^2\left(\frac{8\lambda_s^2}{\pi^4}\right)^2}\right\} \quad j=3,5,7\cdots \tag{E}$$

式中 $\lambda_b^2=\frac{64EA_bf_b^2}{l_x^2H_b}$，$\lambda_s^2=\frac{64EA_sf_s^2}{l_y^2H_s}$

正交矩形索网的振型 W 可近似按下式计算：

$$W=\left\{\left|\sin\frac{\pi}{2}i\right|\sin\frac{\pi}{l_x}x+\alpha_i\sin\frac{i\pi}{l_x}x\right\}\left\{\left|\sin\frac{\pi}{2}j\right|\sin\frac{\pi}{l_y}y+\beta_j\sin\frac{j\pi}{l_y}y\right\}\sin\omega_{ij}t$$

$$i=2,3,4,5\cdots \qquad j=2,3,4,5\cdots \tag{4-55}$$

式中 $\omega_{ij}=\sqrt{\frac{\pi^2}{l_x^2}\frac{H_b}{m}\bar{\omega}_i^2+\frac{\pi^2}{l_y^2}\frac{Hs}{m}\bar{\omega}_j^2}$

$\alpha_i=-i\left[1-(\bar{\omega}_i^2-1)\frac{\pi^4}{8\lambda_b^2}\right] \quad i=3,5,7\cdots$

$\beta_j=-j\left[1-(\bar{\omega}_j^2-1)\frac{\pi^4}{8\lambda_s^2}\right] \quad j=3,5,7\cdots$

3）横向加劲索系

对于横向加劲索系，用 i 表示沿承重索方向序列，j 表示沿横向加劲构件方向序列，其自振频率 f_{ij} 可以近似按下式计算：

$$f_{ij}=\frac{\bar{\omega}_{ij}}{2l_x}\sqrt{\frac{H_m}{m}} \tag{4-56}$$

其中无量纲化圆频率 $\overline{\omega}_{ij}$ 为：

$$\overline{\omega}_{ij}^2 = \varphi_1(j) + i^2\varphi_2(j) \qquad i = 2,4,6\cdots \qquad j = 1,2,3\cdots$$

$$\overline{\omega}_{ij}^2 = \frac{1}{2}\left\{2\varphi_1(j) + \varphi_2(j)(1+i^2) + \left(\frac{1}{i^2}+1\right)\frac{8\lambda_b^2}{\pi^4}\right.$$

$$\left.\pm\sqrt{\varphi_2(j)(1-i^2)\left[(1-i^2)+2\left(1-\frac{1}{i^2}\right)\frac{8\lambda_b^2}{\pi^4}\right]+\left(\frac{1}{i^2}+1\right)^2\left(\frac{8\lambda_b^2}{\pi^4}\right)^2}\right\} \quad i = 3,5,7\cdots, j = 1,2,3\cdots(F)$$

式中 $\varphi_1(j) = D_t\left(\frac{l_x}{\pi}\right)^2\left(\frac{j\pi}{l_y}\right)^4\frac{1}{H_m}$，$\varphi_2(j) = \left(H_0 + \frac{(H_m - H_0)\ 8j^2}{\pi\ (4j^2-1)}\frac{1}{H_m}\right)$

$$\lambda_b^2 = \frac{64EA_b\ (f_{b0}+\Delta_m)^2}{l_x^2H_m}\left[1+\left(\frac{\Delta f}{f_{b0}+\Delta_m}\right)\frac{16j^2}{4j^2-1}\right]$$

这里 D_t——单位宽度横向加劲构件的抗弯刚度；

H_0、H_m——横向加劲索系的单位宽度边索索力、跨中索力；

Δ_m——横向加劲索系跨中加劲构件的支座下压量；

Δf——横向加劲索系跨中加劲构件的跨中挠度。

横向加劲索系的振型 W 可近似按下式计算：

$$W = \left(\left|\sin\frac{\pi}{2}i\right|\sin\frac{\pi}{l_x}x + \alpha_{ij}\sin\frac{i\pi}{l_x}x\right)\sin\frac{j\pi}{l_y}y\sin\omega_{ij}t \quad i = 2,3,4,5\cdots \quad j = 1,2,3,4\cdots \tag{4-57}$$

式中 $\omega_{ij} = \frac{\pi}{l_x}\sqrt{\frac{H_m}{m}}\overline{\omega}_{ij}$

$$\alpha_{ij} = -i\left\{1-(\overline{\omega}_{ij}^2 - \varphi_1\ (j)\ - \varphi_2\ (j))\frac{\pi^4}{8\lambda_b^2}\right\} \quad i=3,\ 5,\ 7\cdots,\ j=1,\ 2,\ 3\cdots$$

第三节　悬索结构的地震反应

悬索结构在地震作用下的运动方程为：

$$[M]\{\ddot{U}\} + [C]\{\dot{U}\} + [K]\{U\} = -[M]\{\ddot{U}_g\} + \{R\} \tag{4-58}$$

$$[C] = r[M] + s[K]$$

式中 $[C]$ ——阻尼矩阵；

$\{\ddot{U}\}$、$\{\dot{U}\}$、$\{U\}$ ——分别为节点的加速度向量、速度和位移向量；

$\{\ddot{U}_g\}$ ——地震时地面运动的加速度向量，仍然只研究竖向地震作用，故只取竖向分量；

$[K] = [K_E] + \lfloor K_g \rfloor$

$[M]$、$\{R\}$ 的含义如前。

分析结构的动力反应一般有振型分解反应谱法和时程分析法。由于时程分析法可以直接给出结构每个时刻的动力反应，对于柔性的悬索结构，较多的是采用时程分析法，以便掌握结构在振动过程中的全部反应，保证设计的安全性。本节将介绍其分析方法及悬索结构的地震反应特点。

一、运动方程的求解

在用时程分析法分析悬索结构动力反应时，仍然可以在每一时程内采用威尔森-θ 法，但考虑到悬索结构的几何非线性，通常采用荷载增量法与威尔森—θ 法结合的方法。

将运动方程（4-58）写成增量形式：

$$[M]\Delta\{\ddot{U}\}+[C]\Delta\{\dot{U}\}+[K]\Delta\{U\}=-[M]\{\ddot{U}_{g}\}+\{R(\Delta U)\} \tag{4-59}$$

按威尔森-θ 法，方程（4-59）可简写为如下的拟静力方程：

$$[\tilde{K}]\Delta\{U\}=\Delta\{\tilde{P}\}+\Delta\{R\} \tag{4-60}$$

由于 $\Delta\{R\}$ 为位移的高次项，而位移本身数值就很小，因此在解拟静力方程时可略去，对整个方程影响不大，式（4-60）可进一步简化为：

$$[\tilde{K}]\Delta\{U\}=\Delta\{\tilde{P}\} \tag{4-61}$$

具体求解步骤如下：

（1）确定 θ 值及 Δt，一般应取 $\theta>1.37$。

（2）确定动力初始态。

（3）确定质量矩阵 $[M]$，阻尼矩阵 $[C]$ 和总刚度矩阵 $[K]$。

（4）确定 $[\tilde{K}]$，$\Delta\{\tilde{P}\}$。

（5）将 $\Delta\{\tilde{P}\}$分成 n 级 $\Delta\{\tilde{P}_1\},\Delta\{\tilde{P}_2\}\cdots\Delta\{\tilde{P}_n\}$。

（6）解方程 $[\tilde{K}^{(0)}]\ \Delta\lfloor U_0^{(1)}\rfloor=\Delta\{\tilde{P}_1\}$

（7）修正节点坐标，得到新的几何条件和内力。

（8）用新的几何条件和内力，计算新一级的拟线性刚度矩阵 $[\tilde{K}^{(1)}]$。

（9）取第二级荷载增量 $\Delta\{\tilde{P}_2\}$，重复（6）～（8）步，直至 $\Delta\{\tilde{P}_n\}$ 为止。

（10）叠加计算结果，得到第一时程内的位移、速度和加速度。

（11）按线性内插法确定步长 Δt 内的各量（位移、速度和加速度）。

（12）确定新的几何条件与内力。

（13）确定出各增量值后，求出下一时间段的初始条件。

（14）对每一时间段 $\theta\Delta t$，重复（4）～（13）步，直至所要求的时间为止。

采用振型分解反应谱法分析悬索结构动力反应的方法与其他结构相同，不再重复了。

二、竖向地震反应分布规律

根据上述方法输入 El-Centro、天津-宁河及 TAFT 波，按设防烈度 8 度分别计算分析了算例 1，及以下两个算例。

【算例 4】 椭圆形索网 60m×80m，初始曲面方程为：

$$z=-f_{y}\left(\frac{y}{a}\right)^{2}+f_{x}\left(\frac{x}{b}\right)^{2}$$

主索的初垂度 $f_y=4.2$m，副索初垂度 $f_x=2.8$m，弹性模量 1.7×10^9N/mm²，索截面面积主索为 62mm²，副索为 40mm²，初始预应力值主索为 $H_y=1880$kN，副索为 $H_x=1530$kN，屋面荷载 1.20kN/m²。

【算例 5】 菱形索网对角线 48m，初始曲面方程 $z=4f_c(x^2+y^2)\cdot l^2$，初始垂度 $f_0=4$m，弹性模量 1.8×10^9N/mm²，索截面面积 $A_c=6$mm²，初始预应力值 $H_0=300$kN，屋面荷载 1.50kN/m²。

仍采用竖向地震内力系数 ξ 来研究悬索结构的地震反应规律。考虑到柔性结构的变形必须重视，故采用竖向地震位移系数 ξ_ω 来研究悬索结构的变形。

$$\xi_i=\left|\frac{S_{Ei}}{S_{Gi}}\right| \qquad \xi_{\omega j}=\left|\frac{w_{Ej}}{w_{Gj}}\right| \tag{4-62}$$

式中 S_{Ei}，S_{Gi}——分别为计算所得第 i 索元竖向地震作用、重力荷载引起的内力。

w_{Ej}，w_{Gj}——分别为计算所得第 j 节点竖向地震位移、静位移。

表 4-13 给出了算例 1 的竖向地震内力系数值，阻尼比取 0.05。图 4-20、图 4-21 分别为算例 4，算例 5 的竖向地震内力系数分布，阻尼比取 0.015。观察上述图表，容易归纳出悬索结构竖向地震反应有以下规律：

（1）由计算过程表明，索网中，各承重索中地震内力和节点正向位移基本同步达到峰值，各稳定索中竖向地震内力和节点负向位移基本在另一时刻同步达到峰值。

矩形索网竖向地震内力系数值（%） **表 4-13**

地 震 波		El-Centro	TAFT	天津-宁河
承重索	7	6.14	9.31	7.90
	8	6.33	9.83	8.18
	9	6.39	10.02	8.28
	10	6.33	9.41	7.99
	11	6.53	9.95	8.28
	12	6.59	10.14	8.38
稳定索	1	3.84	5.30	4.00
	2	4.09	6.63	4.18
	3	4.21	7.13	4.26
	4	3.74	6.66	5.02
	5	4.02	8.08	5.13
	6	4.14	8.62	5.23

注：索元编号见图 4-4。

（2）沿每一根索之各索段的内力动静比均从边缘向跨中逐渐增大，但变化幅度不大。

（3）同一结构中，无论是承重索还是稳定索，各索的竖向地震内力系数分布均不同，或由边索向中间索逐渐增大，如表 4-13 各索，图 4-20 中稳定索；或反之，中间索最小，向边索逐渐增大，如图 4-20、图 4-21 中承重索。这显然是随着索网布置方式不同，产生不同的静内力分布有关。

（4）由上述三算例可见，各索网中竖向地震内力系数值在 2.4%～15%之间。

三、参数改变对地震反应的影响

现在讨论几个主要设计参数对悬索结构地震反应的影响。

1. 场地类型

图 4-22 给出了用振型分解反应谱法计算的算例 4 在不同场地上按 8 度设防时竖向地震内力系数的分布。

由于我国“抗震设计规范”中反应谱是依阻尼比 0.05 确定的，故图 4-22 中的数值与图 4-20 不能比较。但反应出的悬索竖向地震内力系数随场地变化的规律与网架等其他结构是一样的。

注意到悬索结构的前几个振型一般为反对称振型，对称振型的序号较高，而按振型分解反应谱法计算竖向地震反应时，主要由对称振型贡献，如果与网架等结构一样保证振型组合中有前三个对称振型的贡献，则至少应取前 20 个振型。这在工程设计时应给予注意。

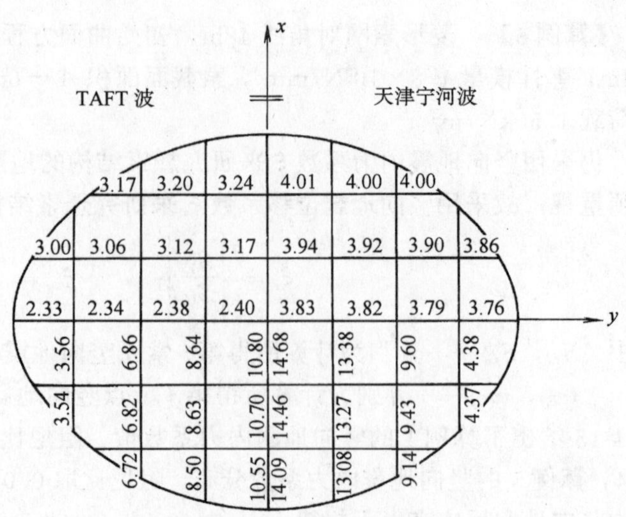

图 4-20　椭圆形索网竖向地震内力系数分布（%）

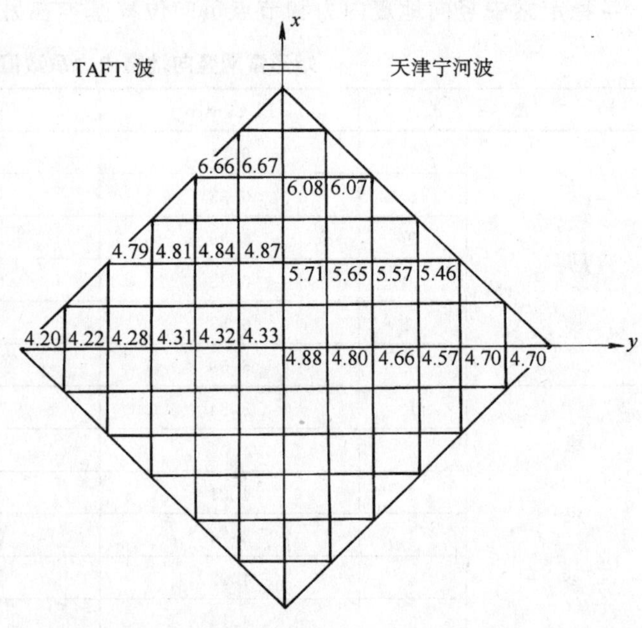

图 4-21　菱形索网竖向地震内力系数分布（%）

2. 屋面荷载

图 4-23 给出算例 1 第 12 单元及第 6 单元（虚线表示）竖向地震内力系数随荷载的变化曲线。图 4-24是算例 4 竖向地震内力系数随荷载变化的关系。其中虚线为稳定索，实线为承重索。

图 4-25 为上节的试验模型取阻尼比为 0.01 时的计算结果，包括最大竖向地震内力系数和中点竖向地震位移系数与节点集中力 P 变化的关系。

显然屋面荷载的变化对悬索结构动力反应影响明显，随着荷载增大，竖向地震内力系数增大，竖向地震位移系数减小，且呈非线性变化。其中稳定索对动力反应比承重索敏感得多。

3. 初始预应力

图 4-26 为算例 1 第 12 单元和第 6 单元竖向地震内力系数随初始预应力变化的曲线，图 4-27 为算例 4 的情况，图 4-28 给出了试验模型最大竖向地震内力系数和中点竖向地震位移系数与初始预应力的关系。虚线仍表示稳定索。

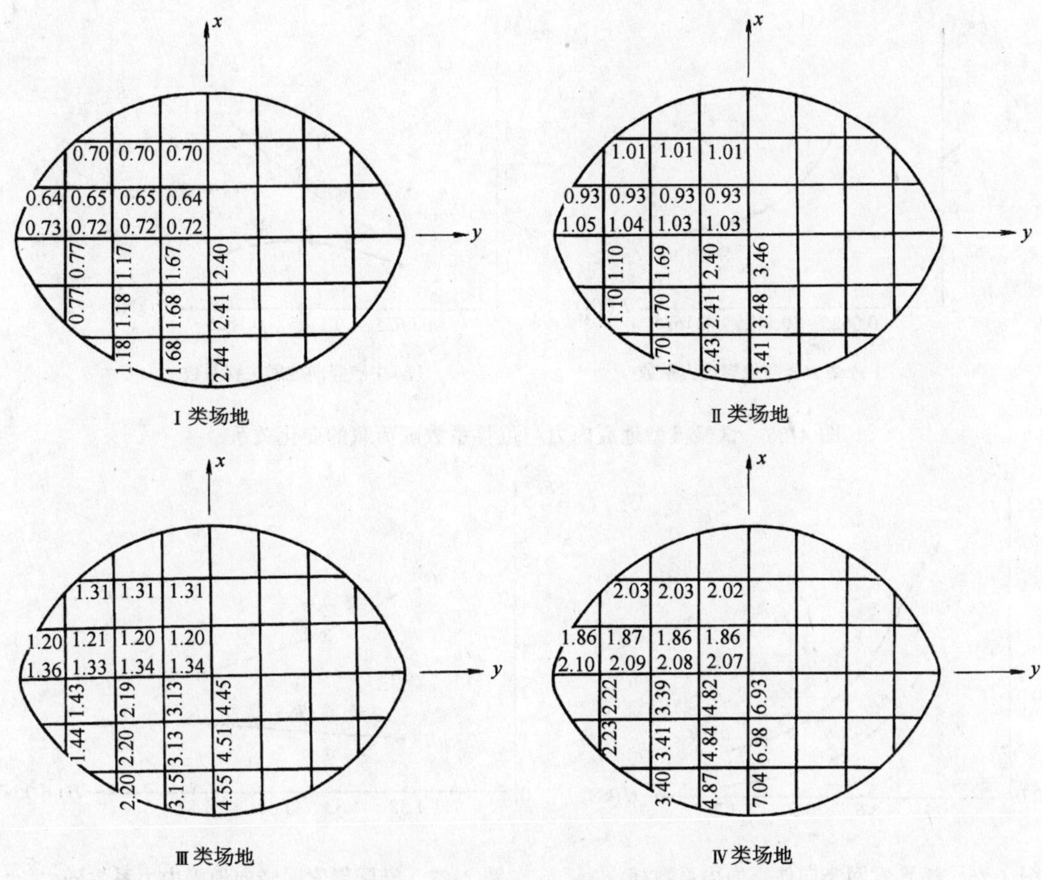

图 4-22 椭圆形索网在各类场地的竖向地震内力系数（%）

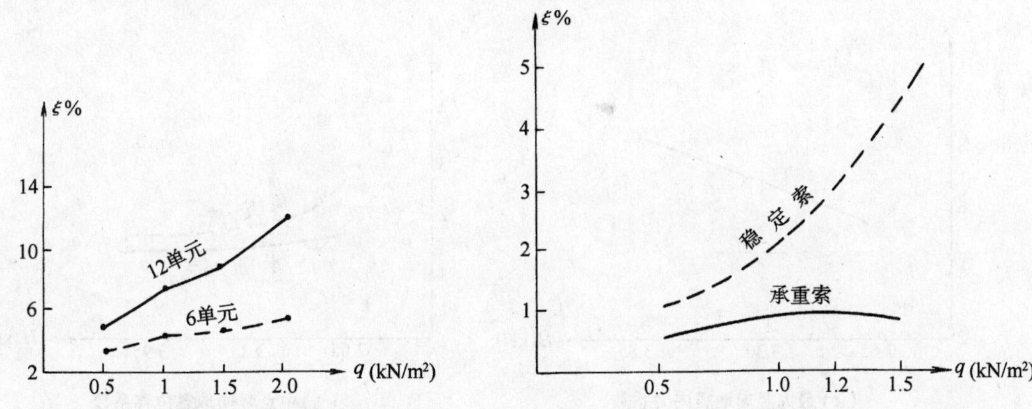

图 4-23 矩形索网竖向地震内力系数随荷载的变化关系

图 4-24 椭圆形索网竖向地震内力系数随荷载的变化关系

显然，随着初始预应力的增大，竖向地震内力系数下降，竖向地震位移系数上升。仍然是稳定索反应更为敏感些。承重索影响不明显。

4. 阻尼

阻尼是对结构动力反应影响最直接的参数。为此以上节的试验模型为例进行较为系统

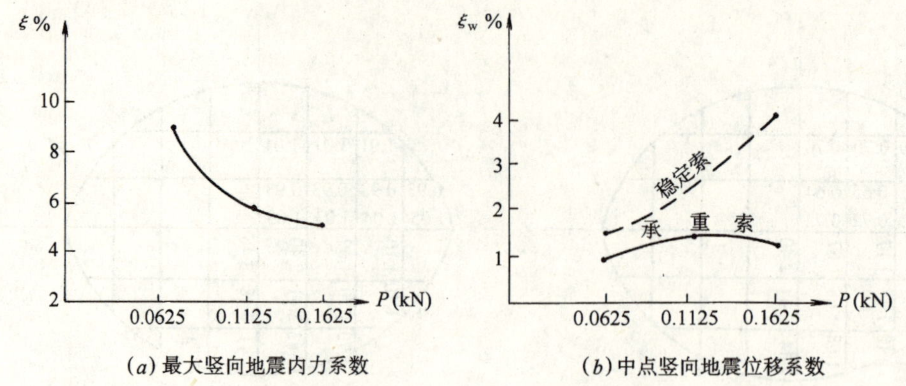

(a) 最大竖向地震内力系数　　(b) 中点竖向地震位移系数

图 4-25　试验模型地震内力与位移系数随荷载的变化关系

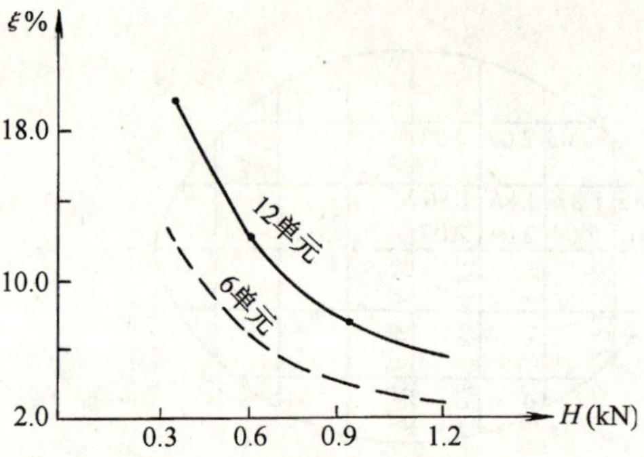

图 4-26　矩形索网竖向地震内力系数随初始预应力的变化关系

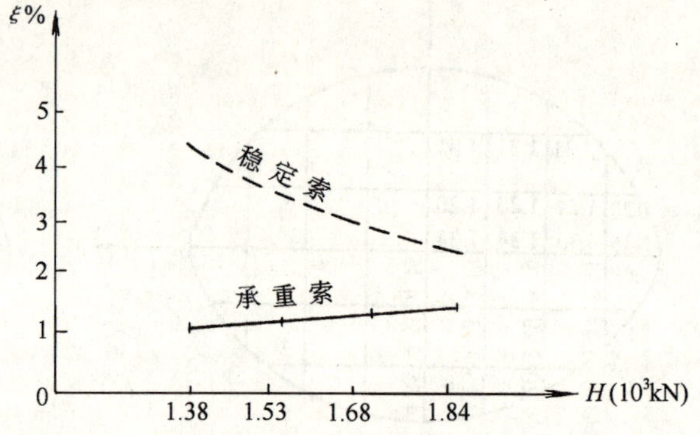

图 4-27　椭圆形索网竖向地震内力系数随初始预应力的变化关系

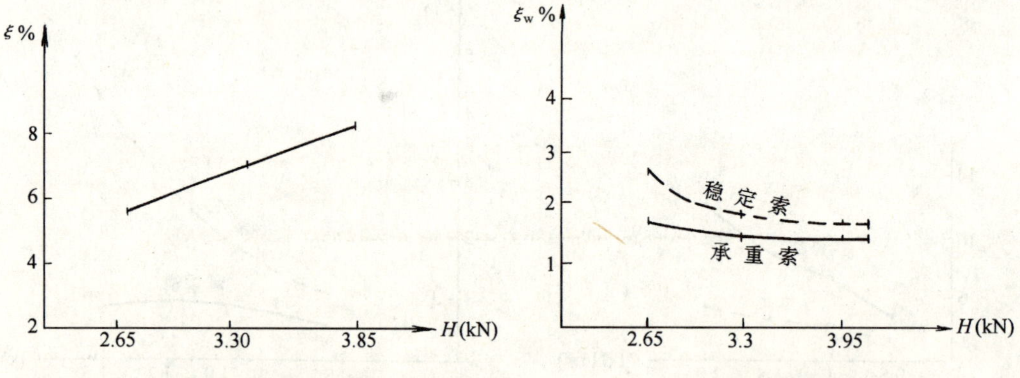

(a) 最大竖向地震内力系数　　(b) 中点竖向地震位移系数

图 4-28　试验模型地震内力与位移系数随初始预应力的变化关系

的研究。输入 El-Centro 地震波，由于模型比例是 $\lambda=25$，根据动力模型设计原理，时间轴被压缩 $\sqrt{\lambda}$ 倍。考虑了不同的节点荷载和初始预应力共五种情况，列于表 4-14。分别采用阻尼比 0.05、0.03、0.01 按时程分析法进行计算，其最大竖向地震内力系数与中点竖向地震位移系数分别列于表 4-15、4-16 中，并将它们随阻尼的变化情况画在图 4-29，4-30 中。分析上述图表可以归纳出以下几点：

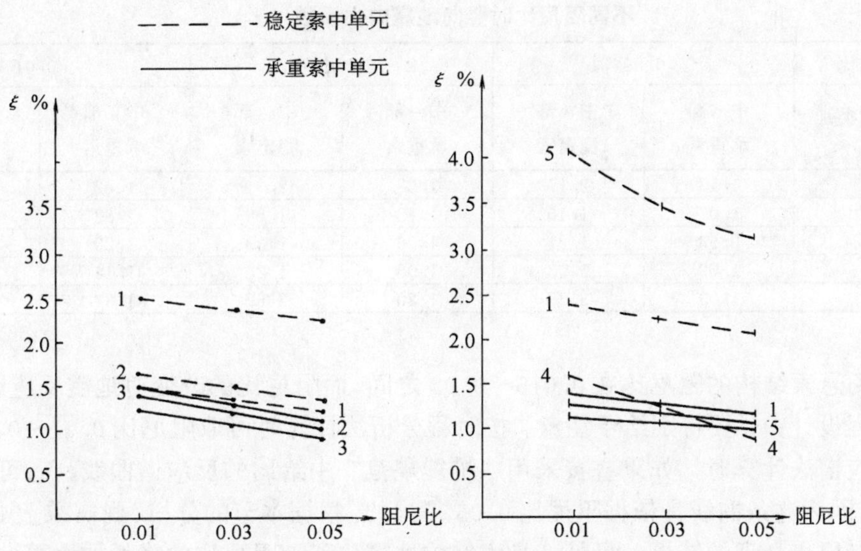

图 4-29 试验模型最大竖向地震内力系数随阻尼比的变化关系

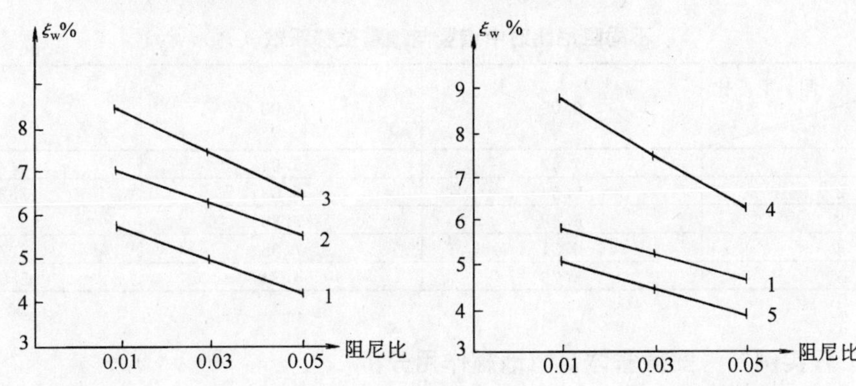

图 4-30 试验模型中点最大竖向地震位移系数随阻尼比的变化关系

(1) 索的竖向地震内力系数和竖向地震位移系数均随阻尼比的减小而增大。

(2) 由表 4-15 可见，当阻尼比由 0.05 减小到 0.01 时，承重索竖向地震内力系数的增长率约为 20%～25%，而稳定索竖向地震内力系数增长率约为 10%～25%。

(3) 由表 4-16 及图 4-30 可见，当阻尼比由 0.05 减少到 0.01 时，竖向地震位移系数增长率约为 25%～40%，即随着阻尼比的减少地震位移的增长率较地震内力的增长率更大。

考虑不同的节点荷载和初始预应力分析的五种情况　　表 4-14

序　号	节点荷载 (kN)	中间承重索初始预应力 (kN)	中间稳定索初始预应力 (kN)	第一频率
1	0.1125	2.65	2.20	4.72
2	0.1125	3.30	2.85	5.37
3	0.1125	3.95	3.35	5.82
4	0.0625	2.65	2.20	6.36
5	0.1625	2.65	2.20	3.92

不同阻尼比时竖向地震内力系数（%） **表 4-15**

阻尼比	0.05		0.03		0.01	
序号 \ 索类别	中部承重索	中部稳定索	中部承重索	中部稳定索	中部承重索	中部稳定索
1	1.17	2.17	1.28	2.31	1.42	2.46
2	1.07	1.40	1.18	1.50	1.32	1.59
3	0.96	1.21	1.06	1.33	1.20	1.41
4	1.02	1.03	1.08	1.26	1.14	1.60
5	1.09	3.33	1.20	3.62	1.32	4.11

注意到悬索结构的阻尼比在0.015～0.02之间，而阻尼比的改变对地震反应影响明显，因此在工程设计中，要特别给予注意。按时程分析法计算时可取阻尼比0.01～0.02。按振型分解反应谱法计算时，如果直接采用“抗震规范”中给出的反应谱曲线，有可能使计算结果偏小，因为这条曲线是依据阻尼比0.05得出的。根据本节的分析，尚需乘上1.25～1.3的系数方能得出合理的结果。另外，悬索结构地震位移随阻尼比的降低加大更多，设计时不容忽视，以防止造成构造破坏。

不同阻尼比时中点竖向地震位移系数（%） **表 4-16**

序号 \ 阻尼比	0.05	0.03	0.01
1	4.47	5.04	5.73
2	5.56	6.33	7.20
3	6.48	7.39	8.46
4	6.31	7.38	8.77
5	3.76	4.34	5.06

四、工程实例——安徽省体育馆地震作用分析

1. 工程概况

安徽省体育馆平面尺寸72m×53.2m，为有一对称轴的六边形，其纵向布置29根跨度为72m，间距为1.5m的承重索，两端锚固在钢筋混凝土的看台框架梁上。横向布置11榀钢桁架，间距为6.0m，最大跨度为53.2m，两端支承在边柱上。每根索采用六股7ϕ4的钢铰线，截面面积$A=551\text{mm}^2$，弹性模量$E=180\text{kN/mm}^2$。桁架为高度1.60～3.20m的梯形，杆件均采用角钢，截面面积$A=998\sim2460\text{mm}^2$，弹性模量$E=210\text{kN/mm}^2$。通过桁架两端支座的强迫位移，其最大值为0.29m，给屋面施加预应力。屋盖上弦承受的均布荷载为0.775kN/m^2（包括雪载在内），下弦承受的均布荷载为0.500kN/m^2，详见图4-31。

2. 计算结果及分析

安徽省体育馆的平面不很规整，索两端为不等高，纵向索和横向桁架的刚度有显著的差异，索的间距较小，而桁架的间距比较大，节点的数量和构件数很多，因此给动力分析计算模型的进一步简化带来一定的困难。分析采用有限元方法，将索离散为索元，将桁架离散为杆元。假设所有节点均为铰接，在桁架下弦与索交接处不考虑滑动。在垂直桁架平面方向，凡不与索相交接的节点(包括上，下弦节点)，均附加不动水平约束，以保证其几何稳定性。忽略支撑等构件的影响。索两端在动力分析的过程中被认为是不动支承(静力分析时考虑为弹性

支承)。桁架两端被认为是铰支座。所有荷载都分别作用在桁架上、下弦节点上或索节点上。在研究以竖向振动为主的动力问题时，利用结构纵向有一个对称轴，取结构的一半作为简化的计算模型。其节点总数共有 426 个，索元总数有 180 个，杆元总数有 759 个。

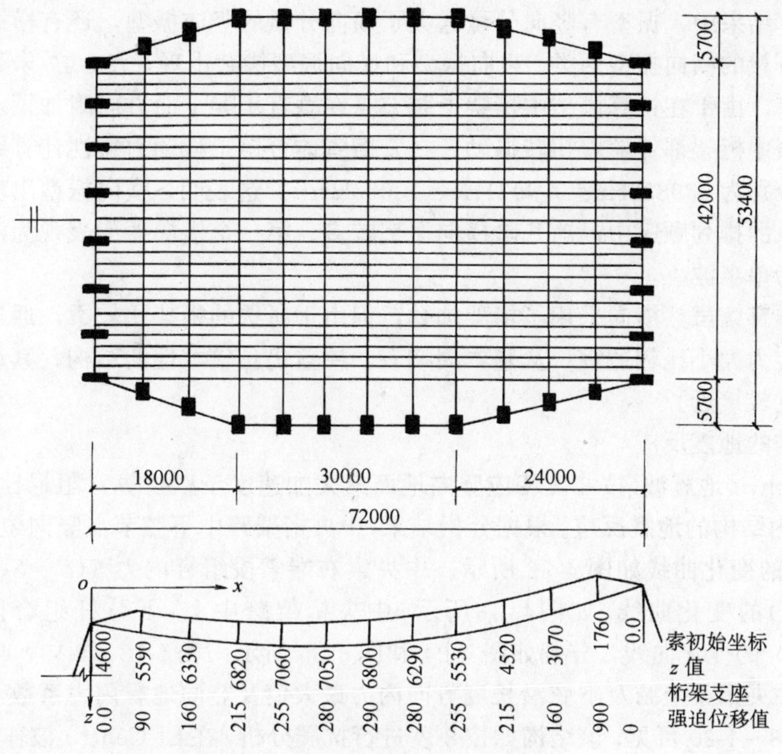

图 4-31 安徽省体育馆屋盖平剖面

(1) 结构的动力特性

采用时程分析法进行结构动力反应分析，用威尔森-θ 法求解，取步长 0.02s，$\theta=1.4$。表4-17列出跨中索前 10 阶竖向振型和频率的计算结果。

安徽省体育馆跨中索前 10 阶竖向振型和频率 **表 4-17**

节点序号 频率	0	1	2	3	4	5	6	7	8	9	10	11	12
$f_1=1.0012$	0.00	0.060	0.329	0.712	0.996	1.000	0.677	0.151	−0.326	−0.547	−0.558	−0.336	0.00
$f_2=1.2251$	0.00	0.250	0.744	0.890	0.407	−0.191	−0.203	0.428	0.999	0.896	0.461	0.484	0.00
$f_3=1.2693$	0.00	−0.571	−0.668	0.008	0.742	0.616	−0.226	−0.727	−0.268	0.580	0.998	0.623	0.00
$f_4=1.4358$	0.00	0.771	0.908	−0.115	−0.639	0.273	0.936	0.104	−0.687	0.464	0.998	0.797	0.00
$f_5=1.5786$	0.00	0.010	0.373	−0.923	0.071	0.923	−0.447	−0.541	0.629	0.176	−0.292	−0.118	0.00
$f_6=1.6642$	0.00	0.329	−0.131	−0.158	0.523	−0.186	−0.504	0.729	0.116	−0.881	0.172	1.000	0.00
$f_7=1.7742$	0.00	1.000	−0.382	−0.463	0.779	−0.479	−0.016	0.475	−0.689	0.564	0.275	−0.804	0.00
$f_8=1.8805$	0.00	0.547	−0.396	0.460	0.426	−0.735	0.889	−0.695	0.302	0.362	−0.873	1.000	0.00
$f_9=1.9123$	0.00	−0.892	1.000	−0.792	0.506	−0.244	0.009	0.125	−0.255	0.347	0.000	0.162	0.00
$f_{10}=1.9638$	0.00	0.110	−0.215	0.364	−0.514	0.632	−0.654	0.680	−0.742	0.999	−0.948	0.726	0.00

注：1. 桁架方向前 10 阶相应的竖向振型均为单波。

2. 节点序号从索左支座至右支座。

可见，结构的基本周期约为1.0s左右，基本振型表现为沿索方向为反对称的双半波，沿桁架方向为对称单半波。其后第2，3…10振型为沿索方向为3、4…11波，沿桁架方向直至第10振型仍保持为对称的单半波不变。频谱非常密集。用桁架作为横向加劲的单曲悬索结构，在计算结果中，振型有竖向分量远大于横向分量的竖向振型，还有横向分量大于或接近于竖向分量的横向振型两类。竖向振型和横向振型掺杂出现，表4-17未列出横向振型及相应的频率。由于在计算模型中桁架上弦节点在垂直桁架平面方向附加了水平约束，因此在各类振型中桁架都伴随着扭转振动。在安徽省体育馆工程动力特性计算结果中，横向振型的频率分别为0.9832Hz、0.9931Hz、1.006Hz…。这表明，横向振型出现比竖向振型早，而且在总的排列顺序中，前几阶横向振型较多。第一个横向振型表现为沿索方向和沿桁架方向均为单半波。

安徽省体育馆虽然横向采用了桁架加劲，但由于所选的桁架比较柔，通过压支座使索中产生的预应力大小比较适宜；从基本周期看，屋盖仍是较柔性的结构，其动力性能与一般悬索结构比较接近。

（2）结构的地震反应

用El-Centro地震波（按8度相应竖向地面最大加速度予以折算），阻尼比0.05计算在3s时间区域内结构的地震反应。根据分析结果，中央桁架跨中下弦节点竖向位移w_E随时间（2.0～3.0s）的变化曲线如图4-32所示。中央索右端索段组合内力$S(S=S_S+S_E)$随时间（2.0～3.0s）的变化曲线，如图4-33所示。中央桁架跨中上，下弦杆组合内力S随时间（2.0～3.0s）的变化曲线，分别如图4-34和图4-35所示。表4-18，4-19，4-20分别列出了中央索，中央桁架上弦及下弦沿长度方向内力最大值及竖向地震内力系数。

由表4-18～4-20可见，该结构如按8度进行抗震分析，在El-Centro波作用下，阻尼比0.05时的地震反应为：纵向索中最大竖向地震内力系数值约为2.5%左右；横向桁架上，下弦杆中最大竖向地震内力系数值约为4%～5%左右，（除下弦中1号杆元外，该杆实为支座边联系杆，内力很小）。横向桁架腹杆中最大竖向地震内力系数值约为3%～4%左右。

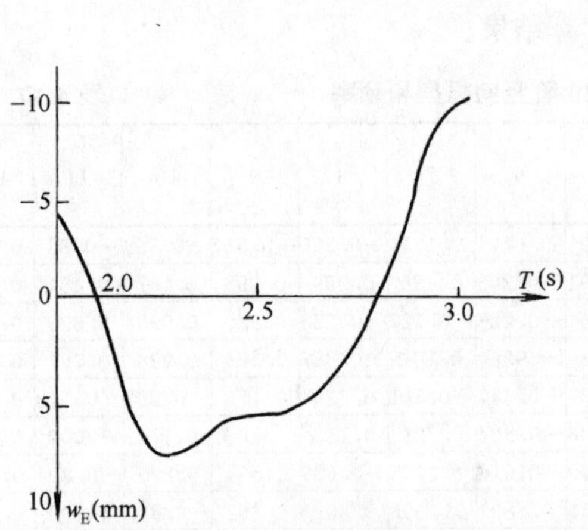

图4-32 中央桁架跨中下弦节点竖向位移随时间的变化

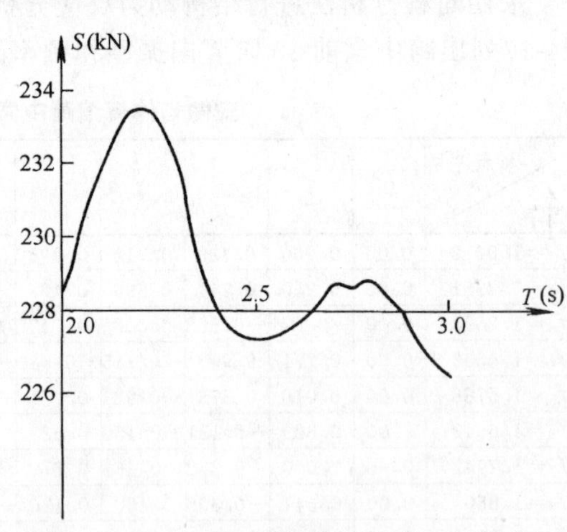

图4-33 中央索右端索段组合内力随时间的变化

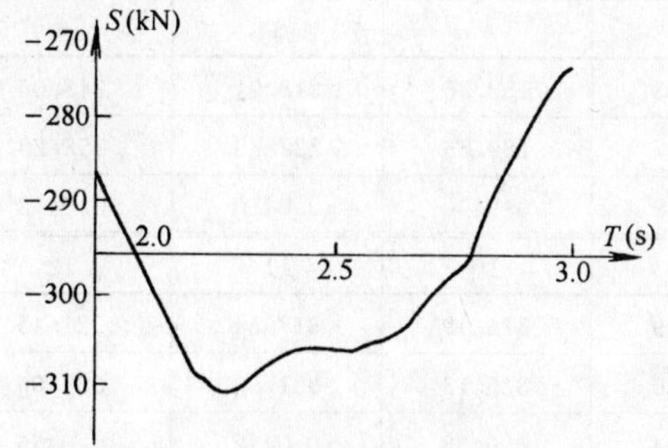

图 4-34　中央桁架跨中上弦杆组合内力随时间的变化

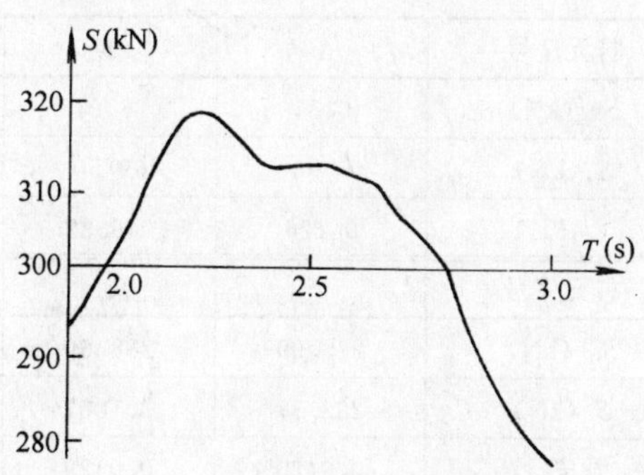

图 4-35　中央桁架跨中下弦杆组合内力随时间的变化

中央索沿长度方向内力最大值及竖向地震内力系数　　表 4-18

索元序号	1	2	3	4	5	6
S_S (kN)	222.82	221.33	220.34	219.74	219.53	219.67
S (kN)	228.82	226.66	225.64	225.02	224.81	225.00
ξ	0.0244	0.0241	0.0240	0.0240	0.0240	0.0243
索元序号	7	8	9	10	11	12
S_S (kN)	220.17	221.03	222.29	223.73	225.74	228.31
S (kN)	225.40	226.38	227.57	229.17	231.19	233.77
ξ	0.0237	0.0242	0.0238	0.0243	0.0241	0.0240

注：索元序号自左支座至右支座。

中央桁架上弦杆沿长度方向内力最大值及竖向地震内力系数　　表 4-19

杆元序号	1	2	3	4	5	6
S_S (kN)	−66.28	−131.90	−181.98	−218.69	−247.95	−270.99
S (kN)	−68.66	−136.94	−189.20	−227.59	−258.11	−282.34
ξ	0.0359	0.0382	0.0397	0.0407	0.0410	0.0419
杆元序号	7	8	9	10	11	12
S_S (kN)	−288.78	−302.11	−311.71	−318.10	−321.75	−323.08
S (kN)	−301.14	−315.21	−325.35	−332.20	−336.34	−338.10
ξ	0.0428	0.0434	0.0438	0.0443	0.0454	0.0465
杆元序号	13	14	15	16	17	18
S_S (kN)	−322.30	−319.78	−315.69	−310.20	−303.47	−295.64
S (kN)	−337.62	−335.24	−331.15	−325.54	−318.55	−310.36
ξ	0.0475	0.0484	0.0490	0.0494	0.0497	0.0498

注：杆元序号为自端部至跨中。

中央桁架下弦杆沿长度方向内力最大值及竖向地震内力系数　　表 4-20

杆元序号	1	2	3	4	5	6
S_S (kN)	0.85	66.94	132.33	182.36	218.91	248.06
S (kN)	0.96	69.50	137.47	189.66	227.88	258.28
ξ	0.126	0.0382	0.0388	0.0400	0.0410	0.0412
杆元序号	7	8	9	10	11	12
S_S (kN)	270.99	288.69	301.99	311.49	317.84	321.45
S (kN)	282.37	301.07	315.10	325.13	331.89	336.06
ξ	0.0420	0.0429	0.0434	0.0438	0.0442	0.0455
杆元序号	13	14	15	16	17	18
S_S (kN)	322.72	321.95	319.39	315.29	309.77	302.93
S (kN)	337.75	337.28	334.85	330.73	325.08	317.98
ξ	0.0466	0.0476	0.0484	0.0490	0.0494	0.0497

注：杆元序号为自端部至跨中。

用 Taft 地震波（按 8 度相应竖向地面最大加速度予以折算，阻尼比 0.05），分析结果为地震反应比 El-Centro 波稍大。纵向索中最大竖向地震内力系数值约为 4.5%。横向桁架上，下弦杆中最大竖向地震内力系数值约为 6.5%～8%。

当阻尼比减小后，地震反应有所增大。同样在 El-Centro 波作用下，当阻尼比取 0.02 时，纵向索中最大竖向地震内力系数值增大为 3%左右，桁架上，下弦杆中最大竖向地震内力系数值增至 5%～6%。

竖向地震位移系数值较竖向地震内力系数值大。在 El-Centro 波作用下，当阻尼比为 0.05 时，最大竖向地震位移系数值约为 8%；当阻尼比为 0.02 时，最大竖向地震位移系数值约为 10%。

地震内力的分布与静内力的分布基本一致。每根索的地震内力从两端向跨中逐渐减小，从边索向中索逐渐增加。其变化的幅度不大，整个索中地震内力分布比较均匀。桁架中上、下弦杆地震内力从两端向跨中逐渐增大，从边桁架到中桁架逐渐减小（边桁架跨度减小的因素除外），其变化的幅度比较大。

3. 结论

通过分析研究，可以得出以下几点结论性的看法：

(1) 安徽省体育馆的动力特性与一般悬索结构相近。结构的横向振型出现较早，且在前几阶振型中，横向振型较多。这表明以桁架作为横向加劲构件的悬索结构，其横向刚度较小。因此对桁架之间横向支撑（包括水平的和竖向的）设置以及桁架两端支座的做法应予足够的重视，在桁架上弦节点平面外的约束应有足够的保证。

(2) 桁架下弦与索相连接，在振动过程中，桁架将要发生扭转。在索与桁架交接处的连接构造等应予妥善处理，以减少由于扭转对桁架产生的不利影响。

(3) 桁架本身的刚度以及压支座的强迫位移量不宜过大，以保证结构有良好的动力性能。在研究结构各项参数的优化设计时，除考虑静力条件外，不应忽视动力条件。

(4)在 8 度地震作用下，安徽省体育馆的地震反应不大。无论是 El-Centro 波或 Taft 波，无论阻尼比为0.05或0.02，结构的地震内力或位移都没有超过静力反应的10%。

（5）桁架中的地震反应比索中的地震反应稍大，但相差不太悬殊，这表明该结构竖向地震反应的分布还是比较均匀的。

（6）桁架间的支撑等构件对结构动力的影响，以及结构阻尼比的取值等问题，今后还应进行研究。这类结构动力分析计算模型的进一步简化是很必要的。但如何使简化后的计算模型既便于用一些实用的方法进行分析，又能使计算结果基本反应结构的真实情况，也是今后值得研究的一个问题。

附录A　用于直接动力分析的地震竖向记录

美国 El Centro (1940)地震竖向记录 (cm/s^2)　　**附表1**

s	0	2	4	6	8	10	12	14	16	18
0.0	0.0	2.4	−23.6	27.5	−39.7	−39.0	−6.0	40.9	20.9	−68.3
0.2	−64.7	9.1	13.4	31.7	73.8	60.0	−53.1	−26.1	−13.0	−43.9
0.4	−69.0	−11.7	26.0	84.0	122.4	−23.2	−137.1	−72.7	38.1	39.4
0.6	77.1	35.6	17.9	17.1	−5.8	−19.4	22.9	90.3	−8.0	−111.2
0.8	−69.9	−18.8	57.7	107.7	173.4	−3.6	−96.8	66.6	117.3	172.8
1.0	−206.3	−55.5	−43.1	93.6	22.0	−183.6	−183.7	−1.9	60.6	172.2
1.2	−141.0	−44.0	−26.7	51.9	87.5	−3.5	−80.9	−9.8	27.8	109.3
1.4	42.1	−79.1	−66.4	−27.9	−42.3	−26.1	20.4	52.1	−39.9	−9.6
1.6	23.6	79.1	45.5	58.9	−31.5	21.5	74.3	124.2	−52.7	−13.3
1.8	−39.8	−64.1	1.8	94.6	5.2	−152.2	−48.9	−9.9	54.3	−6.6
2.0	−21.9	−1.04	−12.1	−52.9	−42.6	−7.3	22.7	31.4	−60.6	−17.1
2.2	14.9	24.1	15.7	50.9	10.3	−28.9	−4.4	−24.1	21.1	23.9
2.4	−86.7	−78.0	−26.0	2.2	59.9	−70.5	−89.8	−22.7	−6.6	78.5
2.6	3.1	−36.6	−21.4	−80.7	−10.6	30.2	106.0	67.9	−113.6	−49.5
2.8	44.1	112.6	28.5	13.5	2.8	−24.4	−18.6	8.1	7.4	3.2
3.0	12.0	−18.7	6.5	34.7	41.9	21.6	−2.6	−53.1	−67.5	−24.2
3.2	−3.4	−23.0	−102.1	66.0	2.8	74.8	164.5	190.4	116.3	13.6
3.4	93.5	134.7	77.2	51.5	−4.9	13.0	−21.5	−20.2	−36.9	−11.4
3.6	−4.8	15.6	27.0	7.8	18.8	−0.9	−68.1	−42.5	14.3	10.6
3.8	−47.4	−76.2	−32.4	8.7	62.3	101.9	−8.4	−52.1	−23.5	34.7
4.0	32.8	5.5	36.7	21.8	−40.4	−41.3	−21.0	24.1	−22.3	−0.5
4.2	60.9	−6.5	−45.6	1.9	49.5	2.3	−74.0	−14.9	−5.4	17.8
4.4	−16.5	−15.9	8.6	44.2	5.7	−26.0	11.3	43.7	28.5	3.4
4.6	−13.4	−6.0	3.7	5.3	−11.2	−11.8	−0.6	−4.3	11.1	15.1
4.8	46.4	41.5	1.0	−30.8	−6.9	18.5	35.5	16.5	20.4	−10.9
5.0	−4.3									

注：1. 记录长5s，时间间隔0.02s，Ⅱ类场地。

2. 查用举例：3.42s的记录值是134.7，3.54s的记录值是−20.2。

中国天津（1976）地震竖向记录（cm/s^2）　附表 2

s	0	1	2	3	4	5	6	7	8	9
0.0	0.0	3.01	2.8	3.21	2.47	2.76	2.10	−6.11	−12.24	−6.58
0.1	1.6	7.1	8.84	−0.25	−8.53	−6.40	−1.09	7.96	17.88	15.60
0.2	6.56	−1.09	−7.77	−6.8	−3.40	−9.52	−15.56	−12.94	−6.28	2.11
0.3	6.99	6.15	5.01	3.76	2.85	2.42	−1.49	−2.01	−4.50	5.99
0.4	1.32	5.00	4.54	10.5	12.47	9.10	7.74	3.93	−6.05	−11.85
0.5	−13.38	−17.21	−17.47	−9.04	4.27	11.23	2.86	−5.78	0.12	3.94
0.6	−5.60	−14.22	−14.34	−7.80	2.43	9.84	17.26	27.72	30.01	22.24
0.7	13.50	4.30	−1.85	0.90	3.54	−1.81	−8.58	−6.22	8.22	22.50
0.8	23.60	15.99	7.87	0.77	−6.63	−15.14	−16.35	−4.30	7.24	9.36
0.9	11.66	15.87	13.51	5.64	−0.06	−2.647	−5.74	−6.00	3.02	11.80
1.0	9.47	1.77	−3.63	−6.22	−7.91	−10.34	−9.48	−3.69	−1.65	−5.84
1.1	−8.85	−7.09	−1.76	1.21	−4.42	−12.73	−14.89	−12.16	7.58	−0.89
1.2	9.57	23.60	29.95	18.87	27.80	−4.82	−9.81	−15.13	13.44	−4.86
1.3	4.71	10.26	9.88	9.19	7.51	−2.92	−12.55	−8.92	−0.49	7.47
1.4	17.37	19.01	11.83	12.70	18.49	13.81	7.31	10.96	16.08	13.13
1.5	5.33	−3.62	−10.01	−10.5	−7.97	−5.25	−2.84	−0.70	2.39	4.05
1.6	1.81	−1.86	−8.81	−19.11	−26.86	−27.26	−20.11	−6.24	2.66	4.42
1.7	12.17	21.38	19.78	13.38	9.38	4.97	−1.35	−3.39	2.28	6.57
1.8	3.05	−1.89	−7.34	−17.15	−25.31	−28.66	−23.71	−16.74	−12.02	−5.44
1.9	2.84	9.61	18.98	23.85	14.04	2.00	−1.08	−0.75	−3.09	−11.64
2.0	−19.90	−17.11	−9.38	−2.95	5.52	10.03	6.69	2.22	−1.60	−2.58
2.1	3.10	8.70	5.06	5.20	−10.57	−7.34	−7.45	−17.75	−27.42	−26.39
2.2	−17.57	−8.83	−0.85	8.83	15.41	14.91	13.20	11.95	6.36	−2.96
2.3	−10.85	−12.40	−7.94	−2.46	3.56	9.90	13.67	16.45	15.76	5.76
2.4	−6.51	−10.41	−6.24	−1.34	−4.38	−13.86	−16.94	−10.89	−4.50	0.77
2.5	7.64	9.99	1.41	−10.60	−13.53	−5.31	6.09	9.94	5.00	4.75
2.6	13.67	21.48	28.09	36.08	36.27	26.21	12.94	2.98	3.63	11.62
2.7	13.90	10.06	7.34	5.49	4.84	8.56	13.91	15.05	9.16	−3.30
2.8	−16.50	−20.62	−12.72	−2.50	0.99	0.85	1.77	1.34	4.28	14.08
2.9	8.54	−18.85	−28.91	−10.98	−1.72	−7.64	−11.60	−17.64	−28.01	−34.70
3.0	−32.06	−19.05	−12.16	−23.33	−37.52	−44.05	−40.33	−23.32	−7.85	−2.77
3.1	2.81	4.06	−3.51	−10.47	−17.73	−32.90	−48.43	−59.32	−65.00	−60.36
3.2	−48.05	−35.47	−21.97	−7.11	4.15	8.84	7.63	1.92	−6.26	−10.03
3.3	−2.14	10.70	16.29	13.65	4.38	−9.98	−19.25	−17.43	−6.77	7.51
3.4	11.72	0.07	−13.20	−16.67	10.67	−0.12	4.59	5.71	7.82	6.96
3.5	13.13	36.75	58.73	64.02	58.41	41.86	20.42	6.71	−7.35	−24.81

续表

s	0	1	2	3	4	5	6	7	8	9
3.6	−29.91	−23.61	−11.35	8.97	32.58	46.65	45.21	32.11	17.17	−0.72
3.7	−22.71	10.01	−53.24	−53.58	−30.50	−6.97	12.61	40.52	53.83	59.97
3.8	72.17	38.08	−28.46	−46.81	−35.83	−36.50	−27.17	−13.71	−8.46	3.42
3.9	13.92	19.75	31.05	36.08	28.43	15.87	2.78	−10.67	−27.16	−28.01
4.0	4.06	39.28	56.76	70.93	75.56	64.45	54.01	39.99	13.56	−12.82
4.1	−36.82	−57.91	−64.09	−43.08	−16.90	3.92	26.26	43.25	39.94	22.98
4.2	8.98	−0.08	−7.78	−13.76	−17.69	−17.34	−10.10	−0.42	1.69	−7.75
4.3	−20.72	−29.18	−33.28	−38.59	−35.53	−35.54	−28.14	−18.50	−12.74	−4.78
4.4	−2.53	−11.68	−12.18	−4.41	−4.02	−6.26	−15.55	−27.10	−12.33	12.47
4.5	18.19	21.77	27.60	27.34	37.76	48.82	36.16	17.83	10.89	4.94
4.6	−2.33	−6.44	−8.28	−8.44	−8.72	−10.02	−10.04	−8.99	−7.54	−2.18
4.7	8.31	16.55	13.68	0.27	−13.47	−21.27	−28.62	−38.37	−42.09	−36.96
4.8	−24.51	−10.63	2.76	12.91	16.54	11.93	10.06	16.15	14.61	5.66
4.9	6.82	12.60	12.76	17.96	30.17	33.72	23.88	13.91	16.82	28.57
5.0	33.85									

注：1. 记录长 5s，时间间隔 0.01s，Ⅲ类场地。

2. 查用举例：4.40s 的记录值是−2.53，4.49s 的记录值是 12.47。

附录B　中国规范关于竖向地震作用的规定

一、建筑抗震设计规范（GBJ 11—89）

（1）烟囱和类似的高耸结构及高层建筑，其竖向地震作用标准值按下式确定

$$F_{Evk} = \alpha_{vmax} G_{eq}$$

其中　F_{Evk}——结构总竖向地震作用标准值；

α_{vmax}——竖向地震影响系数最大值，可取水平地震影响系数最大值的65%；

G_{eq}——结构等效总重力荷载，可取其重力荷载代表值的75%。

楼层的竖向地震作用效应可按各构件承受的重力荷载代表值的比例分配。

（2）平板型网架屋盖和跨度大于24m的屋架的竖向地震作用标准值，可取其重力荷载代表值和竖向地震作用系数（见附表4）的乘积。重力荷载代表值应取结构和构配件自重标准值和各可变荷载组合值之和。

（3）长悬臂和其他大跨度结构的竖向地震作用标准值，8度和9度时可分别取该结构、构件重力荷载代表值的10%和20%。

竖向地震作用系数　　**附表3**

结构类型	烈度	场地类别		
		Ⅰ	Ⅱ	Ⅲ、Ⅳ
平板型网架钢屋架	8	不考虑	0.08	0.10
	9	0.15	0.15	0.20
钢筋混凝土屋架	8	0.1	0.13	0.13
	9	0.2	0.25	0.25

（4）结构构件的地震作用效应和其他荷载效应的基本组合，当仅考虑竖向地震作用时应为

$$S = 1.2C_G G_k + 1.3C_{EV} E_{Vk}$$

其中　S——结构构件内力组合的设计值；

C_G、C_{EV}——分别为重力荷载、竖向地震作用的作用效应系数；

G_k——重力荷载代表值；

E_{Vk}——竖向地震作用标准值。

二、网架结构设计与施工规程（JGJ 7—91）

在抗震设防烈度为8度或9度的地区，网架屋盖结构应进行竖向抗震验算。

（1）对于周边支承网架屋盖以及多点支承和周边支承相结合的网架屋盖，竖向地震作

用标准值可按建筑抗震设计规范（GBJ 11—89）确定，其中重力荷载代表值取100%恒荷载和50%的雪荷载及屋面积灰荷载，不考虑屋面活荷载。

(2)对于悬挑长度较大的网架结构以及用于楼层的网架结构，当设防烈度为8度或9度时，其竖向地震作用标准值可分别取该结构重力荷载代表值的10%或20%。计算重力荷载代表值时，对一般民用建筑可取楼层活荷载的50%。

(3) 对于平面复杂或重要的大跨度网架结构可采用振型分解反应谱法或时程分析法作专门的抗震分析和验算。

(4) 对于周边支承的网架，竖向地震作用效应可按规程附录中的简化方法计算。周边简支、平面形式为矩形的正放类和斜放类（指上弦平面）网架竖向地震作用所产生的杆件轴向力标准值可按下列公式计算：

$$N_{\mathrm{E}vi} = \pm\, \zeta_i \,|N_{\mathrm{G}_{\mathrm{d}i}}|$$

$$\xi_i = \lambda \zeta_{\mathrm{V}} \left(1 - \frac{r_i}{r}\eta\right)$$

式中 $N_{\mathrm{E}vi}$——竖向地震作用引起第 i 杆的轴向力标准值；

N_{Gd_i}——在重力荷载代表值作用下第 i 杆轴向力设计值，可由空间桁架位移法求得；

ζ_i——第 i 杆竖向地震轴向力系数；

λ——设防烈度系数，当8度时 $\lambda=1$，9度时 $\lambda=2$；

ζ_{V}——竖向地震作用轴向力系数，可根据网架的基本频率按附图1取用；

r_i——网架平面的中心 O 至第 i 杆中点 B 的距离；

r——OA 的长度，A 为 OB 线段与圆（或椭圆）锥底面圆周的交点；

η——修正系数，按附表5取值。

网架的基本频率可近似按下列计算

$$f_1 = \frac{1}{2}\sqrt{\frac{\Sigma G_j w_j}{\Sigma G_j w_j^2}}$$

式中 G_j——第 j 节点重力荷载代表值；

w_j——重力荷载代表值作用下第 j 节点竖向位移。

确定竖向地震轴向力系数的数值 **附表 4**

场地类别	a		f_0 (Hz)
	正放类	斜放类	
Ⅰ	0.095	0.35	5.0
Ⅱ	0.092	0.130	3.3
Ⅲ	0.080	0.110	2.5
Ⅳ	0.080	0.110	1.5

修 正 系 数 **附表 5**

网架上弦杆布置形式	平面形式	η
正放类	正方形	0.19
	矩形	0.13
斜放类	正方形	0.44
	矩形	0.20

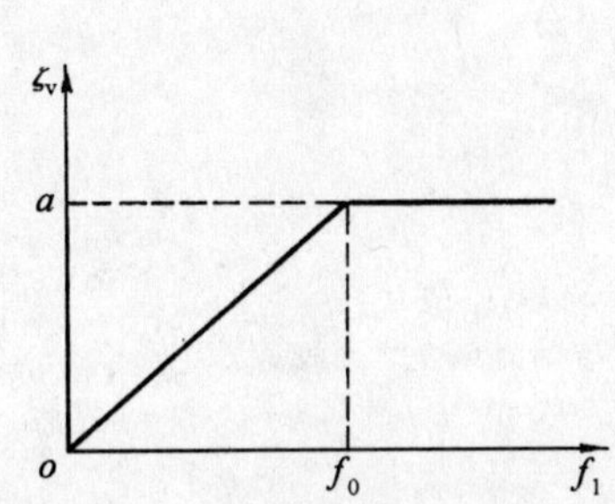

附图 1　竖向地震轴向力系数的变化

（注：a 及 f_0 值可按附表 4 取值）

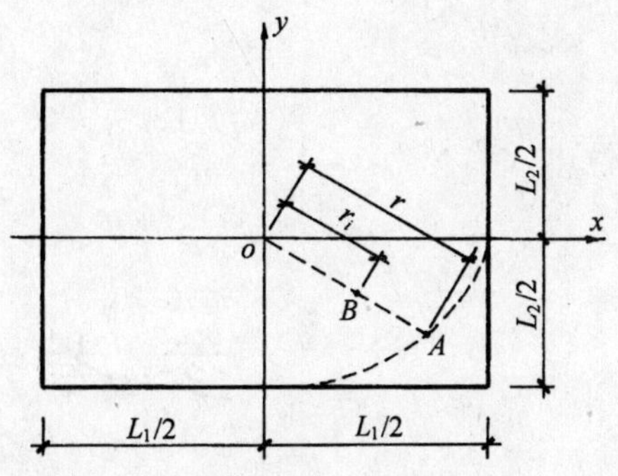

附图 2　计算修正系数的长度

参考文献

[1] 蓝天，张维嶽，董石麟。我国大跨度屋盖结构的成就与展望。建筑技术，1979，9期

[2] 蓝天。建国以来大跨度空间结构的发展。建筑结构，1984，4期

[3] 蓝天。中国大跨度空间结构的发展。第三届中日建筑结构技术交流会论文集，1997

[4] 蓝天。21世纪的大跨度空间结构。中国土木工程学会第八届年会论文集，清华大学出版社，1998

[5] W. Schueller. Horizontal Span Building Structures. Wiley，1983。中译本，现代建筑结构——建筑师与结构工程师用。北京：中国建筑工业出版社，1990

[6] Long Span Steel Roof Structures，A Design Guide. American Iron and Steel Institute。

[7] Study Group on Problems of Covering Large Areas. Proceedings of Symposium on Long Span Roofs. Institution of Structural Engineers，1984

[8] 虞季森。中大跨度建筑结构体系及选型。北京：中国建筑工业出版社，1990

[9] W. C. Knudson. Recent Advances in the Field of Long Span Tension Structures. Engineering Structures，Vol. 13，April 1991

[10] T. T. Lan. Structural Forms in Spatial Concept for Long－Span Roofs. Spatial Structures：Heritage，Present and Future，Proceedings of IASS International Symposium，Vol. 1，S. G. Editorial，1995

[11] K. Kawaguchi，Y. Hangai. Report on Spatial Structures Damaged by the 1995 Great Hanshin Earthquake. Bulletin ERS No. 25，1995

[12] 坂寿二。大空间构造の被害。建筑杂志（日本建筑学会），1995，5期

[13] 王光远。建筑结构的振动。北京：科学出版社，1978

[14] 钱培风。结构抗震分析。北京：地震出版社，1983

[15] 刘锡良、刘毅轩。平板网架设计。北京：中国建筑工业出版社，1979

[16] 哈尔滨建筑工程学院。大跨度房屋钢结构。北京：中国建筑工业出版社，1985

[17] 郭长城等。建筑结构振动计算。中国建筑工业出版社，1982

[18] R. W. Clough，J. Penzien. Dynamics of Structures. McGraw－Hill，1975

[19] 小高昭夫等。耐震耐风构造。建筑构造学7。鹿岛出版会，昭和47年

[20] 中国建筑科学研究院工程抗震所。工业与民用建筑抗震验算与构造措施。1986

[21] 冶金部建筑科学研究院抗震室。九国抗震设计规范汇编。北京：地震出版社，1982

[22] 于兆鹏等。大跨度屋架竖向抗震计算。工程抗震，1986，1期

[23] 张毅刚。大跨度桁架式三铰拱的动力特性。吉林建筑工程学院学报，1988，2期

[24] 张毅刚。大跨度桁架式三铰拱的竖向地震内力。吉林建筑工程学院学报，1989，1期

[25] 于兆鹏等。时程分析法计算竖向地震作用下的长悬臂屋架。科研报告，1985

[26] 张毅刚。我国空间结构的新进展。吉林建筑工程学院学报，1987，2期

[27] 大崎顺彦。地震动のスペケトル解析入门。昭和51年

[28] 尹之潜，彭克中。建筑物的脉动现象分析，地震工程研究报告集，第一集. 北京：科学出版社，1962
[29] 胡聿贤，尹之潜，王志勇。建筑物脉动的Fourier 谱分析。地震工程研究报告集，第二集。北京：科学出版社，1965
[30] 佘师和。竖向地震反应谱。哈尔滨建筑工程学院学报，1982，2 期
[31] 陈扬骥，徐运源。平板型空间网架抗震分析。同济大学学报，1983，1 期
[32] 蓝倜恩，俞建麟，钱若军。网架结构最优设计的研究－网架的最优几何外形及选型。空间结构论文选集，北京：科学出版社，1985
[33] 张毅刚，蓝倜恩。网架结构在竖向地震作用下的实用分析方法。建筑结构学报，1985，5 期
[34] Zhang Yigang. Optimum Aseismic Design with Finite Element Method for Double Layer Grid Truss. Proceedings of the International Conference on Finite Element Method. Science Press, 1982
[35] 张毅刚。平板网架结构抗震优化设计的有限元法。哈尔滨建筑工程学院学报，1982，2 期
[36] Yigang Zhang, Tien Lan. Analysis of Space Frames under Vertical Earthquake Loads. Final Report of 12th Congress of IABSE, 1984
[37] 张毅刚。网架结构自振特性的脉动分析。第八届空间结构学术会议论文集，1997
[38] 樊晓红，钱若军。网架结构在地震作用下抗震性能的研究。第六届空间结构学术会议论文集，北京：地震出版社，1992
[39] 张毅刚，孔祥和。网架结构体系的水平抗震性能。工业建筑，1998，7 期
[40] 蓝倜恩，钱若军。新疆乌恰影剧院网架屋盖震害分析。空间结构论文选集（二），北京：中国建筑工业出版社，1997
[41] 刘锡良等编译。空间网架设计实例。天津：天津科技出版社，1982
[42] 张季嵩。洪山体育馆屋盖结构设计。第二届空间结构学术交流会论文集，1984
[43] 张毅刚，姜维成。大跨度悬臂平面桁架在竖向地震作用下的实用分析方法。试验技术与试验机（力学专辑），1991
[44] 张毅刚。大跨度立体桁架结构的动力特性及其竖向地震内力。空间结构论文选集（二），北京：中国建筑工业出版社，1997
[45] 姜维成，张毅刚。悬臂立体桁架的抗震计算。东北工学院学报，92 年增刊
[46] 龚昌基，张庆善。钢管球节点悬臂空间桁架的设计与施工。第五届空间结构学术交流会论文集，1990
[47] 张毅刚，姜维成，吴金志。长悬臂空间铰结杆系结构的抗震性能。空间结构论文选集（三），北京：中国建材工业出版社，2000
[48] 钢结构设计规范（GBJ 17－88）。北京：中国计划出版社，1989
[49] 建筑抗震设计规范（GBJ 11－89）。北京：中国建筑工业出版社，1989
[50] 网架结构设计与施工规程（JGJ 7－91）。北京：中国建筑工业出版社，1992
[51] 规程编制组。网架结构设计与施工－规程应用指南。北京：中国建筑工业出版社，1995
[52] 曹资，张毅刚。单层球面网壳地震反应特征分析。建筑结构，1998，8 期
[53] 赵伯友，张毅刚，曹资。双层圆柱面网壳的动力特性及实用简化公式。空间结构，1998，2 期
[54] 曹资，张颜刚，赵伯友。双层圆柱面网壳的地震反应研究。建筑结构，2000，4 期
[55] 钱若军，季天健，蓝倜恩。索网及索-桁屋盖结构的静力分析及程序。空间结构论文选集（二）。北京：中国建筑工业出版社，1997
[56] 蓝倜恩，赵基达，季天健。横向加劲单曲悬索屋盖模型的试验研究。土木工程学报，1998，21 卷，2 期
[57] 陶世诚，曹资，薛素铎。在地震作用下悬索结构动力反应的理论研究及通用程序。第四届空间结构学术交流会论文集，1988

[58] 季天健，赵基达。横向加劲单曲悬索屋盖的动力特征。哈尔滨建筑工程学院学报，1985，3 期
[59] 沈世钊，徐崇宝，曲竹成等。预应力双层悬索体系的试验研究。哈尔滨建筑工程学院学报，1984，3 期
[60] Zi Cao, R. L. Ketter et al. Seismic Modeling of Truss Stiffened Cable Systems,. International Journal of Space Structures, Vol. 6, No. 1, 1991
[61] 王丰，曹资，陶世诚。大跨索网结构地震反应及参数影响分析。空间结构论文选集（二）。北京：中国建筑工业出版社，1997
[62] J. J. Jensen. Dynamics of Tension Roof Structures, International Conference on Tension Roof Structures, 1974
[63] H. A. Buchholdt. A Review of Nonlinear Methods of Dynamics Analysis－I, II. International Janunal of Structure, Jan. － March, 1982
[64] Lan Tien, Zhao Jida, Ji Tianjian. A Study on the Structural Behavior of Transversely Stiffened Single Curvature Cable－Suspended Roof and its Application to Sports Buildings. Proceedings of the International Colloquium on Space Structures for Sports Buildings, 1987
[65] 薛素铎，曹资。索-桁（梁）空间组合结构的动力特性及设计参数研究。全国索结构学术交流会论文集，1991
[66] 谢永铸，陈其祖。安徽省体育馆索-桁组合结构屋盖设计与施工。建筑结构学报，1989，6 期
[67] 蓝倜恩，赵基达。横向加劲单曲悬索屋盖的理论研究及实践。全国索结构学术交流会论文集，1991
[68] 胡瑞深，张善余，曹资。索网结构地震反应规律及结构参数对其影响的研究。全国索结构学术交流会论文集，1991
[69] 张善余，薛素铎，曹资。安徽省体育馆地震作用分析研究。第六届空间结构学术会议论文集。北京：地震出版社，1992
[70] 薛素铎，曹资，张善余。悬索屋盖结构频率及振型的简化计算。第六届空间结构学术会议论文集。北京：地震出版社，1992
[71] 赵基达，季天健。悬索结构动力特征的简化计算与研究。第六届空间结构学术会议论文集。北京：地震出版社，1992
[72] 赵基达。悬索结构动力特征的研究与伽辽金法求解。建筑科学，1994，4 期
[73] T. T. Lan, J. Zhao. Hyperbolic Paraboloid Reticulated Shell Roof Structure for a Gymnasium. Space Structure 4, Vol. 2, Thomas Tedford, 1993
[74] 胥传喜，钱若军。隔震技术及其在空间网格结构中的应用。第六届空间结构学术会议论文集。北京：地震出版社，1992 年

主题词索引